Axel Einemann · Walter Herre · Michael Siegwart · Michael Silberhorn · Wolfgang Storch

Balkone, Loggien und Terrassen

Balkone, Loggien und Terrassen

Planung, Konstruktion, Ausführung

mit 167 Abbildungen und 24 Tabellen

Dipl.-Ing. Axel Einemann,
ö. b. u. v. Sachverständiger für Schäden an Gebäuden

Dipl.-Ing. Walter Herre,
ö. b. u. v. Sachverständiger für Schäden an Gebäuden

Dr. Michael Siegwart

Dipl.-Ing. (FH), M. BP. Michael Silberhorn,
ö. b. u. v. Sachverständiger für Schäden an Gebäuden

Dipl.-Ing. Wolfgang Storch,
ö. b. u. v. Sachverständiger für Schäden an Gebäuden

Rudolf Müller

Bibliografische Information der Deutschen Nationalbibliothek
Die Deutsche Nationalbibliothek verzeichnet diese Publikation in der Deutschen Nationalbibliografie; detaillierte bibliografische Daten sind im Internet über http://dnb.dnb.de abrufbar.

Maßgebend für das Anwenden von Normen ist deren Fassung mit dem neuesten Ausgabedatum, die bei der Beuth Verlag GmbH, Burggrafenstraße 6, 10787 Berlin, erhältlich ist.

Maßgebend für das Anwenden von Regelwerken, Richtlinien, Merkblättern, Hinweisen, Verordnungen usw. ist deren Fassung mit dem neuesten Ausgabedatum, die bei der jeweiligen herausgebenden Institution erhältlich ist. Zitate aus Normen, Merkblättern usw. wurden, unabhängig von ihrem Ausgabedatum, in neuer deutscher Rechtschreibung abgedruckt.

Das vorliegende Werk wurde mit größter Sorgfalt erstellt. Verlag und Autor können dennoch für die inhaltliche und technische Fehlerfreiheit, Aktualität und Vollständigkeit des Werkes keine Haftung übernehmen.

Wir freuen uns, Ihre Meinung über dieses Fachbuch zu erfahren. Bitte teilen Sie uns Ihre Anregungen, Hinweise oder Fragen per E-Mail: fachmedien.bau@rudolf-mueller.de oder Telefax: 0221 5497-6141 mit.

Lektorat: Petra Sander, Köln
Technische Zeichnungen: Bauzeichenbüro Marx, Salzkotten
Umschlaggestaltung: Künkelmedia, Brühl
Satz: Satz+Layout Werkstatt Kluth GmbH, Erftstadt
Druck und Bindearbeiten: Westermann Druck Zwickau GmbH, Zwickau
Printed in Germany

ISBN 978-3-481-03407-8 (Buch-Ausgabe)
ISBN 978-3-481-03408-5 (E-Book-Ausgabe)

FSC
www.fsc.org
MIX
Papier aus verantwortungsvollen Quellen
FSC® C110508

Vorwort

Balkone, Loggien, Dachterrassen und Terrassen sind im Verhältnis zum Gesamtbauwerk relativ kleine Bauteile, die jedoch vergleichsweise sehr hohen und unterschiedlichen Beanspruchungen ausgesetzt sind. Sie werden leider häufig nicht mit der erforderlichen Sorgfalt konstruiert, geplant und ausgeführt. Die Folgen sind ein hoher Aufwand für die Instandsetzung und Instandhaltung oder auch eine Sanierung, wenn nicht sogar eine gerichtliche Auseinandersetzung im Rahmen von Abnahme- oder Gewährleistungsstreitigkeiten.

Gerade das verhältnismäßig kleine Bauteil der Balkone betrifft die unterschiedlichsten Gewerke. Um einen funktionsfähigen Balkon herzustellen werden z. B. Betonbauer, Dachdecker, Metallbauer usw. benötigt. Dabei entstehen zwangsläufig Schnittstellen zwischen den einzelnen Gewerken und ihren jeweiligen Fachregeln. Deshalb ist es für jeden Beteiligten zwingend erforderlich, die Fachregeln der angrenzenden Gewerke zu kennen, um sie bei der Planung seiner Leistung berücksichtigen zu können.

Mit dem vorliegenden Buch soll den Planenden und Ausführenden sowie auch den Sachverständigen eine Übersicht über die unterschiedlichen Anforderungen an Balkone, Loggien, Dachterrassen und Terrassen gegeben werden. Dabei erhebt das vorliegende Buch nicht den Anspruch, ein allumfassendes, abschließendes Regelwerk darzustellen, sondern soll vielmehr die Grundlage sein, für verschiedene Balkone, Loggien, Dachterrassen und Terrassen eine detaillierte Planung sicherzustellen und die Ausführenden in die Lage zu versetzen, eine vorliegende Planung zu prüfen.

August 2016 Die Autoren

Inhalt

1 Bauweisen, Konstruktionen und Gestaltung

Balkone, Loggien, Dachterrassen und Terrassen sind Bauteile, die dem Gebäude angegliedert sind. Sie tragen zum Wohlbefinden der Bewohner bei und erhöhen den Wohnwert einer Wohneinheit. Durch einen unmittelbaren Übergang zwischen dem Wohnbereich und dem im Freien liegenden Bauteil erweitern sie zudem die Wohnfläche. Ein Fehlen dieser Freibereiche wird heute oft als Manko bewertet.

Balkone, Loggien, Dachterrassen und Terrassen dienen vorrangig der Erholung und Freizeitbeschäftigung der Bewohner, indem sie Platz zum Aufenthalt im Freien bieten. Sie ermöglichen z. B. ein Sonnenbad sowie Treffen mit Freunden und der Familie oder mit Rücksicht auf nicht rauchende Mitbewohner eine Zigarettenpause. Sie werden aber auch für gärtnerische Beschäftigungen durch das Aufstellen von Pflanztrögen bzw. das Anhängen von Blumenkästen sowie deren Pflege genutzt. Außerdem bieten sie die Möglichkeit zum Abstellen von häuslichen Gegenständen außerhalb des Wohnbereiches.

Balkone und Loggien sind auch Elemente der architektonischen Gestaltung eines Gebäudes. Mit ihnen werden die Fassadenflächen durch unterschiedliche Anordnungen und Gestaltungen ästhetisch aufgewertet.

1.1 Begriffe

Wolfgang Storch

Bei Balkonen, Loggien, Dachterrassen und Terrassen handelt es sich um genutzte, frei bewitterte Flächen außerhalb der Wohnbereiche mit einem direkten Übergang zwischen dem Außenbauteil und dem Wohnbereich. Im Folgenden wird dargelegt, wie sie sich hinsichtlich ihrer Anordnung und Lage am Gebäude unterscheiden.

1.1.1 Balkone

Balkone sind frei vorstehende, offene Austritte aus dem Wohnbereich über dem Niveau des umgebenden Geländes eines Gebäudes, die aus der Fassade herausragen. Sie werden als Einzelbalkone, Doppelbalkone oder als Balkonreihen in symmetrischer oder asymmetrischer Anordnung konzipiert. Balkone sind in der Regel Bestandteile der jeweiligen Wohneinheit. Abb. 1.1 zeigt symmetrisch angeordnete vorgelagerte Balkonreihen.

1.1.2 Loggien

Als Loggien werden Austritte bezeichnet, die nicht aus der Fassade herausragen, sondern innerhalb der Gebäudekubatur verbleiben. Loggien erfüllen die gleiche Funktion wie Balkone. Als einzelne Konstruktionen gehören sie wie Balkone zur jeweiligen Wohneinheit. Über mehrere Wohnbereiche verbundene Loggien oder Loggien, die als Zugänge zu den Wohneinheiten von außen konzipiert sind, werden auch als Laubengänge bezeichnet.

Abb. 1.1: Wohngebäude mit symmetrisch angeordneten vorgelagerten Balkonreihen

Abb. 1.2: Gebäude mit auskragenden Balkonen vom ersten bis zum dritten Obergeschoss und Loggien im obersten Geschoss

Austritte, die nur zum Teil aus der Fassade hervorstehen bzw. teilweise innerhalb der Gebäudekubatur verbleiben, werden wegen der bautechnischen Anforderungen an diese Konstruktionen den Loggien zugeordnet.

Bei dem in Abb. 1.2 gezeigten Eckgebäude werden die Wohneinheiten durch einzelne auskragende Balkone vom ersten bis zum dritten Obergeschoss und durch Loggien im obersten Wohngeschoss erweitert.

Abb. 1.3: Gebäude mit vorgelagerten Balkonen vom Erdgeschoss bis zum zweiten Obergeschoss und Dachterrassen in den oberen Geschossen

1.1.3 Dachterrassen

Dachterrassen sind genutzte Dachflächen, die zu einer Wohneinheit gehören oder von mehreren Wohneinheiten gemeinschaftlich genutzt werden. Als Dachterrassen werden vorrangig Teile von Flachdächern ausgebildet. Sie kommen aber auch auf terrassenförmig abgestuften Wohngebäuden vor oder auf Staffelgeschossen, die gegenüber dem darunter liegenden Geschoss zurückspringen. Dachterrassen sind in ihren Abmessungen häufig großzügiger gestaltet als Balkone und Loggien.

Bei dem in Abb. 1.3 gezeigten Gebäude wurden im Rahmen einer Gebäudesanierung vorgelagerte Balkone vom Erdgeschoss bis zum zweiten Obergeschoss angebaut. In den darüber liegenden Geschossen wurden die Wohneinheiten durch Dachterrassen erweitert.

In ausgebauten Dachgeschossen mit Steildächern werden zum Teil als Alternative zu Dachflächenfenstern oder kombiniert aus oberem Schwenkflügel und unterem Drehelement von Dachflächenfenstern in die Dachfläche eingeschnittene Zugänge zu sog. Minidachterrassen ausgebildet.

1.1.4 Terrassen

Ein Austritt auf eine vor dem Gebäude befindliche Fläche im Erdgeschoss, ggf. auch im Souterraingeschoss, wird als Terrasse bezeichnet. Terrassen befinden sich außerhalb der Gebäudekubatur. Üblich sind Terrassen vor Einfamilienhäusern, aber auch vor mehrgeschossigen Wohngebäuden mit Sondernutzungsrechten für die Erdgeschosswohnungen.

Wegen des unmittelbaren Aufbaus der Terrassen über dem Erdreich gelten für sie andere bautechnische Regeln als für Balkone, Loggien und Dachterrassen.

Abb. 1.4: Terrasse vor einem Einfamilienhaus

Bei dem in Abb. 1.4 gezeigten Einfamilienhaus wurde dem Gebäude rückseitig eine Terrasse mit direkter Anbindung zum Wohnraum vorgelagert.

1.2 Grundkonstruktionen

Axel Einemann, Wolfgang Storch

1.2.1 Balkone, Loggien und Dachterrassen

1.2.1.1 Balkone

Balkone werden in der Regel als vorgelagerte Stützenkonstruktionen oder als stützenfreie Konstruktionen mit aus den Geschossdecken auskragenden Platten bzw. Kragträgern mit aufgelagerten Balkonplatten errichtet. Kombinationen beider Konstruktionsarten, d. h. auskragende Platten und Stützen am äußeren Plattenrand, sind ebenfalls übliche Konstruktionen.

Dem Gebäude **vorgelagerte Stützenkonstruktionen** werden auf eigenen Fundamenten gegründet und erhalten eine Rückverankerung an der Gebäudefassade. Sie werden vorrangig als Metallkonstruktionen, Stahlbetonkonstruktionen oder als Mischbauweisen aus Metallbauteilen und Balkonbodenplatten aus Stahlbeton ausgeführt.

Auskragende Platten bestehen meist aus Stahlbetonkonstruktionen, die zur Vermeidung von Wärmebrücken eine thermische Trennung durch sog. Isokörbe (Wärmedämmelemente, siehe Kapitel 3.1.3) im Wandbereich erhalten.

Andere Materialien, z. B. vorgelagerte Balkone aus Holzkonstruktionen, sind möglich. Sie werden vorrangig im individuellen Wohnungsbau eingesetzt.

Die klassische Grundkonstruktion eines Balkons für **Neubauten** ist in der Regel eine auskragende Platte (Abb. 1.5), die über eine thermische Trennung am Deckentragwerk des angrenzenden Gebäudes verankert ist.

Bei **Bestandsbauten** bzw. Altbauten ist die klassische Balkonkonstruktion abhängig von dem typischen Baustil der Bestandsgebäude. Im Bereich der Gründerzeit wurden in der Regel auskragende Stahlträger (siehe Abb. 1.6) in den Holzbalkendecken verankert und die Zwischenräume mit einer Art Ziegelsplittbeton ausgefüllt. Eine zusätzliche Stahlbewehrung erfolgte zumeist nicht (siehe auch Kapitel 2.2.3).

Abb. 1.5: Fassade mit auskragenden Balkonen aus Stahlbetonplatten

Abb. 1.6: Seitenansicht einer alten Balkonkonstruktion aus Stahlträgern und Füllbeton: Die Stahlträger wurden im Rahmen einer Sanierung freigelegt. Der Beton zwischen den Trägern (Kappenbeton) ist noch tragfähig und bleibt erhalten.

Abb. 1.7: Seitenansicht einer nachträglich vorgelagerten Stützenkonstruktion: Die Konstruktion wurde unterhalb der Betonplatte zur horizontalen Aussteifung am Gebäude befestigt.

Für die Herstellung neuer Balkone im Bereich von Bestandsgebäuden werden größtenteils vorgelagerte Stützenkonstruktionen gewählt, die zur horizontalen Aussteifung im angrenzenden Gebäude befestigt werden, jedoch von der thermischen Hülle getrennt sind (Abb. 1.7).

Fundamente

Für die Dimensionierung der Fundamente von nachträglich vorgelagerten Balkonen sind die Einsicht in die Bestandsstatik und die Einholung eines Bodengutachtens dringend zu empfehlen. Da sich die Gründung in der Regel in dem Bereich der ehemaligen Baugrube des Hauptgebäudes befindet, sind hier ggf. Störungen im Untergrund zu erwarten. Vor der Ausführung sind außerdem die Anforderungen des Kampfmittelräumdienstes bzw. der Kampfmittelfreiheit zu beachten.

Abb. 1.8: Durch Wasser und Frosteinwirkung geplatzte Rundstahlstütze

Je nach Größe der Balkonkonstruktion erfolgt eine Gründung der Balkonstützen entweder über Einzelfundamente oder besser über Fundamentbalken oder -platten (siehe Kapitel 2.2.3). Sollte der Baugrund eine Tiefgründung erforderlich machen, ist eine Gründung über Fundamentbalken zu empfehlen.

Praxistipp

Für eine Gründung über Fundamentbalken bietet sich aufgrund der geringen Lasten die Ausführung von Mikropfählen (Pfählen mit Durchmessern von weniger als 30 cm) an. Dabei ist zu beachten, dass diese Pfähle keine Horizontalkräfte aufnehmen.

Stützen

Unter Berücksichtigung der Anforderungen an den Korrosions- und Frostschutz sind offengliedrige Stützenprofile zu empfehlen (beispielsweise I-Profile oder Breitflanschträger). Aus Gründen der Optik werden jedoch zumeist geschlossene Profile, wie Rundstahlstützen oder Rechteckprofile, gewählt. Dabei ist es grundsätzlich zu vermeiden, dass sich Wasser in der Konstruktion ansammeln kann (siehe Abb. 1.8).

Neben den klassischen Stahlprofilen stehen auch Aluminiumprofile oder Stahlbetonstützen zur Verfügung. Gerade für die Herstellung von nachträglich vorgestellten Balkonen, bei denen die Zugänglichkeit erschwert ist, stellt die Aufstellung mit Aluminiumstützen aufgrund des geringeren Gewichtes eine gute Alternative zur Stahlkonstruktion dar.

Platten

Die Balkonplatten müssen nicht nur ihr Eigengewicht auf die angrenzenden Stützen abtragen, sondern haben auch die Aufgabe, die Verkehrslasten aufzunehmen und an die angrenzenden Bauteile abzutragen. Des Weiteren stellen sie als horizontale Scheibe in der Regel ein aussteifendes Element dar. Sollte die Balkonplatte diese **horizontale Aussteifung** (Scheibenwirkung) nicht gewährleisten können, ist die Aussteifung durch einen Verband o. Ä. herzustellen. Alternativ kann auch – wenn eine Stahl- oder Holzkonstruktion ausgeführt wird – ein Rahmentragwerk erstellt werden. Dies ist jedoch weicher und verformungsanfälliger als eine steife Platte.

Eine weitere einfache Herstellung von Balkonplatten – insbesondere bei nachträglich vorgestellten Balkonen – ist die Verwendung von **Fertigteilen** aus Stahlbeton oder anderen Baustoffen, z. B. Polymerbeton oder zementgebundenen Werkstoffen. Diese Platten weisen gegenüber Stahlbetonplatten eine geringere Materialstärke auf und sind deutlich leichter. Sie bieten sich daher besonders für die nachträgliche Aufstellung einer Balkonkonstruktion an.

Abb. 1.9: Mittige Rissbildung auf der Unterseite einer Balkonplatte aus Polymerbeton

Abb. 1.10: Die Ursache für die Rissbildung in Abb. 1.9 ist eine punktförmige Auflagerung der Balkonplatte anstelle einer linienförmigen Auflagerung gemäß der zugehörigen Zulassung.

Die Verwendung anderer Baustoffe als Stahlbeton wird in den zugehörigen allgemeinen bauaufsichtlichen Zulassungen (abZ) geregelt, die für die Planung, Dimensionierung und Ausführung zwingend zu beachten sind. Zum Beispiel müssen Balkonplatten aus Polymerbeton auf einem ebenen Untergrund aufliegen; eine punktuelle Auflagerung ist zu vermeiden.

Beispiel

Abb. 1.9 und 1.10 zeigen ein Schadenbild mit Rissbildungen in einer Balkonplatte aus Polymerbeton. Hier wurde entgegen der Zulassung kein Linienauflager für die Fertigteilplatte der nachträglich vorgestellten Balkone ausgeführt, sondern eine punktuelle Auflagerung. Dies führte zu einer Überlastung der Platte und zu einer Rissbildung auf deren Unterseite.

1.2.1.2 Loggien und Dachterrassen

Loggien und Dachterrassen stellen im Alt- wie auch im Neubau eine begehbare Dachfläche dar, bei der eine zusätzliche **Tragkonstruktion nicht erforderlich** ist, da die eigentliche Deckenfläche die Verkehrslasten aus der Loggia bzw. Dachterrasse aufnimmt (siehe Abb. 1.11).

Bei Neubauten wird für Dachterrassen in der Regel ein Versprung in der Deckenkonstruktion realisiert, um die erforderlichen Dämmstoffstärken und Aufkantungen der Abdichtung an den aufgehenden Bauteilen zu gewährleisten.

1.2.2 Terrassen

1.2.2.1 Ebenerdige Terrassen

Die ebenerdigen Terrassen (Gartenterrassen) werden zumeist als Pflasterfläche oder beispielsweise auch als Holzgräting (begehbarer Gitterrost) hergestellt (Abb. 1.12). Bei diesen Terrassen sind die Anforderungen an die **Anschlüsse** der Abdichtung zu berücksichtigen (siehe Kapitel 2.4). Hinsichtlich der Gebäudetragfähigkeit bestehen keine Anforderungen.

Abb. 1.11: Nach Kriegseinwirkung 1946 wiederaufgebaute Fassade mit begehbaren Dachterrassen oberhalb der Erker

Abb. 1.12: Detailansicht eines Terrassenanschlusses an das angrenzende Fensterelement

Abb. 1.13: Terrasse eines Souterrains nach einer Instandsetzung der Abdichtung des Sockels und der Installation einer Pumpenanlage für die Entwässerung

Abb. 1.14: Gabionenwand zur Sicherung einer Terrassenböschung

1.2.2.2 Terrassen im Souterrain

Bei Terrassen im Souterrain besteht grundsätzlich aufgrund des tief liegenden Bereiches die Gefahr einer **Überflutung** (Badewanneneffekt). Hier sei darauf hingewiesen, dass eine entsprechende Sicherung gemäß DIN 1986-100 „Entwässerungsanlagen für Gebäude und Grundstücke – Teil 100: Bestimmungen in Verbindung mit DIN EN 752 und DIN EN 12056“ (2008) zu empfehlen ist (Abb. 1.13).

Bei tiefer liegenden Terrassen ist das angrenzende Erdreich so zu sichern, dass es zu keinem Nachsacken kommt bzw. eine Verschüttung der Terrassenfläche verhindert wird. Böschungen in den Souterrainflächen sind ab einer Höhe von 1,00 m statisch nachzuweisen. Für das **Sichern** einer **Böschung** können neben einer einfachen Bepflanzung eine Schwergewichtsmauer, z. B. aus Gabionen (Steinkörben, siehe Abb. 1.14), oder Stahlbetonwinkelstützelemente unter Ortbeton bzw. gemauerten Wänden ausgeführt werden. Hierbei ist darauf zu achten, dass eventuell durch von außen einwirkendes Wasser Feuchtigkeitsschäden entstehen können, wenn keine außen liegende Abdichtung hergestellt worden ist. Dies gilt insbesondere für Mauerwerkswände.

1.3 Flächen, Abmessungen und Raumbedarf

Wolfgang Storch

Die Flächen von Balkonen sind in der Regel offen. Bei übereinanderliegenden Balkonen ist durch die oberen Balkone eine teilweise **Überdachung** der unteren Balkone vorhanden. Der oberste Balkon kann mittels einer zusätzlichen Überdachung gegen Witterungseinflüsse geschützt werden. An witterungsbedingt stärker belasteten Gebäudeteilen, z. B. an Gebäudeecken oder zugigen Stellen, sind seitliche Schutzvorrichtungen gegen Wind und Schlagregen empfehlenswert.

Bei Loggien sind zwangsläufig Überdachungen und, bis auf Ausnahmen, z. B. an Gebäudeecken, auch seitliche Wände vorhanden. Bei nebeneinanderliegenden Loggien sowie bei Doppelbalkonen können leichte Trennwände zum Schutz der Privatsphäre eingebaut werden.

Derzeitig gibt es keine allgemeinen Regelungen zu Mindestgrößen von Balkonen und Loggien. Für die vorgesehene Nutzung zum zeitweisen Aufenthalt außerhalb der geschlossenen Wohnbereiche sollten diese zum Wohnbereich gehörenden Bauteile über angemessene Bewegungsflächen verfügen. Es sollte genügend Platz für das Aufstellen eines Tisches und dazugehöriger Sitzmöbel sowie für Bepflanzungen vorhanden sein.

Beim barrierefreien Bauen werden für die Nutzung von Balkonen bzw. Freisitzen im Wohnbereich nach DIN 18040-2 „Barrierefreies Bauen – Planungsgrundlagen – Teil 2: Wohnungen" (2011) **Mindestgrößen** von 4,25 m^2 und eine Bewegungsfreiheit für Rollstühle von mindestens 1,50 m in der Breite und Tiefe gefordert. Die Abmessungen für das Aufstellen von Möbeln und sonstigen Gegenständen sind den Mindestmaßen der Bewegungsflächen hinzuzurechnen. Die notwendigen Abmessungen für Balkone und Loggien sollten sich nach der Art der Nutzung sowie der Größe und Anzahl der vorgesehenen Möbel und Bepflanzungen richten. Die Mindestgrößen aus den Planungsvorgaben für barrierefreies Bauen sind dafür ein guter Anhaltspunkt.

Bei individuell geplanten Balkonen und Loggien sollten die Bedürfnisse der Bewohner bei den Abmessungen und der Gestaltung der Freiflächen Berücksichtigung finden. Im allgemeinen Wohnungsbau wird es häufig bei einem Kompromiss zwischen Bedürfnissen und Möglichkeiten bleiben.

Da nach der Musterbauordnung (MBO) vom 1. November 2002 bei Wohnungen in jedem Geschoss mindestens zwei voneinander unabhängige Rettungswege ins Freie vorhanden sein müssen und der **zweite Rettungsweg** eine mit Rettungsgeräten der Feuerwehr erreichbare Stelle der Nutzungseinheit sein kann (§ 33 MBO), können insbesondere Balkone, Loggien und Laubengänge oder auch Dachterrassen Bestandteil des zweiten Rettungsweges sein. In diesem Fall sind die in der jeweiligen Landesbauordnung beschriebenen Anforderungen an die Ausbildung der Konstruktion zu beachten (siehe Kapitel 3.3).

1.4 Beläge

Wolfgang Storch

Die Beläge von Balkonen, Loggien, Dachterrassen und Terrassen werden entweder im Mörtelbett mit unterschiedlichen Mörtelbettdicken und Verlegetechniken oder ohne Mörtelbett mit flächiger oder punktförmiger aufgestelzter Auflagerung verlegt. Hinsichtlich der Entwässerungsmöglichkeiten werden die Beläge in offene und geschlossene Beläge unterschieden (siehe Kapitel 2.6.4).

Bei der Verlegung ohne Mörtelbett kommen vorrangig keramische Platten auf Sand- bzw. Splittbettungen und Holzroste auf Unterkonstruktionen oder Stelzlagern zum Einsatz. Bei der Verlegung im Mörtelbett handelt es sich um alle keramischen Plattenbeläge, die im Verbund mit Abdichtungen verlegt werden. Außerdem werden Flüssigbeschichtungen aus unterschiedlichen Materialien für die Ausbildung von Nutzflächen auf Balkonen und Loggien verwendet.

Beläge stellen grundsätzlich keine Abdichtungen dar. Die Bodenplatten der Balkone bzw. die Geschossdecken der Loggien und Dachterrassen müssen zusätzlich abgedichtet werden (siehe Kapitel 2.3). Die auf den Nutzflächen anfallenden Niederschläge müssen oberhalb der Abdichtungsebenen über Entwässerungsanlagen planmäßig abgeleitet werden (siehe Kapitel 2.5). Dafür sind die Entwässerungsebenen mit einem Gefälle von mindestens 1 bis 2 % auszubilden.

Beläge müssen außerdem witterungsbeständig sein, d. h. frostsicher und UV-beständig. Hinsichtlich ihrer Nutzung sollten sie genügend abriebfest, rutschsicher und zur Vermeidung von Stolpergefahren eben sein (siehe Kapitel 2.6). Aber auch visuelle und architektonische Gesichtspunkte sind bei der Auswahl der Beläge zu berücksichtigen.

1.5 Anbindungen an den Wohnraum

Wolfgang Storch

Die Übergänge von Balkonen, Loggien und Terrassen sowie zur Wohneinheit gehörenden Dachterrassen aus dem Freien zum Innenbereich der Wohnung müssen alle bauphysikalischen Anforderungen erfüllen, die durch die Anbindung von Außen- an Innenbauteile entstehen, d. h. insbesondere einen guten Feuchte- und hohen Wärmeschutz gewährleisten (siehe Kapitel 3.1).

Außerdem sind die Übergänge (Schwellen) so auszubilden, dass sie für alle Nutzer ohne Schwierigkeiten überwindbar sind. Dies betrifft auch Personen mit Behinderungen sowie ältere Bewohner, deren Bewegungsmöglichkeiten eingeschränkt sind. Dafür gibt es unterschiedliche Konstruktionsvarianten mit verschiedenen Übergangshöhen. Bei barrierefreien, schwellenlosen Übergängen handelt es sich um Sonderkonstruktionen, die zusätzliche Maßnahmen zum Schutz der Bauteile erfordern (siehe Kapitel 2.4.5.3).

1.6 Brüstungen und Geländer

Wolfgang Storch

Balkone, Loggien und Dachterrassen benötigen eine Absturzsicherung in Form einer Begrenzung an den freien Rändern. Diese wird als Brüstung oder Geländer hergestellt. Brüstungen sind geschlossene Wandscheiben, vorrangig aus Mauerwerks- oder Betonwänden. Bei Geländern handelt es sich um mehr oder weniger unterbrochene Konstruktionen aus unterschiedlichen Materialien. Sie müssen baulich so ausgebildet sein, dass Kleinkindern das Übersteigen nicht erleichtert wird, d. h., sie müssen ausreichend hoch und Öffnungen ausreichend klein sein (siehe Kapitel 2.7).

Geländer bestehen klassischerweise aus den tragenden Elementen Geländerholme und Geländerpfosten sowie zusätzlich aus der Geländerausfachung.

Abb. 1.16: Im Zuge der Instandsetzung dieser Balkone ist geplant, die Geländer von unten zu befestigen, um eine durchgehende Beschichtung der Balkonplatte zu ermöglichen. (Quelle: Frank Schulz)

Abb. 1.15: Schlecht umgesetzte Art der Geländerausfachung: Hier besteht keine ausreichende Absturzsicherung für Kleinkinder.

Die Geländerausfachung kann z. B. aus Glas oder Kunststoff oder mit Stabelementen hergestellt werden. Die Verwendung von Pflanzanlagen sollte vermieden werden (Abb. 1.15).

Absturzsicherungen müssen standsicher sein. Dies betrifft die Konstruktion der Geländer und Brüstungen selbst sowie die Befestigungen an den Plattenrändern und am Gebäude. Die Geländerkonstruktion darf auch nicht die Abdichtungen schwächen und damit die zu erwartende Nutzungsdauer reduzieren (Abb. 1.16). Außerdem unterliegen Absturzsicherungen sicherheitstechnischen und bauordnungsrechtlichen Anforderungen (siehe Kapitel 2.7).

Bei der Gestaltung von Fassaden spielen Geländer und Brüstungen, insbesondere im höherwertigen Wohnungsbau, eine hervorragende Rolle. Die architektonischen Gestaltungsspielräume müssen allerdings mit den technischen Möglichkeiten beim Anschluss an das Gebäude in Übereinstimmung gebracht werden.

1.7 Sonnenschutz und Beleuchtung

Wolfgang Storch

Die nicht oder nur teilweise überdachten Freiflächen sind je nach Lage und Ausrichtung der Gebäude in den Sommermonaten erheblichen Sonneneinstrahlungen ausgesetzt und bedürfen zum Wohlbefinden der Bewohner beim Aufenthalt im Freien Beschattungsvorrichtungen. Hierfür stehen Markisen, Sonnenschirme und Sonnensegel zur Verfügung.

Markisen werden in der Regel an der Gebäudefassade verankert. Dafür sind die technischen Voraussetzungen, aber auch gestalterische Vorschriften zu beachten. Mit der Aufstellung bzw. Anbindung von Sonnenschirmen und Sonnensegeln können Sitzplätze oder empfindliche Bepflanzungen individueller beschattet werden.

Die Nutzung der Freiflächen auch in den späten Abendstunden erfordert das Anbringen oder Aufstellen von Beleuchtungskörpern. Dafür ist es notwendig, die Balkone, Loggien, Dachterrassen und Terrassen mit Elektroanlagen für den Gebrauch im Freien auszustatten.

Praxistipp

Eine Einbeziehung der Schwellen am Übergang von außen nach innen in das Beleuchtungskonzept ist sowohl zur Vermeidung von Stolpergefahren als auch aus visuellen Gesichtspunkten empfehlenswert.

2 Rechtliche und technische Aspekte der Planung

2.1 Rechtliche Grundlagen

Axel Einemann, Michael Silberhorn

2.1.1 Geschuldete Leistung bei Planung und Ausführung

Bei der Beurteilung des Leistungssolls eines Werkvertrages, also der vom Planer oder ausführenden Unternehmer geschuldeten Leistung, ist nach dem Bürgerlichen Gesetzbuch (BGB) vom 2. Januar 2002 zunächst die **vereinbarte Beschaffenheit** zu berücksichtigen (§ 633 BGB). Ist eine Beschaffenheit nicht ausdrücklich vereinbart, muss sich das Werk für die nach dem Vertrag vorausgesetzte Verwendung eignen und eine **übliche Beschaffenheit** aufweisen, die der Besteller nach der Art des Werkes erwarten kann:

„§ 633 Sach- und Rechtsmangel

(1) [...]

(2) *Das Werk ist frei von Sachmängeln, wenn es die vereinbarte Beschaffenheit hat. Soweit die Beschaffenheit nicht vereinbart ist, ist das Werk frei von Sachmängeln,*

1. wenn es sich für die nach dem Vertrag vorausgesetzte, sonst

2. für die gewöhnliche Verwendung eignet und eine Beschaffenheit aufweist, die bei Werken der gleichen Art üblich ist und die der Besteller nach der Art des Werkes erwarten kann.

Einem Sachmangel steht es gleich, wenn der Unternehmer ein anderes als das bestellte Werk oder das Werk in zu geringer Menge herstellt.

(3) [...]“

Sofern sich die geschuldete Beschaffenheit nicht aus dem Vertrag direkt oder aus dessen Auslegung ergibt, sind die sogenannten **allgemein anerkannten Regeln der Technik** von besonderer Bedeutung, die die übliche Beschaffenheit beschreiben und die technischen Mindestanforderungen darstellen. Werden die allgemein anerkannten Regeln der Technik nicht eingehalten und ist diese Nichteinhaltung nicht unmittelbare Folge vertraglicher Regelungen, ist das Werk nach § 633 BGB mangelhaft (Bayerlein, 2008).

Der Begriff der allgemein anerkannten Regeln der Technik ist nicht in einer Rechtsnorm oder Vorschrift definiert, sondern wird durch die Rechtsprechung bestimmt. Nach nahezu einheitlicher Meinung sind die allgemein anerkannten Regeln der Technik dann eingehalten, wenn diese nach wissenschaftlicher Erkenntnis für theoretisch richtig gehalten werden und sich in der Praxis bewährt haben (Bayerlein, 2008). Wissenschaftlich (theoretisch) richtig ist eine Regel, wenn sie keinem wissenschaftlichen Meinungsstreit

Tabelle 2.1: Anforderungen an das Werk und deren Bedeutung (Leistungssoll)

Anforderung	Bedeutung	Reihenfolge der Geltung
vertraglich vereinbarte Beschaffenheit	Eine bestimmte Beschaffenheit wurde vereinbart. Auf die übliche Beschaffenheit kommt es nicht an. Beispiel: Fassadenfarbe Grün ist vereinbart. Obwohl weiße Fassaden üblicher sind (und auch gleichwertig), hat der Besteller das Recht auf eine grüne Fassade.	hat oberste Priorität
Eignung für die nach dem Vertrag vorausgesetzte Verwendung	Das Werk eignet sich für die geplante Verwendung. Beispiel: Die Türen zwischen Behandlungs- und Wartezimmer einer Arztpraxis benötigen einen höheren Schallschutz als die Türen normaler Geschäftsräume. Ist die Planung und Errichtung einer Arztpraxis vereinbart, eignen sich die Türen für die nach dem Vertrag vorausgesetzte Verwendung nur, wenn sie auch den erhöhten Schallschutz aufweisen. Einer besonderen Vereinbarung bedarf es dann nicht.	nach der vereinbarten Beschaffenheit geltend Die übliche Beschaffenheit (allgemein anerkannte Regeln der Technik) ist gleichrangig mit einzuhalten.
Eignung für die gewöhnliche Verwendung	Das Werk muss sich für die gewöhnliche Verwendung eignen. Beispiel: Wird ein Geschäftshaus gebaut, sind die Anforderungen einzuhalten, die bei gewöhnlichen Geschäftsbetrieben bestehen.	gilt nachrangig nach der vereinbarten Beschaffenheit und der Eignung für die nach dem Vertrag vorausgesetzte Verwendung Die übliche Beschaffenheit (allgemein anerkannte Regeln der Technik) ist gleichrangig mit einzuhalten.
übliche Beschaffenheit	Beschaffenheit, die bei Werken gleicher Art üblich ist und der Besteller üblicherweise erwartet (ohne „übliche Mängel"). Zur Beurteilung der üblichen Beschaffenheit werden in der Regel die allgemein anerkannten Regeln der Technik herangezogen.	gilt immer als sog. Mindestanforderung und ausschließlich, sofern nichts anderes vereinbart ist

mehr unterliegt und somit ohne ernsthafte Zweifel als richtig gilt. In der Praxis bewährt hat sich eine Regel, wenn sie von den einschlägigen Fachkreisen durchweg anerkannt und ausreichend lange angewandt wird (Bayerlein, 2008).

Da sich eine Bauweise nach den allgemein anerkannten Regeln der Technik in der Praxis bewährt haben muss, kann eine neue Bauweise den allgemein anerkannten Regeln der Technik nicht entsprechen. Neue Bauweisen können aber dem **Stand der Technik** entsprechen, der auch als das technisch Machbare bezeichnet wird (Bayerlein, 2008).

Bisweilen wird in Rechtsvorschriften auch der Begriff des Stands von Wissenschaft und Technik verwendet. Dieser vor allem im Atom- und Strahlenschutzrecht vorkommende Begriff geht über den Stand der Technik hinaus und meint mit „Stand der Wissenschaft" neue wissenschaftlich-theoretische

Erkenntnisse, die über die bereits realisierten technischen Möglichkeiten (Stand der Technik) hinausgehen (Bayerlein, 2008).

Tabelle 2.1 zeigt die bestehenden Anforderungen an das Werk und deren Bedeutung in der Übersicht.

Die allgemein anerkannten Regeln der Technik werden also nicht per se dadurch eingehalten, dass die Anforderungen von Regelwerken wie DIN-Normen, Richtlinien, Merkblättern und dergleichen erfüllt werden. Einige dieser Regelwerke wie beispielsweise DIN-Normen oder VDI-Richtlinien haben zwar die Vermutung für sich, allgemein anerkannte Regeln der Technik zu sein. Diese Vermutung ist jedoch widerlegbar. Derartige von privaten Institutionen herausgegebene technische Regelwerke müssen also immer daraufhin überprüft werden, ob sie tatsächlich wissenschaftlich-theoretisch richtig sind und sich in der Praxis bewährt haben. Es existiert eine beachtliche Anzahl von Regelungen in DIN-Normen, für die dies nicht zutreffen dürfte.

Hingegen gibt es Regeln des öffentlichen Baurechts, beispielsweise Landesbauordnungen, eingeführte Technische Baubestimmungen, Baugesetze oder Bauvorschriften, die in bauordnungsrechtlicher Hinsicht immer eingehalten werden müssen. Diese Regeln haben Gesetzescharakter, sodass deren Einhaltung unabhängig davon, ob sie als allgemein anerkannte Regeln der Technik anzusehen sind, immer verpflichtend ist.

2.1.2 Sonderkonstruktionen

Die allgemein anerkannten Regeln der Technik beschreiben die fachgerechte Ausführung im Regelfall. Da dieser Regelfall in der Baupraxis nicht immer vorliegt, sind manchmal Konstruktionen erforderlich, die der Regelausführung nicht entsprechen. In diesem Fall wird von Sonderkonstruktionen gesprochen. Dieser Begriff darf allerdings nicht so verstanden werden, dass damit eine Ausführung vorliegt, die hinter den allgemein anerkannten Regeln der Technik zurückbleibt. Vielmehr sind damit Fälle gemeint, auf die die Regelanforderungen der allgemein anerkannten Regeln der Technik aufgrund der Umstände des Einzelfalls nicht angewendet werden können.

Beispiel

> Die Regelaufkantungshöhe für die Abdichtung von Balkonplatten an aufgehende Bauteile ist nach DIN 18195-9 „Bauwerksabdichtungen – Teil 9: Durchdringungen, Übergänge, An- und Abschlüsse“ (2010) mit 150 mm vorzusehen. Im Bereich von Türdurchgängen, aber auch bei Sanierungen, wird diese Aufkantungshöhe häufig nicht machbar sein. In solchen Fällen sind Sonderkonstruktionen erforderlich, die bei fachgerechter Ausführung ebenfalls den allgemein anerkannten Regeln der Technik entsprechen können. In DIN 18195-9 und in der Fachliteratur werden entsprechend fachgerechte Sonderkonstruktionen beschrieben.

Sonderkonstruktionen, die hinter den allgemein anerkannten Regeln der Technik zurückbleiben, sind rechtlich nur in sehr engen Grenzen möglich und sollten grundsätzlich nicht ausgeführt werden. Ist dieses dennoch beabsichtigt, so ist zu empfehlen, diese „Minderausführung“ schriftlich zu vereinbaren. Der Gesetzgeber stellt hier hohe Anforderungen an die Aufklärung des Bestellers über die Abweichung von den allgemein anerkannten Regeln der Technik. Aufgrund des erheblichen Risikos einer unzureichenden Vereinbarung sollte dabei ein Baufachanwalt hinzugezogen werden.

2.1.3 Bauteile und Bauprodukte

Eine bauliche Anlage, hier der Balkon, die Loggia, die Dachterrasse oder die Terrasse, setzt sich aus unterschiedlichen Bauteilen und Bauprodukten zusammen. Diese Bauteile und Bauprodukte dürfen für die Errichtung, Änderung oder Instandhaltung von baulichen Anlagen nach § 17 MBO nur verwendet werden, wenn sie nicht bzw. nur unwesentlich von den in der Bauregelliste A Teil 1 öffentlich bekannt gemachten technischen Regeln abweichen **(geregelte Bauprodukte)** oder wenn sie aufgrund eines **Übereinstimmungsnachweises** (Ü-Zeichen) geregelt sind.

In diesem Bereich werden sich jedoch in naher Zukunft aufgrund der Grundsatzentscheidung zur Bauregelliste B Teil 2 des EuGH, Urteil vom 16.10.2014 – C 100/13 Änderungen ergeben: Ergänzende einzelstaatliche Regelungen über das CE-Zeichen hinaus dürfen danach nicht mehr verlangt werden (keine Ü-Zeichen mehr).

Weiter besteht die Möglichkeit, die Konstruktion nach der Bauproduktenverordnung vom 9. März 2011 oder den weiteren Vorschriften und Richtlinien der Europäischen Union herzustellen, soweit sie den Grundanforderungen an Bauwerke der Bauproduktenverordnung, Anhang 1, entsprechen. Bauprodukte, für die die technischen Regeln in der Bauregelliste A Teil 2 bekannt gemacht worden sind oder für die es Technische Baubestimmungen oder allgemein anerkannte Regeln der Technik nicht gibt **(nicht geregelte Bauprodukte),** benötigen für die Verwendung für bauliche Anlagen

- eine allgemeine bauaufsichtliche Zulassung **(abZ)** nach § 18 MBO oder
- ein allgemeines bauaufsichtliches Prüfzeugnis **(abP)** nach § 19 MBO oder
- eine **Zustimmung im Einzelfall** nach § 20 MBO.

2.2 Tragwerk

Axel Einemann

2.2.1 Planerische Grundlagen

Der Tragwerksplaner legt im Rahmen der statischen Berechnung die Anforderungen an die Gebrauchstauglichkeit und die Dauerhaftigkeit des Tragwerkes fest (zur Dauerhaftigkeit siehe Kapitel 2.8). Eine normenkonforme Ausführung der Tragwerke nach den zugehörigen Bemessungsnormen setzt deren Anwendung für die Aufstellung der **statischen Berechnung** voraus. Durch den aufstellenden Tragwerksplaner sind ggf. weiterführende Überwachungsmaßnahmen und eine Einstufung des Tragwerkes in die Ausführungsklassen nach der Normenreihe DIN EN 1090 „Ausführung von Stahltragwerken und Aluminiumtragwerken“ (2008 bis 2012) vorzunehmen.

So sind beispielsweise gemäß DIN EN 1090-2 „Ausführung von Stahltragwerken und Aluminiumtragwerken – Teil 2: Technische Regeln für die Ausführung von Stahltragwerken" (2011), Abschnitt 5.3.4, besondere Eigenschaften der Konstruktionsmaterialien festzulegen. Zusätzlich muss der Tragwerksplaner, falls dies gefordert ist, Angaben dazu machen, inwieweit eine Prüfung der Konstruktionsmaterialien auf Inhomogenitäten, Risse oder Verformungseigenschaften erforderlich ist. Beim Stahlbau sind z. B. Angaben darüber zu machen, inwieweit zerstörungsfreie Prüfungen für Schweißnähte notwendig werden.

Die statische Berechnung hat nach den Anforderungen der Normenreihe DIN EN 1090 somit nicht nur die statische Bemessung der Konstruktion zu dokumentieren, sondern auch Angaben zur weiteren Prüfung, zur Gebrauchstauglichkeit, zum Korrosionsschutz usw. zu enthalten.

Beim Stand der Technik von Tragwerken ist zu unterscheiden, ob es sich bei dem Gebäude, für das eine Balkonkonstruktion herzustellen ist, um einen Neubau oder um einen Altbau handelt. Im Wesentlichen werden bei **Neubauvorhaben** die Balkonkonstruktionen durch auskragende Stahlbetonplatten hergestellt, die thermisch von der eigentlichen Deckenkonstruktion aus Gründen des Wärmeschutzes getrennt worden sind.

Bei neu zu errichtenden Balkonen für **bestehende Gebäude** werden überwiegend vorgelagerte Stützenkonstruktionen ausgeführt, in der Regel mit Stahl- oder Aluminiumstützen in Verbindung mit Stahlbetonplatten oder Platten aus anderen Baustoffen (siehe Kapitel 1.2.1.1). Dies begründet sich vor allem in den günstigeren Montagekosten als bei auskragenden Balkonen bei der nachträglichen Herstellung der Balkonkonstruktion.

Normen und Regelwerke

Entsprechend den Anforderungen der jeweiligen Landesbauordnung sind für die Bemessung des Tragwerkes die im Rahmen der Technischen Baubestimmungen aufgeführten Regeln zu beachten (siehe hierzu folgende Übersicht und Tabelle 2.2). Dabei ist zu berücksichtigen, dass sich die Technischen Baubestimmungen je nach Bundesland unterscheiden können. Es ist daher erforderlich, je nach Standort des Bauobjektes die geltenden Vorschriften neu zusammenzustellen.

Übersicht: Liste der Technischen Baubestimmungen

Technische Baubestimmungen Teil I (2015)	Technische Regeln für die Planung, Bemessung und Konstruktion baulicher Anlagen und ihrer Teile (siehe Tabelle 2.2)
1	Technische Regeln zu Grundlagen der Tragwerksplanung und Einwirkungen
2	Technische Regeln zur Bemessung und zur Ausführung
2.1	Grundbau
2.2	Mauerwerksbau
2.3	Beton-, Stahlbeton- und Spannbetonbau
2.4	Metall- und Verbundbau
2.5	Holzbau
2.6	Bauteile

Übersicht (Fortsetzung): Liste der Technischen Baubestimmungen

Technische Baubestimmungen Teil I (2015)	Technische Regeln für die Planung, Bemessung und Konstruktion baulicher Anlagen und ihrer Teile (siehe Tabelle 2.2)
2.7	Sonderkonstruktionen
3	Technische Regeln zum Brandschutz
4	Technische Regeln zum Wärme- und zum Schallschutz
4.1	Wärmeschutz
4.2	Schallschutz
5	Technische Regeln zum Bautenschutz
5.1	Schutz gegen seismische Einwirkungen
5.2	Holzschutz
6	Technische Regeln zum Gesundheitsschutz
7	Technische Regeln als Planungsgrundlagen
Technische Baubestimmungen Teil II (2014)	Anwendungsregeln für Bauprodukte und Bausätze nach harmonisierten Normen und europäischen Bewertungsdokumenten für europäische technische Bewertungen nach der Bauproduktenverordnung sowie für europäische technische Zulassungen nach der Bauproduktenrichtlinie
Technische Baubestimmungen Teil III (2014)	Anwendungsregeln für Bauprodukte und Bausätze nach harmonisierten Normen und europäischen Bewertungsdokumenten für europäische technische Bewertungen nach der Bauproduktenverordnung sowie für europäische technische Zulassungen nach der Bauproduktenrichtlinie im Geltungsbereich von Verordnungen nach § 20 Abs. 4 und § 21 Abs. 2 Hamburgische Bauordnung

Tabelle 2.2: Technische Regeln für die Planung, Bemessung und Konstruktion baulicher Anlagen und ihrer Teile

lfd. Nr.	Bezeichnung	Titel	Ausgabe
1 Technische Regeln zu Grundlagen der Tragwerksplanung und Einwirkungen			
1.1	DIN EN 1990	Eurocode: Grundlagen der Tragwerksplanung	Dezember 2010
	DIN EN 1990/NA	Nationaler Anhang – National festgelegte Parameter – Eurocode: Grundlagen der Tragwerksplanung	Dezember 2010
1.2	DIN EN 1991-1-1	Eurocode 1: Einwirkungen auf Tragwerke – Teil 1-1: Allgemeine Einwirkungen auf Tragwerke – Wichten, Eigengewicht und Nutzlasten im Hochbau	Dezember 2010
	DIN EN 1991-1-1/NA	Nationaler Anhang – National festgelegte Parameter – Eurocode 1: Einwirkungen auf Tragwerke – Teil 1-1: Allgemeine Einwirkungen auf Tragwerke – Wichten, Eigengewicht und Nutzlasten im Hochbau	Dezember 2010
	DIN EN 1991-1-2	Eurocode 1: Einwirkungen auf Tragwerke – Teil 1-2: Allgemeine Einwirkungen – Brandeinwirkungen auf Tragwerke	Dezember 2010

Tabelle 2.2 (Fortsetzung): Technische Regeln für die Planung, Bemessung und Konstruktion baulicher Anlagen und ihrer Teile

lfd. Nr.	Bezeichnung	Titel	Ausgabe
	DIN EN 1991-1-2/NA	Nationaler Anhang – National festgelegte Parameter – Eurocode 1: Einwirkungen auf Tragwerke – Teil 1-2: Allgemeine Einwirkungen –Brandeinwirkungen auf Tragwerke	Dezember 2010
	DIN EN 1991-1-3	Eurocode 1: Einwirkungen auf Tragwerke – Teil 1-3: Allgemeine Einwirkungen, Schneelasten	Dezember 2010
	DIN EN 1991-1-3/NA	Nationaler Anhang – National festgelegte Parameter – Eurocode 1: Einwirkungen auf Tragwerke – Teil 1-3: Allgemeine Einwirkungen, Schneelasten	Dezember 2010
	DIN EN 1991-1-4	Eurocode 1: Einwirkungen auf Tragwerke – Teil 1-4: Allgemeine Einwirkungen – Windlasten	Dezember 2010
	DIN EN 1991-1-4/NA	Nationaler Anhang – National festgelegte Parameter – Eurocode 1: Einwirkungen auf Tragwerke – Teil 1-4: Allgemeine Einwirkungen – Windlasten	Dezember 2010
	DIN EN 1991-1-7	Eurocode 1: Einwirkungen auf Tragwerke – Teil 1-7: Allgemeine Einwirkungen – Außergewöhnliche Einwirkungen	Dezember 2010
	DIN EN 1991-1-7/NA	Nationaler Anhang – National festgelegte Parameter – Eurocode 1: Einwirkungen auf Tragwerke – Teil 1-7: Allgemeine Einwirkungen – Außergewöhnliche Einwirkungen	Dezember 2010
1.3	eingeführte Technische Baubestimmung (ETB)	ETB Richtlinie „Bauteile, die gegen Absturz sichern"	Juni 1985
2.2 Mauerwerksbau			
2.2.1 (1)	DIN 1053-1	Mauerwerk – Teil 1: Berechnung und Ausführung	November 1996
2.2.1 (2)	DIN EN 1996-1-1	Eurocode 6: Bemessung und Konstruktion von Mauerwerksbauten – Teil 1-1: Allgemeine Regeln für bewehrtes und unbewehrtes Mauerwerk	Februar 2013
	DIN EN 1996-1-1/NA	Nationaler Anhang – National festgelegte Parameter – Eurocode 6: Bemessung und Konstruktion von Mauerwerksbauten – Teil 1-1: Allgemeine Regeln für bewehrtes und unbewehrtes Mauerwerk	Mai 2012
	DIN EN 1996-1-2	Eurocode 6: Bemessung und Konstruktion von Mauerwerksbauten – Teil 1-2: Allgemeine Regeln – Tragwerksbemessung für den Brandfall	April 2011
	DIN EN 1996-1-2/NA	Nationaler Anhang – National festgelegte Parameter – Eurocode 6: Bemessung und Konstruktion von Mauerwerksbauten – Teil 1-2: Allgemeine Regeln – Tragwerksbemessung für den Brandfall	Juni 2013
	DIN EN 1996-2	Eurocode 6: Bemessung und Konstruktion von Mauerwerksbauten – Teil 2: Planung, Auswahl der Baustoffe und Ausführung von Mauerwerk	Dezember 2010

Tabelle 2.2 (Fortsetzung): Technische Regeln für die Planung, Bemessung und Konstruktion baulicher Anlagen und ihrer Teile

lfd. Nr.	Bezeichnung	Titel	Ausgabe
	DIN EN 1996-2/NA	Nationaler Anhang – National festgelegte Parameter – Eurocode 6: Bemessung und Konstruktion von Mauerwerksbauten – Teil 2: Planung, Auswahl der Baustoffe und Ausführung von Mauerwerk	Januar 2012
	DIN EN 1996-3	Eurocode 6: Bemessung und Konstruktion von Mauerwerksbauten – Teil 3: Vereinfachte Berechnungsmethoden für unbewehrte Mauerwerksbauten	Dezember 2010
	DIN EN 1996-3/NA	Nationaler Anhang – National festgelegte Parameter – Eurocode 6: Bemessung und Konstruktion von Mauerwerksbauten – Teil 3: Vereinfachte Berechnungsmethoden für unbewehrte Mauerwerksbauten	Januar 2012
2.2.2	DIN 1053-4	Mauerwerk – Teil 4: Fertigbauteile	April 2013
2.3 Beton-, Stahlbeton- und Spannbetonbau			
2.3.1	DIN 1045-2	Tragwerke aus Beton, Stahlbeton und Spannbeton – Teil 2: Beton – Festlegung, Eigenschaften, Herstellung und Konformität – Anwendungsregeln zu DIN EN 206-1	August 2008
	DIN EN 206	Beton – Festlegung, Eigenschaften, Herstellung und Konformität	Juli 2014
	DIN EN 206-9	Beton – Teil 9: Ergänzende Regeln für selbstverdichtenden Beton (SVB)	September 2010
	DIN 1045-3	Tragwerke aus Beton, Stahlbeton und Spannbeton – Teil 3: Bauausführung – Anwendungsregeln zu DIN EN 13670	März 2012
	DIN 1045-4	Tragwerke aus Beton, Stahlbeton und Spannbeton – Teil 4: Ergänzende Regeln für die Herstellung und die Konformität von Fertigteilen	Februar 2012
	DIN 1045-100	Bemessung und Konstruktion von Stahlbeton- und Spannbetontragwerken – Teil 100: Ziegeldecken	Dezember 2011
2.3.2	DIN EN 1992-1-1	Eurocode 2: Bemessung und Konstruktion von Stahlbeton- und Spannbetontragwerken – Teil 1-1: Allgemeine Bemessungsregeln und Regeln für den Hochbau	Januar 2011
	DIN EN 1992-1-1/NA	Nationaler Anhang – National festgelegte Parameter – Eurocode 2: Bemessung und Konstruktion von Stahlbeton- und Spannbetontragwerken – Teil 1-1: Allgemeine Bemessungsregeln für den Hochbau	April 2013
	DIN EN 1992-1-2	Eurocode 2: Bemessung und Konstruktion von Stahlbeton- und Spannbetontragwerken – Teil 1-2: Allgemeine Regeln – Tragwerksbemessung für den Brandfall	Dezember 2010
	DIN EN 1992-1-2/NA	Nationaler Anhang – National festgelegte Parameter – Eurocode 2: Bemessung und Konstruktion von Stahlbeton- und Spannbetontragwerken – Teil 1-2: Allgemeine Regeln für den Brandfall	Dezember 2010

Tabelle 2.2 (Fortsetzung): Technische Regeln für die Planung, Bemessung und Konstruktion baulicher Anlagen und ihrer Teile

lfd. Nr.	Bezeichnung	Titel	Ausgabe
2.3.3	DIN EN ISO 17660-1	Schweißen – Schweißen von Betonstahl – Teil 1: Tragende Schweißverbindungen	Dezember 2006
	DIN EN ISO 17660-2	Schweißen – Schweißen von Betonstahl – Teil 2: Nichttragende Schweißverbindungen	Dezember 2006
2.3.7	Instandsetzungs-richtlinie	DAfStb-Richtlinie für Schutz und Instandsetzung von Betonbauteilen	Oktober 2001
2.3.8	DIN 4223-2	Vorgefertigte bewehrte Bauteile aus dampfgehärtetem Porenbeton – Teil 2: Bauteile mit statisch anrechenbarer Bewehrung; Entwurf und Bemessung	Dezember 2003
	DIN 4223-3	Vorgefertigte bewehrte Bauteile aus dampfgehärtetem Porenbeton – Teil 3: Wände aus Bauteilen mit statisch nicht anrechenbarer Bewehrung; Entwurf und Bemessung	Dezember 2003
	DIN 4223-4	Vorgefertigte bewehrte Bauteile aus dampfgehärtetem Porenbeton – Teil 4: Bauteile mit statisch anrechenbarer Bewehrung; Anwendung in Bauwerken	Dezember 2003
	DIN 4223-5	Vorgefertigte bewehrte Bauteile aus dampfgehärtetem Porenbeton – Teil 5: Sicherheitskonzept	Dezember 2003
2.4 Metall- und Verbundbau			
2.4.1	DIN EN 1993-1-1	Eurocode 3: Bemessung und Konstruktion von Stahlbauten – Teil 1-1: Allgemeine Bemessungsregeln und Regeln für den Hochbau	Dezember 2010
	DIN EN 1993-1-1/NA	Nationaler Anhang – National festgelegte Parameter – Eurocode 3: Bemessung und Konstruktion von Stahlbauten – Teil 1-1: Allgemeine Bemessungsregeln und Regeln für den Hochbau	Dezember 2010
	DIN EN 1993-1-2	Eurocode 3: Bemessung und Konstruktion von Stahlbauten – Teil 1-2: Allgemeine Regeln – Tragwerksbemessung für den Brandfall	Dezember 2010
	DIN EN 1993-1-2/NA	Nationaler Anhang – National festgelegte Parameter – Eurocode 3: Bemessung und Konstruktion von Stahlbauten – Teil 1-2: Allgemeine Regeln – Tragwerksbemessung für den Brandfall	Dezember 2010
	DIN EN 1993-1-3	Eurocode 3: Bemessung und Konstruktion von Stahlbauten – Teil 1-3: Allgemeine Regeln – Ergänzende Regeln für kaltgeformte Bauteile und Bleche	Dezember 2010
	DIN EN 1993-1-3/NA	Nationaler Anhang – National festgelegte Parameter – Eurocode 3: Bemessung und Konstruktion von Stahlbauten – Teil 1-3: Allgemeine Regeln – Ergänzende Regeln für kaltgeformte dünnwandige Bauteile und Bleche	Dezember 2010
	DIN EN 1993-1-5	Eurocode 3: Bemessung und Konstruktion von Stahlbauten – Teil 1-5: Plattenförmige Bauteile	Dezember 2010

Tabelle 2.2 (Fortsetzung): Technische Regeln für die Planung, Bemessung und Konstruktion baulicher Anlagen und ihrer Teile

lfd. Nr.	Bezeichnung	Titel	Ausgabe
	DIN EN 1993-1-5/NA	Nationaler Anhang – National festgelegte Parameter – Eurocode 3: Bemessung und Konstruktion von Stahlbauten – Teil 1-5: Plattenförmige Bauteile	Dezember 2010
	DIN EN 1993-1-6	Eurocode 3: Bemessung und Konstruktion von Stahlbauten – Teil 1-6: Festigkeit und Stabilität von Schalen	Dezember 2010
	DIN EN 1993-1-6/NA	Nationaler Anhang – National festgelegte Parameter – Eurocode 3: Bemessung und Konstruktion von Stahlbauten – Teil 1-6: Festigkeit und Stabilität von Schalen	Dezember 2010
	DIN EN 1993-1-7	Eurocode 3: Bemessung und Konstruktion von Stahlbauten – Teil 1-7: Plattenförmige Bauteile mit Querbelastung	Dezember 2010
	DIN EN 1993-1-7/NA	Nationaler Anhang – National festgelegte Parameter – Eurocode 3: Bemessung und Konstruktion von Stahlbauten – Teil 1-7: Plattenförmige Bauteile mit Querbelastung	Dezember 2010
	DIN EN 1993-1-8	Eurocode 3: Bemessung und Konstruktion von Stahlbauten – Teil 1-8: Bemessung von Anschlüssen	Dezember 2010
	DIN EN 1993-1-8/NA	Nationaler Anhang – National festgelegte Parameter – Eurocode 3: Bemessung und Konstruktion von Stahlbauten – Teil 1-8: Bemessung von Anschlüssen	Dezember 2010
	DIN EN 1993-1-9	Eurocode 3: Bemessung und Konstruktion von Stahlbauten – Teil 1-9: Ermüdung	Dezember 2010
	DIN EN 1993-1-9/NA	Nationaler Anhang – National festgelegte Parameter – Eurocode 3: Bemessung und Konstruktion von Stahlbauten – Teil 1-9: Ermüdung	Dezember 2010
	DIN EN 1993-1-10	Eurocode 3: Bemessung und Konstruktion von Stahlbauten – Teil 1-10: Stahlsortenauswahl im Hinblick auf Bruchzähigkeit und Eigenschaften in Dickenrichtung	Dezember 2010
	DIN EN 1993-1-10/ NA	Nationaler Anhang – National festgelegte Parameter – Eurocode 3: Bemessung und Konstruktion von Stahlbauten – Teil 1-10: Stahlsortenauswahl im Hinblick auf Bruchzähigkeit und Eigenschaften in Dickenrichtungen	Dezember 2010
	DIN EN 1993-1-11	Eurocode 3: Bemessung und Konstruktion von Stahlbauten – Teil 1-11: Bemessung und Konstruktion von Tragwerken mit Zuggliedern aus Stahl	Dezember 2010
	DIN EN 1993-1-11/ NA	Nationaler Anhang – National festgelegte Parameter – Eurocode 3: Bemessung und Konstruktion von Stahlbauten – Teil 1-11: Bemessung und Konstruktion von Tragwerken mit Zuggliedern aus Stahl	Dezember 2010
	DIN EN 1993-1-12	Eurocode 3: Bemessung und Konstruktion von Stahlbauten – Teil 1-12: Zusätzliche Regeln zur Erweiterung von EN 1993 auf Stahlgüten bis S700	Dezember 2010

Tabelle 2.2 (Fortsetzung): Technische Regeln für die Planung, Bemessung und Konstruktion baulicher Anlagen und ihrer Teile

lfd. Nr.	Bezeichnung	Titel	Ausgabe
	DIN EN 1993-1-12/NA	Nationaler Anhang – National festgelegte Parameter – Eurocode 3: Bemessung und Konstruktion von Stahlbauten – Teil 1-12: Zusätzliche Regeln zur Erweiterung von EN 1993 auf Stahlgüten bis S700	August 2011
	DIN EN 1090-2	Ausführung von Stahltragwerken und Aluminiumtragwerken – Teil 2: Technische Regeln für die Ausführung von Stahltragwerken	Oktober 2011
2.4.2	DIN EN 1994-1-1	Eurocode 4: Bemessung und Konstruktion von Verbundtragwerken aus Stahl und Beton – Teil 1-1: Allgemeine Bemessungsregeln und Anwendungsregeln für den Hochbau	Dezember 2010
	DIN EN 1994-1-1/NA	Nationaler Anhang – National festgelegte Parameter – Eurocode 4: Bemessung und Konstruktion von Verbundtragwerken aus Stahl und Beton – Teil 1-1: Allgemeine Bemessungsregeln und Anwendungsregeln für den Hochbau	Dezember 2010
	DIN EN 1994-1-2	Eurocode 4: Bemessung und Konstruktion von Verbundtragwerken aus Stahl und Beton – Teil 1-2: Allgemeine Regeln – Tragwerksbemessung für den Brandfall	Dezember 2010
	DIN EN 1994-1-2/NA	Nationaler Anhang – National festgelegte Parameter – Eurocode 4: Bemessung und Konstruktion von Verbundtragwerken aus Stahl und Beton – Teil 1-2: Allgemeine Regeln – Tragwerksbemessung für den Brandfall	Dezember 2010
2.4.3	DIN EN 1999-1-1	Eurocode 9: Bemessung und Konstruktion von Aluminiumtragwerken – Teil 1-1: Allgemeine Bemessungsregeln	Mai 2010
	DIN EN 1999-1-1/NA	Nationaler Anhang – National festgelegte Parameter – Eurocode 9: Bemessung und Konstruktion von Aluminiumtragwerken – Teil 1-1: Allgemeine Bemessungsregeln	Mai 2013
	DIN EN 1999-1-2	Eurocode 9: Bemessung und Konstruktion von Aluminiumtragwerken – Teil 1-2: Tragwerksbemessung für den Brandfall	Dezember 2010
	DIN EN 1999-1-2/NA	Nationaler Anhang – National festgelegte Parameter – Eurocode 9: Bemessung und Konstruktion von Aluminiumtragwerken – Teil 1-2: Tragwerksbemessung für den Brandfall	April 2011
	DIN EN 1999-1-3	Eurocode 9: Bemessung und Konstruktion von Aluminiumtragwerken – Teil 1-3: Ermüdungsbeanspruchte Tragwerke	November 2011
	DIN EN 1999-1-3/NA	Nationaler Anhang – National festgelegte Parameter – Eurocode 9: Bemessung und Konstruktion von Aluminiumtragwerken – Teil 1-3: Ermüdungsbeanspruchte Tragwerke	Januar 2013

Tabelle 2.2 (Fortsetzung): Technische Regeln für die Planung, Bemessung und Konstruktion baulicher Anlagen und ihrer Teile

lfd. Nr.	Bezeichnung	Titel	Ausgabe
	DIN EN 1999-1-4	Eurocode 9: Bemessung und Konstruktion von Aluminiumtragwerken – Teil 1-4: Kaltgeformte Profiltafeln	Mai 2010
	DIN EN 1999-1-4/NA	Nationaler Anhang – National festgelegte Parameter – Eurocode 9: Bemessung und Konstruktion von Aluminiumtragwerken – Teil 1-4: Kaltgeformte Profiltafeln	Dezember 2010
	DIN EN 1999-1-5	Eurocode 9: Bemessung und Konstruktion von Aluminiumtragwerken – Teil 1-5: Schalentragwerke	Mai 2010
	DIN EN 1999-1-5/NA	Nationaler Anhang – National festgelegte Parameter – Eurocode 9: Bemessung und Konstruktion von Aluminiumtragwerken – Teil 1-5: Schalentragwerke	Dezember 2010
	DIN EN 1090-3	Ausführung von Stahltragwerken und Aluminiumtragwerken – Teil 3: Technische Regeln für die Ausführung von Aluminiumtragwerken	September 2008
2.4.4	DIN 18807-3	Trapezprofile im Hochbau; Stahltrapezprofile; Festigkeitsnachweis und konstruktive Ausbildung	Juni 1987
	DIN 18807-9	Trapezprofile im Hochbau – Teil 9: Aluminium-Trapezprofile und ihre Verbindungen; Anwendung und Konstruktion	Juni 1998
2.5 Holzbau			
2.5.1	DIN EN 1995-1-1	Eurocode 5: Bemessung und Konstruktion von Holzbauten – Teil 1-1: Allgemeines – Allgemeine Regeln und Regeln für den Hochbau	Dezember 2010
	DIN EN 1995-1-1/NA	Nationaler Anhang – National festgelegte Parameter – Eurocode 5: Bemessung und Konstruktion von Holzbauten – Teil 1-1: Allgemeines – Allgemeine Regeln und Regeln für den Hochbau	Dezember 2010
	DIN EN 1995-1-2	Eurocode 5: Bemessung und Konstruktion von Holzbauten – Teil 1-2: Allgemeine Regeln – Tragwerksbemessung für den Brandfall	Dezember 2010
	DIN EN 1995-1-2/NA	Nationaler Anhang – National festgelegte Parameter – Eurocode 5: Bemessung und Konstruktion von Holzbauten – Teil 1-2: Allgemeine Regeln – Tragwerksbemessung für den Brandfall	Dezember 2010
	DIN 1052-10	Herstellung und Ausführung von Holzbauwerken – Teil 10: Ergänzende Bestimmungen	Mai 2012
2.6 Bauteile			
2.6.6	DIN 18008-1	Glas im Bauwesen – Bemessungs- und Konstruktionsregeln – Teil 1: Begriffe und allgemeine Grundlagen	Dezember 2010
	DIN 18008-2	Glas im Bauwesen – Bemessungs- und Konstruktionsregeln – Teil 2: Linienförmig gelagerte Verglasungen	Dezember 2010

Tabelle 2.2 (Fortsetzung): Technische Regeln für die Planung, Bemessung und Konstruktion baulicher Anlagen und ihrer Teile

lfd. Nr.	Bezeichnung	Titel	Ausgabe
	DIN 18008-3	Glas im Bauwesen – Bemessungs- und Konstruktionsregeln – Teil 3: Punktförmig gelagerte Verglasungen	Juli 2013
	DIN 18008-4	Glas im Bauwesen – Bemessungs- und Konstruktionsregeln – Teil 4: Zusatzanforderungen an absturzsichernde Verglasungen	Juli 2013
	DIN 18008-5	Glas im Bauwesen – Bemessungs- und Konstruktionsregeln – Teil 5: Zusatzanforderungen an begehbare Verglasungen	Juli 2013
3 Technische Regeln zum Brandschutz			
3.1	DIN 4102-4	Brandverhalten von Baustoffen und Bauteilen – Teil 4: Zusammenstellung und Anwendung klassifizierter Baustoffe, Bauteile und Sonderbauteile	März 1994
	DIN 4102-22	Brandverhalten von Baustoffen und Bauteilen – Teil 22: Anwendungsnorm zu DIN 4102-4 auf der Bemessungsbasis von Teilsicherheitsbeiwerten	November 2004
5.2 Holzschutz			
5.2.1	DIN 68800-1	Holzschutz – Teil 1: Allgemeines	Oktober 2011
	DIN 68800-2	Holzschutz – Teil 2: Vorbeugende bauliche Maßnahmen im Hochbau	Februar 2012

2.2.2 Anforderungen an die Standsicherheit

In § 12 Satz 1 MBO wird gefordert, dass jede bauliche Anlage im Ganzen und in ihren einzelnen Teilen für sich allein standsicher sein muss. Dabei dürfen die Standsicherheit anderer baulicher Anlagen sowie die Tragfähigkeit des Baugrundes und der Nachbargrundstücke nicht gefährdet werden. Weiter wird in § 16 Satz 1 MBO festgelegt, dass bauliche Anlagen verkehrssicher sein müssen.

Die Standsicherheit von Balkonkonstruktionen muss entsprechend den Anforderungen der Technischen Baubestimmungen an die Bauprodukte gegeben sein (siehe Kapitel 2.1.3).

In der Musterbauordnung ist geregelt, dass ein Standsicherheitsnachweis für eine Balkonkonstruktion erforderlich ist. In § 2 MBO werden **Gebäude** wie folgt in **Klassen** eingeteilt:

- freistehende Gebäude mit einer Höhe von bis zu 7 m und nicht mehr als zwei Nutzungseinheiten von insgesamt nicht mehr als 400 m² und freistehende land- oder forstwirtschaftlich genutzte Gebäude gehören zur Gebäudeklasse 1,

- Gebäude mit einer Höhe von bis zu 7 m und nicht mehr als 2 Nutzungseinheiten von insgesamt nicht mehr als 400 m^2 gehören zur Gebäudeklasse 2,
- sonstige Gebäude mit einer Höhe von bis zu 7 m gehören zur Gebäudeklasse 3,
- Gebäude mit einer Höhe von bis zu 13 m und Nutzungseinheiten mit jeweils nicht mehr als 400 m^2 gehören zur Gebäudeklasse 4 und
- sonstige Gebäude einschließlich unterirdischer Gebäude gehören zur Gebäudeklasse 5.

Die Einhaltung der Anforderungen an die Standsicherheit (sowie an Brand-, Schall- und Erschütterungsschutz) ist je nach Gebäudeklasse in § 66 Abs. 2 MBO geregelt. Für die Gebäudeklassen 1 bis 3 muss der Standsicherheitsnachweis von einer Person mit einem berufsqualifizierten Hochschulabschluss erstellt werden. Bei den Gebäudeklassen 4 und 5 sowie sonstigen baulichen Anlagen, die keine Gebäude sind und eine Höhe von mehr als 10 m aufweisen (z. B. Tribünenanlagen), ist es erforderlich, dass der Standsicherheitsnachweis bauaufsichtlich geprüft wird bzw. die Prüfung durch einen Prüfsachverständigen bescheinigt wird.

Hierzu gibt es je nach Bundesland Ausnahmeregelungen, z. B. in Hamburg, wo die Bauaufsichtsbehörde wegen der geringen Bedeutung für die Sicherheit auf die Prüfung der Standsicherheitsnachweise für nachträglich vorgelagerte Balkone in Stahlprofil-Systembauweise verzichtet (nicht jedoch bei auskragenden Balkonen, Balkonen für Sonderbauten und Balkonen, die Bestandteil des Rettungsweges sind).

2.2.3 Tragsysteme

Abtragung von Lasten

Abb. 2.1 zeigt eine Übersicht über die üblichen Tragsysteme für Balkone. Bei den vorgelagerten Balkonen wird das Tragsystem in der Regel am Bestandsgebäude zur Abtragung der horizontalen Kräfte (Wind und Stabilitätskräfte) angeschlossen (Abb. 2.2).

Die Konstruktion des Tragwerkes ist grundsätzlich so auszulegen, dass sie die Eigengewichtslasten, die Nutzlasten sowie die Windlasten aufnehmen kann und diese sicher in den Baugrund abgetragen werden. Das Tragwerk setzt sich in der Regel aus der Balkonplatte, die als aussteifende Scheibe zur Abtragung von waagerechten Lasten geeignet ist, und senkrechten Elementen, die zur Ableitung der vertikalen Kräfte geeignet sind, zusammen (Abb. 2.3).

Bis auf den Kragarm (siehe Abb. 2.4) stehen sämtliche Tragsysteme auf dem anstehenden Baugrund. Insbesondere für vorgestellte Balkone wird die Einholung eines Baugrundgutachtens (geotechnischen Berichtes) für den Nachweis der Standsicherheit und Standfestigkeit als erforderlich angesehen.

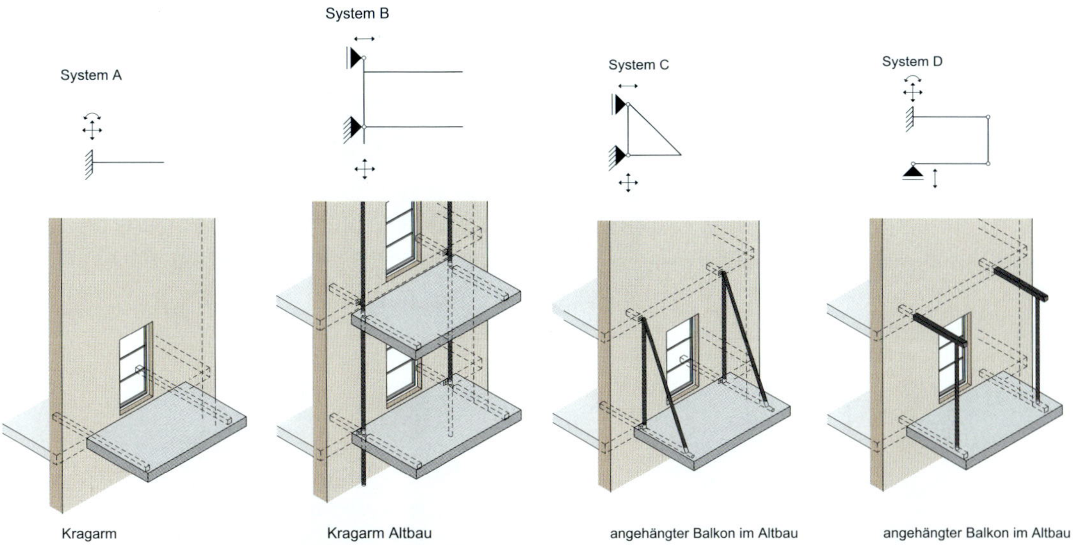

Abb. 2.1: Übersicht über die üblichen Tragsysteme von Balkonen

Abb. 2.2: Anschluss einer nachträglich erstellten Balkonkonstruktion aus Stahl an das Bestandsgebäude: Dieser Anschluss ist aus statischer Sicht falsch ausgebildet worden, da er aufgrund der Langlöcher keine Kräfte parallel zur Außenwand aufnehmen kann.

Abb. 2.3: Im Rahmen einer energetischen Sanierung nachträglich vorgelagerte Balkonanlage: Die vertikalen Kräfte werden über die Gebäudeaußenwand und über neue Stahlstützen in den Baugrund abgetragen.

Abb. 2.4: Nachträglich montierter Balkon als Kragarmkonstruktion: Das Kragmoment wird durch ein Kräftepaar im Bereich der Geschossdecken aufgenommen.

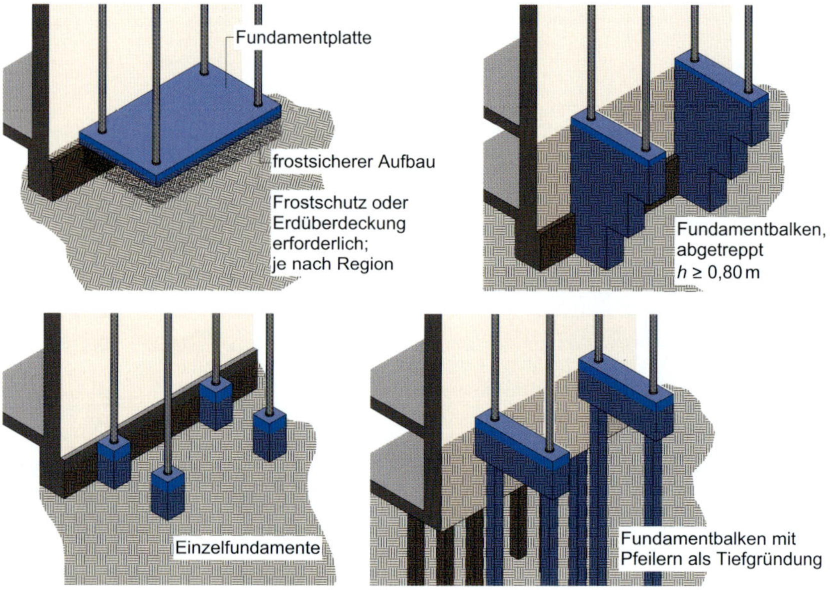

Abb. 2.5: Übersicht über Gründungsmöglichkeiten

Gründungen

Eine Gründung wird dann erforderlich, wenn das Tragsystem mit Stützen hergestellt wird. Für die Lastabtragung in den Baugrund ergeben sich unterschiedliche **Varianten** (siehe Abb. 2.5):

- die Variante über eine durchgehende Bodenplatte (Fundamentplatte),
- die Variante über Einzelfundamente und
- die Variante über Streifenfundamente (abgetreppte Fundamentbalken oder Fundamentbalken mit Tiefgründung).

Die Streifenfundamente haben den Vorteil, dass sie in Bezug auf Maßabweichungen und Maßungenauigkeiten unempfindlicher sind als Einzelfundamente. Es ist zu beachten, dass die Unterkante des neu zu errichtenden Fundamentes bis auf die Gründungssohle des bestehenden Gebäudes heruntergeführt wird, um zu vermeiden, dass zusätzliche Horizontalkräfte aus der Lasteintragung der Balkonlasten über den Baugrund in die anstehenden Kellerwände geleitet werden. Hierauf darf nur verzichtet werden, wenn ein entsprechender Standsicherheitsnachweis der Kellerwand geführt werden kann.

Abb. 2.6: Wiederaufbau einer auskragenden Balkonplatte mit neuen Stahlträgern vor dem Herstellen des neuen Kappenbetons

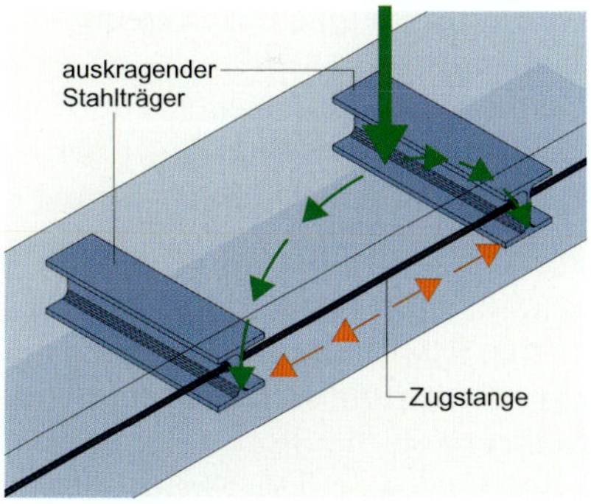

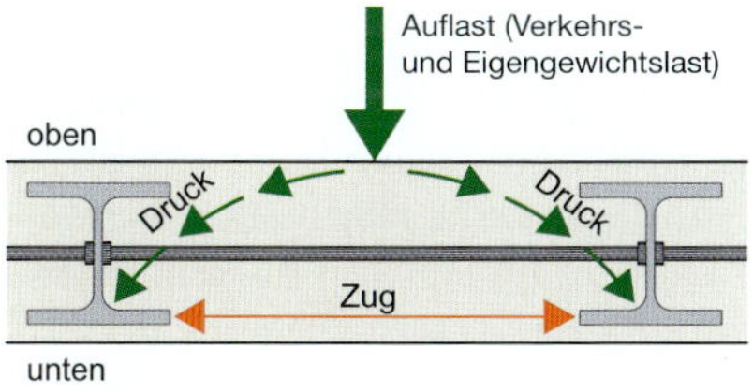

Abb. 2.7: Prinzipskizze zur Wirkungsweise des Tragsystems von alten Balkonkonstruktionen

Abb. 2.8: Widerlagerträger unterhalb einer Balkonplatte aus der Gründerzeit (1900 bis 1920): Der Träger ist durch Feuchtigkeitseinwirkung im Bereich des Steges korrodiert.

Tragsysteme im Altbau

Im Altbau gibt es noch weitere Tragsysteme. In der Regel bestehen die alten Balkone aus **auskragenden Stahlträgern,** die in der angrenzenden Holzbalken- oder Stahlkappendecke verankert worden sind und ohne thermische Trennung aus der Deckenkonstruktion auskragen (Abb. 2.6). Im Außenbereich wurde der Zwischenraum zwischen den auskragenden Stahlträgern mit Beton bzw. betonähnlichen Baustoffen ausgefüllt. Dieser zwischen Trägern eingesetzte Beton wird als **Kappenbeton** bezeichnet. Somit setzt sich das Tragsystem der Balkone zum einen aus den auskragenden Stahlträgern und zum anderen aus dem Kappenbeton zusammen, der durch eine Gewölbewirkung die vertikalen Kräfte in die auskragenden Stahlträger einleitet. Aufgrund der Gewölbewirkung des Kappenbetons treten innerhalb der Platte Horizontalkräfte auf, die üblicherweise über Zugstangen abgeleitet werden (siehe Abb. 2.7). Bei der Instandsetzung dieser Balkone ist daher insbesondere darauf zu achten, dass die Zugstangen wiederhergestellt werden.

In Wandbereichen, in denen höhere Wandlasten vorliegen, sind im Altbau auch auskragende Stahlträger (Kappenträger) anzutreffen, die nicht in die angrenzenden Deckenplatten eingeschlossen, sondern lediglich in die Wandkonstruktion eingesteckt worden sind. In diesem Fall befinden sich oberhalb und unterhalb des Stahlträgers sog. Widerlagerträger (Abb. 2.8).

2.3 Abdichtungen

Wolfgang Storch

2.3.1 Planerische Grundlagen

Abdichtungen von Balkonen, Loggien, Dachterrassen und Terrassen dienen dem Schutz von Bauteilen gegen Durchfeuchtung und der Vermeidung von Schäden an angrenzenden, insbesondere genutzten Gebäudeteilen. Die Wahl der **Abdichtungsart** ist abhängig von den äußeren Beanspruchungen, den klimatischen Einflüssen sowie von mechanischen und thermischen Einwirkungen auf das Gebäude- oder Bauteil.

Eine Abdichtung ist nicht erforderlich, wenn Bauteile verwendet werden, die nachweislich so dicht sind, dass keine weiteren Abdichtungen notwendig werden. Das sind z. B. Balkonplatten, die aus **wasserundurchlässigem Beton** (WU-Beton) hergestellt werden. Zur Ausführung solcher Konstruktionen wird ausdrücklich auf die Beachtung der Regelungen der DAfStb-Richtlinie „Wasserundurchlässige Bauwerke aus Beton“ (2003) verwiesen.

Balkone mit offenen, wasserdurchlässigen Konstruktionen, z. B. in Metallkonstruktionen eingelegte Holzbeläge oder Blechtafeln, entsprechen nicht den allgemein anerkannten Regeln der Technik und werden hier nicht näher besprochen. Bei diesen Konstruktionen, für die es keine planmäßige Entwässerung und keine Abdichtungsebene gibt, besteht im Fall von übereinanderliegenden Balkonen die Gefahr der unzumutbaren Beeinträchtigung der darunter liegenden Balkonflächen.

Normen und Regelwerke

In **DIN 18195-1** „Bauwerksabdichtungen – Teil 1: Grundsätze, Definitionen, Zuordnung der Abdichtungsarten“ (2011) werden u. a. allgemeine Begriffe zu Abdichtungen definiert und grundsätzliche Anforderungen beschrieben. So wird in Abschnitt 4.5 dargelegt, dass alle waagerechten und geneigten Deckenflächen im Freien, sofern sie nicht durch drückendes Wasser beansprucht werden, abzudichten sind.

DIN 18195-2 „Bauwerksabdichtungen – Teil 2: Stoffe“ (2009) gilt für Abdichtungsstoffe und Hilfsstoffe, die zur Herstellung der Bauwerksabdichtungen verwendet werden. Die einzelnen hauptsächlich für die Abdichtung von waagerechten und geneigten Deckenflächen gegen nicht drückendes Wasser zur Anwendung kommenden Stoffe werden unter Hinweis auf die jeweiligen Tabellen von DIN 18195-2 in Kapitel 2.3.3 beschrieben.

DIN 18195-3 „Bauwerksabdichtungen – Teil 3: Anforderungen an den Untergrund und Verarbeitung der Stoffe“ (2011) regelt die Anforderungen an den Untergrund der abzudichtenden Bauteile und die fachgerechte Verarbeitung der zum Einsatz kommenden Stoffe.

DIN 18195-5 „Bauwerksabdichtungen – Teil 5: Abdichtungen gegen nichtdrückendes Wasser auf Deckenflächen und in Nassräumen, Bemessung und Ausführung“ (2011) ist die derzeitig maßgebende Norm für die Abdichtung von waagerechten und geneigten Deckenflächen im Freien und damit für die Planung und Ausführung von Abdichtungen auf Balkonen, Loggien und Dachterrassen anzuwenden.

Außerdem sind für die Planung und Ausführung von Abdichtungen auf Balkonen, Loggien und Dachterrassen folgende Teile der Normenreihe DIN 18195 zu beachten, die die o. g. Normenteile um Erfordernisse bei der Planung und Ausführung von Bewegungsfugen, von An- und Abschlüssen sowie von Mindestabständen zu angrenzenden Bauteilen und von Schutzschichten unterhalb und oberhalb der Abdichtungen ergänzen:

- **DIN 18195-8** „Bauwerksabdichtungen – Teil 8: Abdichtung über Bewegungsfugen“ (2011),
- **DIN 18195-9** „Bauwerksabdichtungen – Teil 9: Durchdringungen, Übergänge, An- und Abschlüsse“ (2010) und
- **DIN 18195-10** „Bauwerksabdichtungen – Teil 10: Schutzschichten und Schutzmaßnahmen“ (2011).

In **DIN 18195 Beiblatt 1** „Bauwerksabdichtungen – Beiblatt 1: Beispiele für die Anordnung der Abdichtung“ (2011) werden in Form von Prinzipskizzen Beispiele für die fachgerechte Ausführung von Abdichtungen gegeben. Für Abdichtungen auf Balkonen, Loggien und Dachterrassen sind hier beispielhaft Sockel-Tür-Anschlüsse (Bild 9 und 10), hoch beanspruchte Abschlüsse bei Dachterrassen (Bild 13 und 14) und eine Abdichtung für mäßige Beanspruchung auf einem Balkon (Bild 18) dargestellt.

Die derzeitig für Abdichtungen gültige Normenreihe DIN 18195 befindet sich insgesamt in Überarbeitung. Die Teile der Norm werden in bauteilbezogene Einzelnormen aufgeteilt und in den Normenreihen DIN 18531 bis DIN 18535 neu gefasst. Dies betrifft auch DIN 18195-5, die derzeitig die allgemein anerkannten Regeln der Technik für die Abdichtung von Balkonen, Loggien und Dachterrassen maßgeblich widerspiegelt. Die Abdichtungen von Balkonen, Loggien, Laubengängen und genutzten Dachflächen werden künftig als separater Abschnitt innerhalb der Normenreihe DIN 18531 geregelt. Mit einer Einführung der neuen Regelwerke kann schrittweise ab dem Jahr 2016 gerechnet werden.

Die **„Fachregel für Abdichtungen – Flachdachrichtlinie“** (Flachdachrichtlinie, 2011) gilt auch für die Abdichtung genutzter Flächen, wie Balkone, Loggien und Dachterrassen. In Abschnitt 1.1 wird jedoch ausdrücklich auf die ergänzenden bzw. abgrenzenden Regelungen der Normenreihe DIN 18195 verwiesen.

Darüber hinaus sind die nachfolgenden Regeln in Abhängigkeit von den gewählten Konstruktionen und Abdichtungsstoffen zu beachten:

- **DIN EN 13967** „Abdichtungsbahnen – Kunststoff- und Elastomerbahnen für die Bauwerksabdichtung gegen Bodenfeuchte und Wasser – Definitionen und Eigenschaften" (2007),
- **DIN EN 13969** „Abdichtungsbahnen – Bitumenbahnen für die Bauwerksabdichtung gegen Bodenfeuchte und Wasser – Definitionen und Eigenschaften" (2007),
- **„Fachregel für Metallarbeiten im Dachdeckerhandwerk"** (2011),
- **ZDB-Merkblatt „Verbundabdichtungen** – Hinweise für die Ausführung von flüssig zu verarbeitenden Verbundabdichtungen mit Bekleidungen und Belägen aus Fliesen und Platten für den Innen- und Außenbereich" (2005) und
- **ZDB-Merkblatt „Außenbeläge** – Belagskonstruktionen mit Fliesen und Platten außerhalb von Gebäuden" (2008).

2.3.2 Anforderungen an Abdichtungen

Beanspruchungen

Abdichtungen auf Balkonen, Loggien und Dachterrassen werden konstruktiv als Abdichtungen genutzter Flachdächer verstanden und als horizontale Abdichtungen gegen nicht drückendes Wasser ohne bzw. mit nur geringem hydrostatischem Druck auf die Flächen geplant und ausgeführt.

Bei den auf die Flächen einwirkenden Wässern handelt es sich vorrangig um Niederschläge, d. h. Regen, Schnee und Hagel. Beanspruchungen durch Brauchwasser, z. B. Wasser zur Versorgung von Pflanzen und zur Reinigung der genutzten Flächen, sind eher untergeordnet und werden nur in Ausnahmefällen zusätzlich betrachtet.

Wesentliche Einflüsse auf die **Intensität der Beanspruchungen** haben

- bauliche Gegebenheiten, wie z. B. eventuell vorhandene Überdachungen oder seitliche Schutzvorrichtungen, die Ausbildung von Brüstungen und die höhenmäßige Anordnung von Balkonen,
- die Ausrichtung der Gebäude hinsichtlich der Hauptwindrichtungen und Wetterseiten sowie
- die territoriale Lage der Gebäude.

Diese Einflüsse sind bei der Planung der Gebäude hinsichtlich der konstruktiven und gestalterischen Ausbildung von Balkonen, Loggien und Dachterrassen zu beachten. Dadurch wird es möglich, die Intensität der Beanspruchungen von Abdichtungen möglichst gering zu halten. Für die Bemessung und Auswahl der Abdichtungen sind diese Einflüsse allerdings nicht relevant.

In Abhängigkeit von den auf die Abdichtungen einwirkenden Beanspruchungen werden Abdichtungen in DIN 18195-1, Tabelle 1, und in DIN 18195-5, Abschnitt 7, in Abdichtungen für **mäßig beanspruchte** und für **hoch beanspruchte** Flächen unterschieden. Zu den mäßig beanspruchten Flächen zählen u. a. Balkone, während Dachterrassen zu den hoch beanspruchten Flächen gerechnet werden. Balkone sind demzufolge nach DIN 18195-5, Abschnitt 8.2, und Dachterrassen nach DIN 18195-5, Abschnitt 8.3, abzudichten (siehe Tabelle 2.3).

Tabelle 2.3: Abdichtungen für Balkone, Loggien und Dachterrassen nach der Art der Beanspruchung in Anlehnung an DIN 18195-5, Abschnitt 7

Beanspruchung	Bauteil	Abdichtung
mäßig	Balkone und ähnliche Bauteile im Wohnungsbau, die außerhalb der Gebäudekubatur liegen	nach DIN 18195-5, Abschnitt 8.2: • mindestens einlagig bei Ausführung mit bituminösen Bahnen • mindestens einlagig bei Ausführung mit Kunststoffbahnen mit unterschiedlichen Dicken gemäß Stoffauswahl • mindestens einlagig bei Ausführung mit – Elastomerbahnen mit mindestens 1,2 mm Dicke – kunststoffmodifizierten Bitumendickbeschichtungen; Auftrag in 2 Arbeitsgängen als zusammenhängende Schicht mit einer Trockenschichtdicke von mindestens 3 mm
hoch	Dachterrassen und ähnliche Bauteile über genutzten oder auch teilweise genutzten Räumen im Wohnungsbau sowie Terrassen über Hofkellerdecken bzw. erdüberschütteten Decken	nach DIN 18195-5, Abschnitt 8.3: • mindestens dreilagig bei Ausführung mit nackten Bitumenbahnen • mindestens zweilagig bei Ausführung mit Bitumen- oder Polymerbitumenbahnen, obere Lage aus Polymerbitumenbahnen • 2 Lagen Polymerbitumenbahnen bei Gefälle $< 2\,\%$ • mindestens einlagig bei Ausführung mit Kunststoffbahnen

Die Intensität der Wassereinwirkung auf Balkone und auf Dachterrassen unterscheidet sich allerdings kaum. Die Zuordnung zu mäßig und zu hoch beanspruchten Flächen ist somit nicht vorrangig aus der Wasserbeanspruchung zu erklären. Maßgebend für die Einordnung von Balkonen in mäßig beanspruchte Flächen ist das geringere Schadenrisiko für angrenzende Bauteile und Nutzungseinheiten als bei Dachterrassen. Bei der Planung von Balkonabdichtungen ist daher zu prüfen, ob infolge der auf die Abdichtung einwirkenden Wasserbeanspruchung unter Beachtung der angrenzenden Bauteile und Nutzungseinheiten eine Abdichtung für mäßige Beanspruchungen ausreichend ist.

Fugen

Abdichtungen müssen Risse und Fugen aus dem Untergrund überbrücken. Sie sind deshalb unter Berücksichtigung von Rissbreitenbeschränkungen bei Beton- und Stahlbetonbauteilen zu planen. Für die Überbrückung von Arbeits- und Gebäudefugen sind zusätzliche Abdichtungsmaßnahmen vorzusehen.

Für Abdichtungen über Bewegungsfugen sind die Regelungen in DIN 18195-8 zu beachten. Bei Einzelbalkonen spielen Bewegungsfugen meist keine Rolle. Bei zusammenhängenden, nebeneinanderliegenden Balkonen, bei Loggien und bei Dachterrassen ist eine Abdichtung über Bewegungsfugen allerdings nicht auszuschließen. Es handelt sich hierbei in der Regel um Fugen vom Typ I gemäß DIN 18195-8, d. h. Fugen für langsam ablaufende und einmalige oder selten wiederholte Bewegungen, z. B. Setzungsbewegungen oder

Längenänderungen durch jahreszeitliche Temperaturschwankungen. Die Abdichtungen sind über diesen Fugen auszuführen und, wenn erforderlich, mit Schleppstreifen oder Stützblechen unter der Abdichtung zu verstärken, um ein Einsinken der Abdichtung in den Fugenspalt zu verhindern.

Schutzschichten

Abdichtungen sind dauerhaft vor schädigenden Einflüssen zu schützen. Dies betrifft zum einen den Untergrund, auf den die Abdichtungsschichten aufgebracht werden sollen, und zum anderen die oberste Abdichtungslage. Der Untergrund ist so vorzubereiten, dass die unterste Abdichtungsschicht nicht beschädigt wird. Die oberste Abdichtungsschicht ist gegen mechanische Beschädigungen sowie gegen thermische Einwirkungen zu schützen. Dies kann mit einer zusätzlichen Schutzschicht, aber auch mit einem künftigen Belag erfolgen. Für die Planung und Ausführung von Schutzschichten und Schutzmaßnahmen sind die Hinweise in DIN 18195-10 zu berücksichtigen.

Gefälle

Untergründe, auf die Abdichtungen aufgebracht werden, sollten mit einem ausreichenden Gefälle ausgebildet werden, um das auf die oberste Abdichtungsschicht auftreffende Wasser möglichst vollständig ableiten zu können.

In **DIN 18195-5,** Abschnitt 6.5, wird gefordert, grundsätzlich durch bautechnische Maßnahmen dafür zu sorgen, dass das auf die Abdichtung einwirkende Wasser dauernd wirksam so abgeführt wird, dass es keinen bzw. nur einen geringen hydrostatischen Druck ausüben kann. Außerdem ist bei schädigend auf Schutz- und Belagsschichten einwirkendem oder das Fehlstellenrisiko erhöhendem stehendem Wasser, selbst bei geringfügigen, aber länger einwirkenden Mengen (z. B. Pfützen), durch planmäßige Gefällegebungen oder andere Maßnahmen (z. B. Abläufe in durch Biegung entstandenen Mulden) für eine vollständige Wasserableitung zu sorgen. Ein Mindestgefälle wird in diesem Normenteil nicht festgelegt.

In der **Flachdachrichtlinie** (2011), Abschnitt 2.3.1, wird für nicht genutzte Dächer ein Mindestgefälle von 2 % für Flächen gefordert, die für die Auflage von Abdichtungen vorgesehen sind. Dächer und/oder Dachbereiche mit einem Gefälle von unter 2 % können nur der Anwendungskategorie K1 (Standarddach) gemäß DIN 18531-1 „Dachabdichtungen – Abdichtungen für nicht genutzte Dächer – Teil 1: Begriffe, Anforderungen, Planungsgrundsätze" (2010) zugeordnet werden. In diesen Fällen sind gesonderte Maßnahmen in Verbindung mit den höheren Beanspruchungen durch stehendes Wasser erforderlich. Für genutzte Dächer und/oder Dachflächen wurden in der derzeitigen Fassung der Flachdachrichtlinie (2011) in Abschnitt 3.2.1 die Anforderungen an die Planung und Ausführung von Gefällen der DIN 18195-5 übernommen.

Unter Berücksichtigung der Anforderungen in den Regelwerken und zur Minderung des Schadenrisikos wird empfohlen, Untergründe, auf die Abdichtungen aufgebracht werden sollen, mit einem Mindestgefälle von 2 % auszubilden. Wenn das Mindestgefälle konstruktiv nicht vorhanden ist, soll-

Tabelle 2.4: Gefällegebungen für Abdichtungen nach DIN 18195-5 und nach der Flachdachrichtlinie (2011)

Norm/Regelwerk	Gefällegebung
DIN 18195-5	• Es soll kein oder nur ein geringer hydrostatischer Druck durch auf die Abdichtung einwirkendes Wasser entstehen. • Es darf keine Schädigung von Schutz- und Belagsschichten durch stehendes Wasser auf der Abdichtung erfolgen. • Ein erhöhtes Fehlstellenrisiko an Durchdringungen und Fugen durch stehendes Wasser ist zu vermeiden. • Es ist kein Mindestgefälle vorgegeben.
Flachdachrichtlinie	**nicht genutzte Dächer:** • Ein Mindestgefälle von 2 % ist gefordert für Flächen, die für Abdichtungen vorgesehen sind. • Dachflächen mit einem Gefälle von unter 2 % sind Konstruktionen, für die gesonderte Maßnahmen vorzusehen sind.
	genutzte Dächer: • Es soll kein oder nur ein geringer hydrostatischer Druck durch auf die Abdichtung einwirkendes Wasser entstehen. • Es darf keine Schädigung von Schutz- und Belagsschichten durch stehendes Wasser auf der Abdichtung erfolgen. • Ein erhöhtes Fehlstellenrisiko an Durchdringungen und Fugen durch stehendes Wasser ist zu vermeiden. • Es ist kein Mindestgefälle vorgegeben.

ten zusätzliche Gefälleschichten aufgebracht werden. Auch bei einem Gefälle von 2 % können geringe Pfützenbildungen nicht vermieden werden. Pfützenfreie Konstruktionen sind erst bei einem Gefälle von über 5 % möglich.

Bei der Planung der Gefälleschichten sind die Toleranzen des Bauwerks bzw. Bauteils zu berücksichtigen. So können z. B. infolge von Bauteildurchbiegungen Mulden entstehen, in denen sich Wasser in größeren Mengen unplanmäßig ansammelt.

Abdichtungen von genutzten Dächern bzw. Dachflächen mit einem Gefälle von unter 2 % erfordern besondere Maßnahmen, um die erhöhten Beanspruchungen durch stehendes Wasser auszugleichen. Solche Konstruktionen bedürfen einer sorgfältigen Planung und Ausführung.

Praxistipp

Insbesondere bei Abdichtungen für hohe Beanspruchungen wird empfohlen, den Bauherrn auf das erhöhte Schadenrisiko bei Abdichtungen mit einem Gefälle von unter 2 % hinzuweisen.

2.3.3 Abdichtungsstoffe

In der Regel werden heute bei der Abdichtung von Balkonen, Loggien und Dachterrassen im Neubau bituminöse Abdichtungen, bahnenförmige Kunststoffabdichtungen, Flüssigkunststoffabdichtungen und flüssig zu verarbeitende Abdichtungen im Verbund mit Fliesen und Platten (AIV) verwendet.

Während bituminöse Abdichtungen und bahnenförmige Kunststoffabdichtungen in DIN 18195-5 geregelt sind, handelt es sich bei Flüssigkunststoffabdichtungen und AIV um Verfahren, die derzeitig nach DIN 18195-5 weder für mäßige noch für hohe Beanspruchungen geregelt sind. Bei der Anwendung dieser Verfahren bedarf es der Beachtung der einschlägigen Herstellervorschriften und einer ausdrücklichen Vereinbarung zwischen dem Bauunternehmen und dem Bauherrn. Es ist damit zu rechnen, dass diese Verfahren in die neuen Regelwerke der Normenreihen DIN 18531 bis 18535 aufgenommen werden.

2.3.3.1 Bituminöse Abdichtungen

Für Abdichtungen für mäßige und hohe Beanspruchungen stehen nach DIN 18195-5 folgende bituminöse Abdichtungsstoffe zur Verfügung:

- Bitumen- oder Polymerbitumenbahnen mit und ohne Gewebeeinlagen,
- kaltselbstklebende Bitumendichtungsbahnen (KSK),
- nackte Bitumenbahnen und
- kunststoffmodifizierte Bitumendickbeschichtungen (KMB).

Die Abdichtungen sind in Abhängigkeit von der Beanspruchung einlagig oder mehrlagig herzustellen. Wenn erforderlich, sind die Untergründe der Abdichtungen mit einem bituminösen Anstrich vorzubehandeln.

Auch wenn einlagige **Bitumenbahnabdichtungen** bei mäßigen Beanspruchungen, z. B. auf Balkonen, zulässig sind, sollte das Schadenrisiko bei den abzudichtenden Bauteilen durch Undichtheiten kritisch bewertet werden. Eine zweilagige Abdichtung ist wegen des Versatzes der Bahnenlagen weniger anfällig, dauerhafter und nicht wesentlich kostenintensiver.

Abdichtungen mit **kunststoffmodifizierten Bitumendickbeschichtungen** sind in zwei Arbeitsgängen so aufzutragen, dass eine zusammenhängende, auf dem Untergrund haftende Schicht entsteht. Die zweite Lage darf erst aufgetragen werden, wenn die unterste Schicht so weit abgetrocknet ist, dass sie durch die zweite Schicht nicht beschädigt wird. Die Trockenschichtdicke der Abdichtung muss insgesamt mindestens 3 mm betragen.

Beispiel

> Die Abb. 2.9 und 2.10 zeigen einlagige Bitumenbahnabdichtungen nicht gedämmter Balkonplatten in einem Mehrfamilienwohnhaus mit übereinanderliegenden auskragenden Balkonen. In Abb. 2.11 ist eine zweilagige Bitumenbahnabdichtung einer gedämmten Dachterrasse zu sehen. In allen drei Abb. ist zu erkennen, dass die Gefälleausbildungen zur Ableitung des Niederschlagswassers nur unzureichend hergestellt wurden. Bleibt das Wasser unter den noch aufzubringenden Belägen über längere Zeiträume stehen, können sich hier Verunreinigungen und Herde für Ungeziefer bilden. Außerdem wird die Nutzungsdauer der Abdichtung wegen der stehenden Wässer eingeschränkt.

Abb. 2.9: Einlagige Bitumenbahnabdichtung einer auskragenden Balkonplatte mit Pfützenbildungen in der Balkonmitte

Abb. 2.10: Einlagige Bitumenbahnabdichtung einer auskragenden Balkonplatte mit erheblichen Pfützenbildungen auf der Abdichtung

Abb. 2.11: Zweilagige Bitumenbahnabdichtung auf einer Dachterrasse mit Pfützenbildungen

2.3.3.2 Abdichtungen aus bahnenförmigen und flüssigen Kunststoffen

Für Abdichtungen für mäßige und hohe Beanspruchungen stehen nach DIN 18195-5 folgende Abdichtungsstoffe auf Kunststoffbasis zur Verfügung:

- Kunststoffbahnen aus Polyisobutylen, bitumenverträglich (PIB), und Ethylencopolymerisat-Bitumen, bitumenverträglich (ECB),
- Kunststoffbahnen aus Ethylen-Vinylacetat (EVA) und Polyvinylchlorid, bitumenverträglich und bitumenunverträglich (PVC-P),
- Kunststoffbahnen mit Selbstklebeschicht,
- Elastomerbahnen und Elastomerbahnen mit Selbstklebeschicht sowie
- Flüssigkunststoffe (FLK).

Die Abdichtungsstoffe werden in verschiedenen Ausführungen und Qualitäten u. a. mit Einlagen, Verstärkungen und Kaschierungen angeboten. Sie sind als einlagige Abdichtungen in Abhängigkeit von der Beanspruchung in

Abb. 2.12: Einlagige Abdichtung mit Kunststoffbahnen einer umlaufenden Dachterrasse

unterschiedlichen Dicken herzustellen. Die Abdichtungen können lose verlegt oder verklebt ausgeführt werden. In der Regel ist oberhalb der Dichtungsbahnen eine Schutzlage vorzusehen. Bei der Verwendung selbstklebender Kunststoffbahnen sind die Untergründe der Abdichtungen stets mit einem geeigneten Anstrich vorzubehandeln, bei anderen kunststoffbasierten Abdichtungen nur, falls erforderlich.

Auch bei **bahnenförmigen Kunststoffabdichtungen** wird auf das erhöhte Schadenrisiko bei einlagiger Ausführung der Kunststoffbahnen hingewiesen (Abb. 2.12).

Praxistipp

Im Gegensatz zu bituminösen Abdichtungen sind einlagige Kunststoffabdichtungen bei mäßiger und bei hoher Beanspruchung zulässig. Ein Loch in einer einlagigen Abdichtung einer Dachterrasse, das bereits im Zuge des Baugeschehens, aber auch während der Nutzung der Dachterrasse verursacht werden kann, kann jedoch sehr schnell zu erheblichen Schäden am Gebäude führen. Bei der Planung von genutzten Dachflächen mit hoher Beanspruchung sollte das Schadenrisiko daher sehr genau bewertet werden.

Eine Abdichtung mit **Flüssigkunststoffen** ist in DIN 18195-5 nicht ausdrücklich geregelt. Bei einer Verwendung dieser Kunststoffe sind die Vorschriften und Hinweise in DIN 18195-2, Tabelle 9, zu beachten. Häufig werden heute Flüssigkunststoffe für komplizierte Anschlüsse an aufgehende Bauteile und für Übergänge im Anschluss an bahnenförmige Abdichtungen in der Fläche eingesetzt. Hier sind zwingend die Herstellerangaben und Verträglichkeiten der unterschiedlichen Stoffe zu beachten (zu Ausführungsempfehlungen beim Einsatz von Flüssigkunststoffen wird auf Oswald et al., 2015, Abschnitt 8, verwiesen).

Abb. 2.13: Ausführung mit hohem Schadenrisiko: einlagige Bitumenbahnabdichtung einer Dachterrasse mit hoher Beanspruchung und Befestigung des Geländers auf der Abdichtungsebene

Beispiel

In Abb. 2.13 ist die Abdichtung einer Fläche oberhalb eines Wohnbereiches mit einer einlagigen bituminösen Bahnenabdichtung zu sehen. Die Verschraubungen für die Geländerplatten wurden auf der Abdichtungsebene befestigt. Dazu wurden die Schrauben durch die Abdichtung gebohrt und in der Decke verankert. Die Löcher sollten mittels Flüssigkunststoff abgedichtet werden.

Diese Ausführung ist nicht regelkonform, da es sich bei der Abdichtung über einem Wohnbereich um eine Abdichtung für eine hohe Beanspruchung handelt, für die eine zweilagige Bitumenbahnabdichtung erforderlich ist. Außerdem wird durch das anschließende Ausfüllen der Vielzahl von Schraubenlöchern mit Flüssigkunststoff kein dichter Anschluss an die Bahnenabdichtung hergestellt. Für den darunter befindlichen Wohnbereich ist ein hohes Schadenrisiko wegen möglicher Durchfeuchtungen aus Undichtheiten der Abdichtung vorhanden.

2.3.3.3 Mineralische Dichtungsschlämmen

Mineralische Dichtungsschlämmen (MDS) sind zementgebundene starre oder flexible Dichtungsschlämmen. Sie bestehen aus ein- oder zweikomponentigen Gemischen aus Zement, Gesteinskörnungen und Zusatzstoffen und können als rissüberbrückende (flexible) oder nicht rissüberbrückende (starre) Abdichtungen verarbeitet werden.

Abdichtungen mit mineralischen Dichtungsschlämmen sind in DIN 18195-5 nicht geregelt. Bei der Verwendung von mineralischen Dichtungsschlämmen für Abdichtungen sind die Vorschriften und Hinweise in DIN 18195-2, Tabelle 7, zu beachten.

Außerdem sind in der „Richtlinie für die Planung und Ausführung von Abdichtungen von Bauteilen mit mineralischen Dichtungsschlämmen“ (2002) ausführliche Hinweise und Verarbeitungsvorschriften für den Einsatz dieser Abdichtungsstoffe enthalten.

2.3.3.4 Flüssig zu verarbeitende Abdichtungen im Verbund mit Fliesen- und Plattenbelägen

Bei flüssig zu verarbeitenden Abdichtungsstoffen im Verbund mit Fliesen- und Plattenbelägen (AIV) handelt es sich um:

- Polymerdispersionen, d. h. Gemische aus Polymerdispersionen und organischen Zusätzen mit oder ohne mineralische Füllstoffe (Erhärtung durch Trocknung),
- Kunststoff-Zement-Mörtel-Kombinationen, d. h. Gemische aus hydraulisch abbindenden Bindemitteln, mineralischen Zuschlägen und organischen Zusätzen sowie Polymerdispersionen (Erhärtung durch Hydratation und Trocknung), sowie
- Reaktionsharze, d. h. Gemische aus synthetischen Harzen und organischen Zusätzen mit oder ohne mineralische Füllstoffe (Erhärtung durch chemische Reaktion).

AIV bestehen immer aus einem der o. g. Abdichtungsstoffe und dem im Verbund mit der Abdichtung aufzubringenden Belag. Diese Abdichtungen sind in DIN 18195-5 nicht geregelt. Bei der Verwendung dieser Abdichtungen sind die Vorschriften und Hinweise in DIN 18195-2, Tabelle 8, sowie die Herstellervorschriften und die abP zu beachten.

Außerdem sind im ZDB-Merkblatt „Verbundabdichtungen" (2012) ausführliche Hinweise und Verarbeitungsvorschriften für den Einsatz von AIV enthalten.

2.3.3.5 Sonstige Abdichtungsstoffe

In Abhängigkeit von der Bauteilkonstruktion und von den auf die Flächen einwirkenden Beanspruchungen stehen nach DIN 18195-5 nachfolgende weitere Abdichtungsstoffe zur Verfügung:

- Asphaltmastix,
- Asphaltmastix in Verbindung mit Gussasphalt,
- Metallbänder in Verbindung mit Bitumenbahnen,
- Metallbänder in Verbindung mit Gussasphalt und
- Bitumenschweißbahnen in Verbindung mit Gussasphalt.

Bei der Verwendung dieser Abdichtungsstoffe sind die Hinweise und Vorschriften in DIN 18195-2 und -5 sowie die jeweiligen Vorschriften und Verarbeitungshinweise der Hersteller zu beachten. Diese Abdichtungsstoffe kommen bei Balkonen, Loggien und Dachterrassen nur in Ausnahmefällen bzw. in Verbindung mit besonderen Bauteilen zum Einsatz.

2.3.4 Besonderheiten bei erdberührten Terrassen

Erdberührte Terrassen bestehen in der Regel aus einem Erdkörper, einer Tragschicht und einem Belag. Die einzelnen Schichten sind so auszubilden, dass Niederschlagswasser schadenfrei vom Gebäude weg abgeleitet werden kann. Dies erfolgt zumeist durch **Profilierung** der einzelnen Schichten und entsprechende **Gefälleausbildungen.**

Die **Anschlüsse** der Terrassen an die aufgehenden Bauteile des Gebäudes sind in Verbindung mit den vertikalen Abdichtungen im erdberührten Gebäudebereich nach DIN 18195-4 „Bauwerksabdichtungen – Teil 4: Abdichtung gegen Bodenfeuchte (Kapillarwasser, Haftwasser) und nichtstauendes Sickerwasser an Bodenplatten und Wänden, Bemessung und Ausführung" (2011) bei Bodenfeuchtigkeit sowie nach DIN 18195-6 „Bauwerksabdichtungen – Teil 6: Abdichtungen gegen von außen drückendes Wasser und aufstauendes Sickerwasser, Bemessung und Ausführung" (2011) bei drückendem Wasser bzw. aufstauendem Sickerwasser abzudichten. Dabei ist eine Mindesthöhe von 150 mm über der Oberfläche des Belages einzuhalten. Die Anschlüsse im Bereich von Terrassentüren sind wie bei Balkonen und Dachterrassen auszubilden. Die Anforderungen an An- und Abschlüsse und ihre konstruktiven Ausbildungen werden in den Kapiteln 2.4 und 4.2 ausführlich beschrieben.

Erdberührte Terrassen, die sich oberhalb von Hofkellerdecken bzw. über sonstigen erdüberschütteten Decken befinden, sind nach DIN 18195-5, Abschnitt 8.3, für hohe Beanspruchungen abzudichten.

2.3.5 Abdichtungen bei Balkonsanierungen

Die Abdichtungsregeln für Balkone im Neubau gelten analog auch bei der Sanierung von Bestandsbauten. Üblicherweise werden hier vorgelagerte Balkone angebaut. Es werden aber auch Balkonplatten als Einzelbalkone in Höhe der Geschossdecken in die Tragkonstruktion der Gebäude eingebunden (auskragende Balkone).

Die Abdichtung für **vorgelagerte Balkone** erfolgt wie bei Neubauten auf den Balkonplatten und in der Regel auch am Anschluss zum Bestandsgebäude einschließlich der Übergänge in den Innenbereich. Bei den Anschlüssen an das Gebäude und an den Balkontüren handelt es sich um komplizierte Ausführungsdetails, die in Abhängigkeit von den verwendeten Materialien und bauphysikalischen Anforderungen zu planen und durch Fachbetriebe auszuführen sind.

Sollte es in Ausnahmefällen nicht möglich sein, die Abdichtung der Balkonplatten an die angrenzenden Außenwände und Türschwellen anzuschließen, sind andere geeignete Maßnahmen zur Vermeidung von Schäden durch Spritz- und Tauwasser sowie von visuellen Beeinträchtigungen an den Fassadenflächen zu planen. Offene Fugen zwischen Balkonplatte und Fassade, durch die Regenwasser an der Fassade ablaufen kann, entsprechen nicht den allgemein anerkannten Regeln der Technik.

Beispiele

In Abb. 2.14 ist der nachträgliche Anbau einer Balkonfertigteilplatte an ein Mehrfamilienwohnhaus zu sehen. Die Balkonfertigteilplatte besteht aus WU-Beton und ist daher nicht zusätzlich abgedichtet. Der Anschluss an das Gebäude wurde planmäßig dicht hergestellt.

In Abb. 2.15 wird eine Lösung gezeigt, bei der eine fachgerechte Ausbildung der Anschlussfuge zum Gebäude nur mit einem auf der Balkonplatte befestigten Abdichtungsstreifen nicht gelungen ist. Hier läuft das Spritzwasser an der Fassade ab.

Abb. 2.14: Nachträglich vorgelagerter Balkon mit Fertigteilplatte aus WU-Beton

Abb. 2.15: Nachträglich vorgelagerter Balkon mit nicht fest angeschlossenem Wandanschluss

Bei **auskragenden Balkonen** ist die Verbindung mit dem Gebäude bereits konstruktiv hergestellt. Auch hier sind die Abdichtungen auf dem Balkon in der Fläche und an den Anschlüssen zum Bestandsgebäude wie beim Neubau von Gebäuden auszuführen.

Bei Balkonsanierungen an Bestandsbauten, die bereits über Balkone aus früheren Jahren verfügen, sind die Abdichtungen nach den o.g. Regeln zu erneuern. Wichtig dabei ist, dass schadhafte Untergründe, auf die die Abdichtungen aufgebracht werden sollen, so saniert werden, dass ein fester, für die Abdichtungsschichten geeigneter Untergrund hergestellt wird. Dies gilt für Abdichtungen auf den Flächen genauso wie für Abdichtungen an den Gebäudeanschlüssen.

Bei Balkonplatten aus Stahlbeton ist die DAfStb-Richtlinie „Schutz und Instandsetzung von Bauteilen“ (2001) zu beachten.

2.4 An- und Abschlüsse

Walter Herre

2.4.1 Planerische Grundlagen

Anschlüsse von Abdichtungen an aufgehende Bauteile und Abschlüsse an freien Rändern stellen mit die häufigste Schadenursache bei Balkonen, Loggien, Dachterrassen und Terrassen dar.

Die Bezeichnung von An- und Abschlüssen ist in den Regelwerken nicht einheitlich. Die DIN 18195-1 bezeichnet das Ende einer Abdichtung immer als Abschluss (Abschnitt 3.4: gesichertes Ende oder gesicherter Rand einer Bauwerksabdichtung). Die Flachdachrichtlinie (2011) unterscheidet zwischen dem Anschluss der Bauwerksabdichtung an aufgehende Bauteile, Türen und Durchdringungen, sowie dem Dachrandabschluss. Hier wird der Unterscheidung in An- und Abschlüsse gefolgt.

In der Regel sind **mehrere Gewerke** an der Herstellung der An- und Abschlüsse beteiligt, sodass sowohl eine Planung als auch eine Koordination der Gewerke erforderlich ist (Abb. 2.16).

Oftmals ist für nachfolgende Gewerke nicht oder nur eingeschränkt erkennbar, wie die Vorleistung eines beteiligten Unternehmers im Detail aussieht.

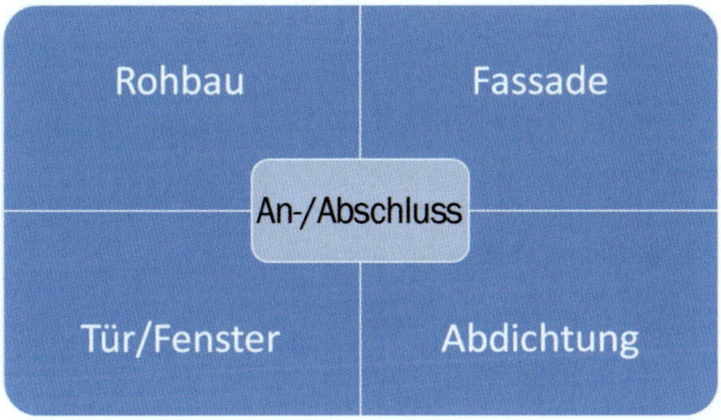

Abb. 2.16: Gewerkebeteiligung bei An- und Abschlüssen

In vielen Fällen gehen die Vorleistungen anderer Unternehmer auch über das handwerkliche Wissen des Nachfolgeunternehmers hinaus. Hinzu kommt, dass neben der eigentlichen Bauwerksabdichtung häufig auch noch ein zusätzlicher Schutz der Bekleidung von aufgehenden Bauteilen erforderlich ist.

Für die Herstellung der An- und Abschlüsse bedarf es einer ausführlichen Grundlagenermittlung mit einer Klärung der gewünschten **Art der Ausführung:**

- Aufkantungshöhe im Allgemeinen,
- Aufkantungshöhe an Türen (hoch, niedrig oder schwellenlos),
- Randausbildung (freier Ablauf, Randrinnen),
- vorhandene Belastungen,
- allgemeine Wetterbelastung,
- Orientierung der An- und Abschlüsse zur Himmelsrichtung,
- Schutz der An- und Abschlüsse durch Vordächer usw.

Allgemein bewährt und ohne aktuelle Änderung ist derzeit eine Aufkantungshöhe von mindestens 150 mm im Bereich von aufgehenden Bauteilen die Regel. Diese Aufkantungshöhe wird insbesondere regelmäßig bei Dachterrassen eingehalten. Dabei ist für die Höhe die Oberkante der Belagsschicht auch dann maßgebend, wenn es sich um aufgestelzte Beläge handelt.

Bei auskragenden Balkonen mit fest verlegten Belägen (z. B. Fliesen mit Abdichtungen im Verbund) erfolgt die Aufkantung der Abdichtung im Regelfall in Höhe der Sockelfliese, d. h. in Höhe von etwa 80 bis 100 mm. Inzwischen werden von den Herstellern Sockelprofile angeboten, mit denen sich die gemäß DIN 18195-5 und -9 einzuhaltende Aufkantungshöhe von 150 mm realisieren lässt.

Die technischen Möglichkeiten lassen grundsätzlich jede Aufkantungshöhe im Bereich von **Türschwellen** zu. Als aktueller Stand der Technik haben sich derzeit Türschwellen mit einer Aufkantungshöhe von etwa 50 mm in Verbindung mit einer Entwässerungsrinne durchgesetzt. Aufkantungshöhen von 150 mm sind hier nur noch selten anzutreffen.

Im Bereich von Haustüren sind schwellenlose Anschlüsse inzwischen die Regel. Auch bei Balkonen, Loggien und Dachterrassen nimmt der Anteil von schwellenlosen Türanschlüssen stark zu.

Praxistipp

Hohe Türschwellen mit einer Höhe von 150 mm sind nicht mehr zeitgemäß. Bei niedrigeren Türschwellen muss allerdings ein entsprechend größerer Abdichtungsaufwand berücksichtigt werden. Die Höhe der Türschwelle sollte daher unbedingt mit dem Auftraggeber abgestimmt werden.

Innen liegende Entwässerungen und das Hochführen von Abdichtungen hinter Türschwellen sind insbesondere im Wohnungsbau eher die Ausnahme. Derartig aufwendige Konstruktionen sind vor allem im Bereich von gewerblichen Bauten anzutreffen.

Im Bereich der Anschlüsse an aufgehende Bauteile wird die hochgeführte Abdichtung derzeit üblicherweise mit dem **gleichen Abdichtungsstoff** ausgeführt wie die Abdichtung der Fläche. Es sind sowohl hinter Verkleidungen hochgeführte Abdichtungen als auch Abdichtungen mit Abdeckblechen üblich. Bei frei bewitterten Anschlüssen entspricht es dem Stand der Technik, diese an der Oberseite regensicher zu verwahren.

Die Verwendung von Keilen im Bereich des Übergangs ist bei Abdichtungen mit Bitumenbahnen rückläufig. Bei sinngemäßer Anwendung der DIN 18531-3 „Dachabdichtungen – Abdichtungen für nicht genutzte Dächer – Teil 3: Bemessung, Verarbeitung der Stoffe, Ausführung der Dachabdichtungen" (2010) als maßgebende Norm für nicht genutzte Dachflächen ist die Ausführung eines Keils im Übergangsbereich nicht zwingend, sondern wird mit dem modalen Hilfsverb „sollte" empfohlen.

Im Bereich von Türanschlüssen sowie im Bereich von aufgehenden Randabschlüssen aus Stahlprofilen haben sich Flüssigkunststoffabdichtungen stark durchgesetzt, obwohl diese in die Normen für die genutzten Dachflächen als Anschlussausführung noch nicht aufgenommen worden sind.

Normen und Regelwerke

Die Normenreihe DIN 18195 macht Angaben zur Ausführung der Anschlüsse an aufgehende Bauteile sowie für Türanschlüsse in **DIN 18195-5**, Abschnitt 8.1.5, und in **DIN 18195-9**, Abschnitte 5.4.3, 5.4.4, 6.1.2, 6.3.1 sowie 6.3.2. Die Vorgaben in den beiden Normenteilen sind deckungsgleich. Die generelle Vorgabe ist, dass die Bauwerksabdichtung an aufgehenden Bauteilen mindestens 150 mm hochgeführt werden muss (siehe Kapitel 2.4.2). Bei schwellenlosen Türanschlüssen sind zusätzliche Maßnahmen zum Schutz der Türschwelle einzuplanen (siehe Kapitel 2.4.5.3).

DIN 18040-2 „Barrierefreies Bauen – Planungsgrundlagen – Teil 2: Wohnungen" (2011) macht in Abschnitt 4.3.3 Vorgaben für als barrierefrei anzusehende Türschwellen: Die Türschwelle darf keine Aufkantung aufweisen. Nur bei technischer Unabdingbarkeit darf eine Schwelle von bis zu 20 mm Höhe hergestellt werden.

DIN 55699 „Verarbeitung von Wärmedämm-Verbundsystemen" (2005) enthält in den Abschnitten 6.10 und 6.11 Angaben zur Ausführung des Sockelabschlusses bzw. der Sockeldämmung. Erdberührte Putze müssen dabei gegen das Eindringen von seitlicher Feuchtigkeit geschützt werden. Dämmstoffe im Sockelbereich müssen eine ausreichende Stoßbelastung aufnehmen können (Sockeldämmplatten).

Die **Flachdachrichtlinie** (2011) macht in den Abschnitten 4.3, 4.4 und 4.6 Angaben zu An- und Abschlüssen von Abdichtungen. Barrierefreie Türschwellen erfordern abdichtungstechnische Sonderlösungen, die zwischen Planer, Türhersteller und Ausführenden abgestimmt werden müssen. Es wird darauf verwiesen, dass die Abdichtung allein die Dichtheit am Türanschluss nicht sicherstellen kann.

Das **ZDB-Merkblatt „Außenbeläge“** (2008) macht ebenfalls Angaben zur Herstellung von Aufkantungshöhen der Abdichtung (siehe Kapitel 2.4.2).

Die **FLL-Richtlinie „Empfehlungen zu Planung und Bau von Verkehrsflächen auf Bauwerken“** (FLL-Richtlinie Verkehrsflächen auf Bauwerken, 2005) enthält Angaben zur Aufkantungshöhe an aufgehenden Bauteilen (siehe Kapitel 2.4.2).

Der **„Leitfaden zur Planung und Ausführung der Montage von Fenstern und Haustüren für Neubau und Renovierung“** (2014) macht in Abschnitt 3.1.3 Angaben zu 4 Kriterien, die bei der außenseitigen Abdichtung von Außentüren sowie von Fenstertüren zu beachten sind:

- Schutz der seitlich an Außen- und Fenstertüren angrenzenden Außenwand, wobei die Anschlüsse an die Wand die Abdichtungshöhe sicherstellen müssen,
- Schutz der unten an Außen- und Fenstertüren angrenzenden Außenwand, wobei die Anschlüsse dauerhaft dicht sein müssen,
- tatsächlich zu erwartende Belastung des Anschlusses von Außen- und Fenstertüren durch nicht drückendes Wasser aus Niederschlag oder Schmelzwasser und
- zumutbare Schwellenhöhe aus der Raumnutzung, insbesondere bei Nutzung durch Rollstuhlfahrer.

Die **„Technischen Regeln für die Planung und Ausführung von Abdichtungen mit Polymerbitumen- und Bitumenbahnen – ABC der Bitumenbahnen“** (ABC der Bitumenbahnen, 2012) enthalten in Abschnitt 3.5.2 Hinweise zur Detailausbildung an Wandanschlüssen, in Abschnitt 3.3.3 Hinweise zu Dachrandabschlüssen und in Abschnitt 3.5.5.2 Hinweise zu Anschlüssen an Türen (siehe Kapitel 2.4.2).

Die **„Richtlinie Fassadensockelputz/Außenanlagen“** (2013) enthält insbesondere Angaben zur Ausführung der Putze im Sockelbereich sowie zu den Schutzmaßnahmen auf Putz und verputzten Außenwanddämmungen. Im Bereich von erdberührten Putzen ist in den Details grundsätzlich eine zusätzliche Putzabdichtung dargestellt, die im Bereich von erdberührten Sockeln z. B. aus einer mineralischen Dichtungsschlämme bestehen kann. Im Bereich von Dachterrassen, bei denen mit stehendem Wasser gerechnet werden muss, beinhalten die Details ausschließlich Anschlusslösungen mit Flüssigkunststoffabdichtungen als Putzabdichtung.

In der **„Fachregel für Metallarbeiten im Dachdeckerhandwerk“** (2011) sind in Abschnitt 5.6 Angaben zur Ausführung von Blechabdeckungen und

Überhangstreifen enthalten. In Abschnitt 6.6 sind die Anforderungen für Abschlüsse bei Abdichtungen beschrieben. Überhangstreifen sollen dabei den Anschluss um mindestens 40 mm überdecken und werden

- in vorher geschlitzten Fugen eingelassen,
- in Einhangschienen eingehängt, die ins Mauerwerk oder in den Beton eingelassen sind,
- am Mauerwerk/Beton befestigt und an der Oberkante zusätzlich abgedichtet,
- mit eingelegtem Dichtungsstreifen angebracht und an den Oberkanten zusätzlich abgedichtet oder
- mit zusätzlichen Flachprofilen befestigt und an der oberen Kante abgedichtet.

Die eingehängten und eingelassenen Überhangstreifen sollen eine Einlasstiefe von mindestens 20 mm und eine Rückkantung aufweisen.

Die **„Richtlinien für die Ausführung von Klempnerarbeiten an Dach und Fassade“** (Klempnerfachregeln, 2016) enthalten in den Abschnitten 4.11.2, 4.12 und 4.13 Angaben zur Ausführung von Dachrandabschlüssen und Verwahrungen.

Zur Rangfolge der Normen und Regelwerke sei hier angemerkt, dass die DIN-Normen durch Normenausschüsse erarbeitet werden, in denen sowohl Vertreter der Industrie als auch der betroffenen Fachverbände und Verbraucherverbände zusammenarbeiten. In den Regelwerken der einzelnen Fachverbände spiegelt sich dagegen vor allem die Auffassung des jeweiligen Fachverbandes wider. In den Fachregeln werden daneben viele Ausführungsdetails näher geregelt, die im Rahmen der Normung nicht behandelt werden. Aus Sicht des Autors sind damit die Regelungen einer DIN-Norm als vorrangig vor den Regelungen eines Fachverbandes anzusehen.

2.4.2 Anforderungen an Aufkantungshöhen

Nach DIN 18195-5 und -9 müssen dort, wo die Aufkantungshöhe der Abdichtung von 150 mm nicht eingehalten werden kann, besondere Maßnahmen gegen das Eindringen von Wasser oder das Hinterlaufen der Abdichtung eingeplant werden. DIN 18195-9 erwähnt hier explizit Türen (behindertengerechte Hauseingänge, Terrassentüren, Balkon- oder Dachterrassentüren). Bei Aufkantungen an freien Dachrändern ist die Abdichtung mindestens 100 mm über die Oberfläche des Belags hochzuführen.

Nach der Flachdachrichtlinie (2011) soll die Abdichtung bei Dachneigungen von bis zu 5° an aufgehenden Bauteilen mindestens 150 mm über die Oberfläche des Belags geführt werden. Enthalten ist der Hinweis, dass in schneereichen Gebieten ggf. eine größere Anschlusshöhe erforderlich ist. Im Bereich von Türen ist eine Verringerung der Aufkantungshöhe möglich, wenn im Türbereich durch die örtlichen Verhältnisse jederzeit ein einwandfreier Wasserablauf sichergestellt ist und die Spritzwasserbelastung minimiert wird. Die Anschlusshöhe soll dann mindestens 50 mm bis zum oberen Ende der Abdichtung unter dem Wetterschenkel/Anschlussprofil betragen. An Dachkanten von Dachabdichtungen ist, mit Ausnahme im Bereich von Dachrinnen, ein Randabschluss erforderlich. Die Höhe der Abdichtung bei

Tabelle 2.5: Aufkantungshöhen nach Normen und Regelwerken

<table>
<tr><th colspan="2">Aufkantungshöhe allgemein</th><th colspan="2">Aufkantungshöhe im Bereich von Türen</th><th colspan="2">Aufkantungshöhe bei Dachrändern</th></tr>
<tr><th>Mindesthöhe</th><th>Norm/Regelwerk</th><th>Mindesthöhe</th><th>Norm/Regelwerk</th><th>Mindesthöhe</th><th>Norm/Regelwerk</th></tr>
<tr><td rowspan="5">150 mm ab Oberkante Belag</td><td rowspan="5">DIN 18195-5 und -9
Flachdachrichtlinie
ZDB-Merkblatt Außenbeläge
ABC der Bitumenbahnen
FLL-Richtlinie Verkehrsflächen auf Bauwerken</td><td>keine Mindestaufkantungshöhen, bei schwellenlosen Konstruktionen zusätzliche flankierende Maßnahmen</td><td>DIN 18195-5 und -9</td><td>Dachrinne oder Aufkantung von 100 mm bei Dachneigung $< 5^\circ$</td><td>DIN 18195-9
Flachdachrichtlinie</td></tr>
<tr><td>Reduktion auf 50 mm bei einwandfreiem Wasserablauf, barrierefreie Anschlüsse mit Sonderlösungen</td><td>Flachdachrichtlinie</td><td rowspan="4">Aufkantung von 100 mm bei Dachneigung $< 5^\circ$</td><td rowspan="4">ABC der Bitumenbahnen</td></tr>
<tr><td>Reduktion auf 50 mm in Verbindung mit direkt entwässernder Rinne möglich</td><td>ZDB-Merkblatt Außenbeläge</td></tr>
<tr><td>ausnahmsweise Reduktion auf 50 mm möglich, barrierefreie Anschlüsse mit Sonderlösungen</td><td>ABC der Bitumenbahnen</td></tr>
<tr><td>Reduktion auf 50 mm in Verbindung mit direkt entwässernder Rinne möglich</td><td>FLL-Richtlinie Verkehrsflächen auf Bauwerken</td></tr>
</table>

Randabschlüssen von Dächern mit einer Dachneigung von unter 5° soll mindestens 100 mm betragen.

Die Mindestaufkantungshöhe nach dem ZDB-Merkblatt „Außenbeläge" (2008) beträgt 150 mm. Als reduzierte Aufkantungshöhe im Bereich von Türschwellen werden 50 mm in Verbindung mit einer Entwässerungsrinne angegeben.

Die Anschlusshöhe an Wänden soll nach dem ABC der Bitumenbahnen (2012) bei Dachneigungen von unter 5° mindestens 150 mm betragen, bei Dachrandabschlüssen mindestens 100 mm. Im Bereich von Türanschlüssen ist eine Reduktion der Aufkantungshöhen in Ausnahmefällen möglich, wenn ein einwandfreier Wasserablauf gewährleistet ist. Als Beispiel wird der

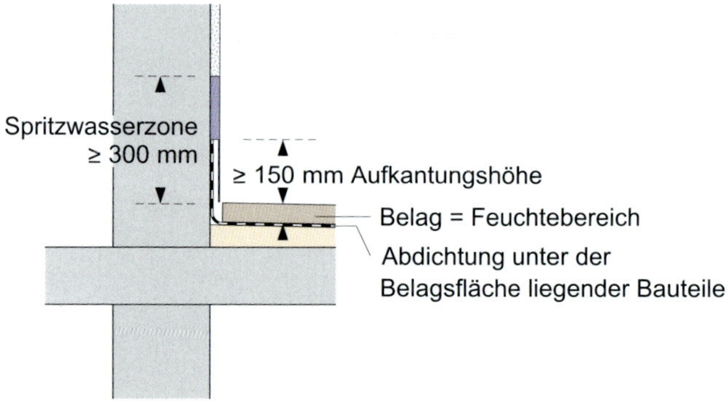

Abb. 2.17: Anschluss an Wände (Grundprinzip)

Einbau einer Dränrinne genannt. Barrierefreie Türschwellen werden als Sonderlösungen bezeichnet, bei denen zusätzliche Maßnahmen erforderlich sind, die zwischen Planer, Ausführenden und Bauherren abgestimmt werden müssen.

Die Vorgabe für die Aufkantungshöhe nach der FLL-Richtlinie Verkehrsflächen auf Bauwerken (2005) beträgt allgemein ebenfalls 150 mm. Unter bestimmten Randbedingungen ist eine Reduktion der Aufkantungshöhe möglich.

2.4.3 Anschluss an Wände

DIN 18195 Beiblatt 1 enthält für diverse Anschlusssituationen Prinzipskizzen, aus denen die grundlegenden Anforderungen an die Anschlussausführung entnommen werden können.

Für den **Spritzwasserschutz** der aufgehenden Bauteile sollte eine Höhe von mindestens 300 mm eingehalten werden (Abb. 2.17). In diesem Bereich sollten keine feuchtigkeitsempfindlichen Bauteile verwendet werden. Putzsysteme müssen so gewählt werden, dass sie den Belastungen im Spritzwasserbereich standhalten.

Falls Bauteile oder -stoffe, insbesondere Putze, unter die Belagsoberfläche geführt werden, müssen diese mit einer wasserdichten Beschichtung versehen und gegen mechanische Belastungen geschützt werden (DIN 55699, Abschnitt 6.11).

Die Anforderungen an den Spritzwasserschutz müssen sinngemäß auch bei Balkonen ohne direkten Abdichtungsanschluss an das Bauwerk beachtet werden. Dies betrifft vor allem vorgelagerte Balkone.

Bei den Anschlüssen der Abdichtung, die über den Nutzbelag hochgeführt werden, wird unterschieden in vor **Wasserbeanspruchung** geschützt liegende Anschlüsse und wasserbeanspruchte Anschlüsse.

Die Anschlüsse gelten als nicht wasserbeansprucht, wenn der Abdichtungsrand durch eine abdeckende Wandbekleidung vor Wasserbeanspruchung geschützt ist. Wenn die Anschlüsse durch eine Abdeckung oder Verklebung gegen Abrutschen gesichert sind, werden keine weiteren Einbauteile benötigt.

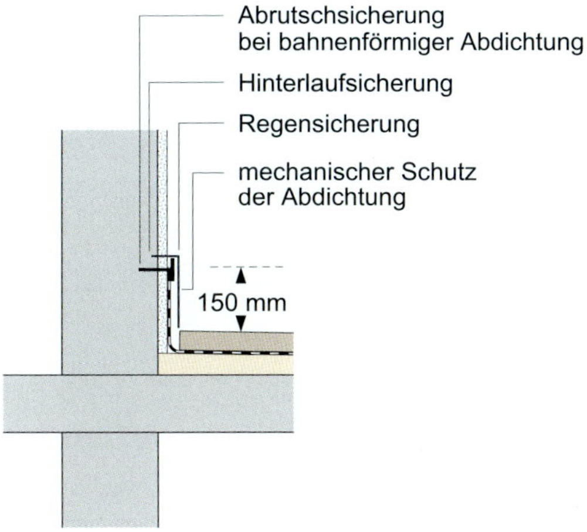

Abb. 2.18: Geschützter Wandanschluss

Bei Bauwerksabdichtungen aus bahnenförmigen Abdichtungen muss die **Abrutschsicherung** durch eine mechanische Befestigung, z. B. mit einer Holzbohle oder mit eingebauten Blechbändern, erfolgen (Abb. 2.18). Bei Dachabdichtungen mit Kunststoffbahnen kann dies durch Folienbleche geschehen.

Frei **bewitterte** oder unmittelbar durch **Spritzwasser** belastete Anschlüsse müssen durch Klemmprofile, Klemmschienen oder Verbundbleche gesichert werden. Die Regelwerke sehen hier eine linienförmige Befestigung auf einem ausreichend ebenen Untergrund vor. Der Abstand der Befestigungsmittel beträgt dabei im Regelfall 200 mm.

Bei nicht regensicheren Außenwandbekleidungen muss die Abdichtung hinter der Bekleidung an der Wand hochgeführt werden. Das Hinterlaufen der Abdichtung muss auch bei Vorsatzmauerwerk, Wärmedämm-Verbundsystemen oder Putzschichten vermieden werden. Dafür werden z-förmige Feuchtigkeitssperren (Vorsatzmauerwerk) und eingelassene Überhangstreifen oder Z-Profile (Wärmedämm-Verbundsystem und Putzschichten) empfohlen.

Anschlussenden, die lediglich von Dichtstofffasen geschützt werden, sollten bei genutzten Dachflächen keine Anwendung finden. Die Ausführung von Überhangstreifen oder Metallprofilen kann entsprechend den Fachregeln für Metallarbeiten im Dachdeckerhandwerk (2011) bzw. den Klempnerfachregeln (2016) erfolgen. Im Trittbereich von Gehbelägen muss die Abdichtung vor mechanischer Beschädigung geschützt sein.

2.4.4 Übergang zwischen Flächenabdichtung und hochgeführter Abdichtung

Der Anschluss der Flächenabdichtung an die hochgeführte Abdichtung erfordert in der Regel zusätzliche Maßnahmen. Die Anschlussausbildung kann werkstoffgleich oder auch als Kombination unterschiedlicher Abdichtungssysteme erfolgen (Abb. 2.19). Die Umlenkung muss auf die zu erwartenden Bewegungen zwischen den Bauteilen abgestimmt werden.

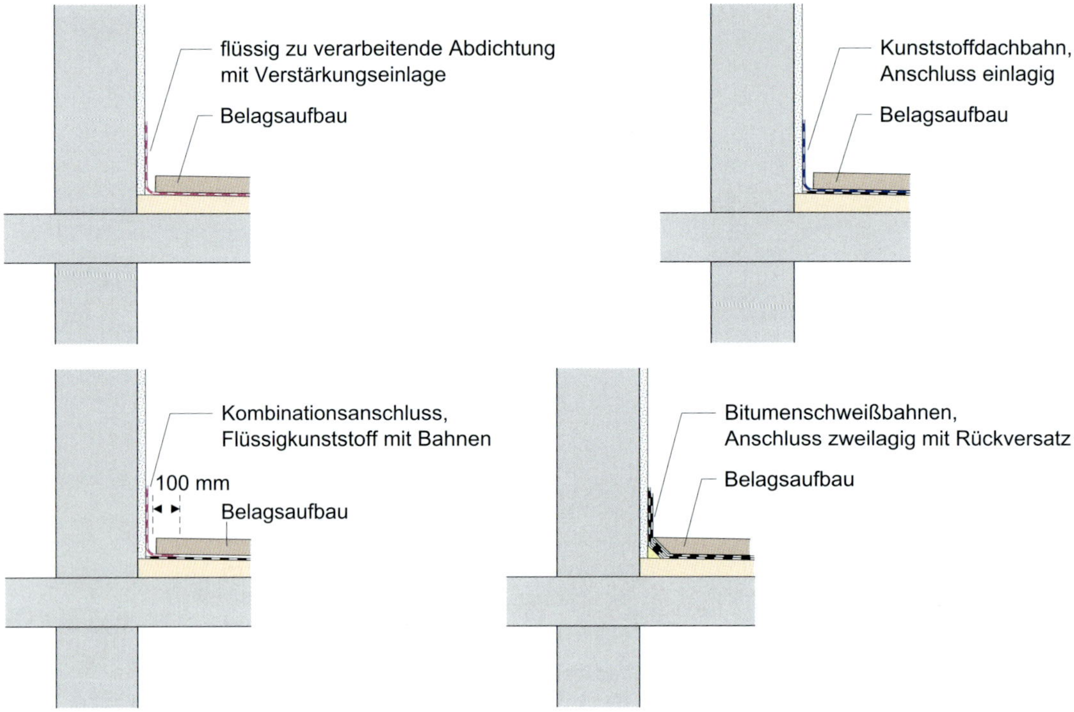

Abb. 2.19: Übergangsarten

Anschluss bahnenförmiger Abdichtungen

Anschlüsse bahnenförmiger Abdichtungen an aufgehende Bauteile sollten möglichst mit dem gleichen Abdichtungsstoff wie die Flächenabdichtung erfolgen.

Die Ausführung von Bitumenbahnen muss im Anschlussbereich mindestens zweilagig sein. DIN 18531-3 empfiehlt, am Übergang von der Fläche und dem aufgehenden Bauteil einen Keil anzuordnen. Die Lagen der Flächenabdichtung sollen im Bereich des Keils bzw. des Übergangs abgesetzt werden. Damit kann die Abdichtung auch geringe Bewegungen der Bauteile untereinander überbrücken. Die Umlenkung entspricht dann einer Fugenüberbrückung für Fugentyp I (Fugen für langsame und einmalige/seltene Bewegungen, siehe Kapitel 2.3.2).

Anschluss flüssig zu verarbeitender Abdichtungen

Im Bereich des Übergangs von hochgeführter Abdichtung und Flächenabdichtung sind bei flüssig zu verarbeitenden Abdichtungen grundsätzlich Verstärkungseinlagen (Vliese) vorzusehen.

Aufgrund der vergleichsweise geringen Bewegungsaufnahmefähigkeit von adhäsiven (anhaftenden) Abdichtungssystemen muss eine Berücksichtigung der Bewegungen zwischen dem aufgehenden Bauteil und dem Flächenbauteil erfolgen. Im Zweifel muss hier eine entsprechende Bewegungsfuge ausgebildet werden.

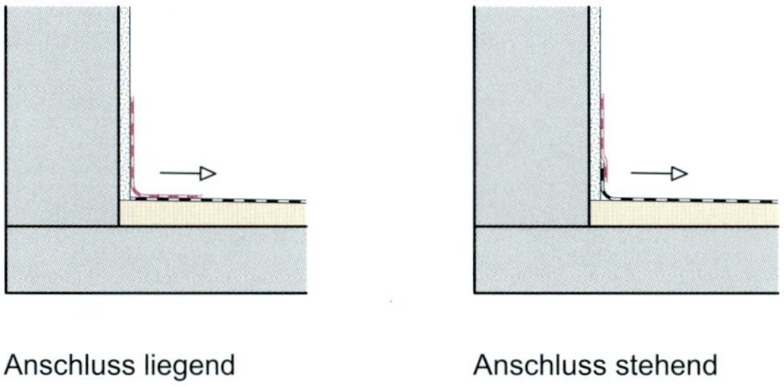

Abb. 2.20: Liegender und stehender Kombinationsanschluss

Kombinationsanschluss bahnenförmiger Abdichtungen mit Flüssigkunststoffabdichtungen

Kombinationsanschlüsse von Flüssigkunststoff- mit Bahnenabdichtungen, z. B. von Flüssigkunststoff mit Bitumenbahnen, sind derzeit nur bei nicht genutzten Dächern in DIN 18531-3 genormt. Bei genutzten Dächern gibt es noch keine Regelungen; sinngemäß können jedoch die Regelungen der DIN 18531-3 angewendet werden. Kombinationsanschlüsse von Flüssigkunststoffabdichtungen haben sich in der Praxis bewährt, wenn bestimmte Konstruktionsregeln eingehalten werden (Oswald et al., 2015), die im Folgenden kurz erläutert werden.

Es kann sowohl ein stehender als auch ein liegender Anschluss ausgeführt werden, wobei bei liegenden Anschlüssen eine bessere Verbindung als bei stehenden Anschlüssen erreicht werden muss (Abb. 2.20).

Bei Kombinationsanschlüssen von Flüssigkunststoffabdichtungen hängt der Zuverlässigkeitsgrad wesentlich von der Frage ab, ob die Übergangsflächen dauerhaft von Wasser überstaut sind oder ob diese nur während eines Regenereignisses beansprucht werden und danach wieder abtrocknen können (Oswald et al., 2015). Die daraus resultierende grundlegende Konstruktionsempfehlung ist, dass ein **Gefälle** von der Anschlussausbildung weg vorliegen oder auf andere Weise ein dauerhaftes Überstauen der Anschlüsse vermieden werden sollte.

Außerdem müssen bei der **Ausführung** folgende Punkte beachtet werden:

- Der Untergrund muss trocken und frei von Fremdstoffen sein.
- Außerdem muss der Untergrund vorbehandelt bzw. grundiert werden (Herstellerempfehlungen beachten).
- Die Anhaftung zwischen Flüssigkunststoff und Bahn muss sichergestellt werden. Bewertungsstufen für den Haftverbund zwischen Flüssigkunststoffabdichtung und Dachabdichtungsbahn unterteilen den Kraftaufwand für das Lösen des Anschlusses in 4 Stufen von sehr gering (Bewertungsstufe 1) bis sehr hoch (Bewertungsstufe 4). Der Anschluss darf sich nur mit hohem (Bewertungsstufe 3 bei stehenden Anschlüssen) oder sehr hohem Kraftaufwand (Bewertungsstufe 4 bei liegenden Anschlüssen) lösen lassen. Dies kann z. B. durch eine Schälzugprüfung von Hand getestet werden.
- Das Vlies muss vollständig eingebettet sein; der Materialverbrauch des Flüssigkunststoffs ist zu dokumentieren.

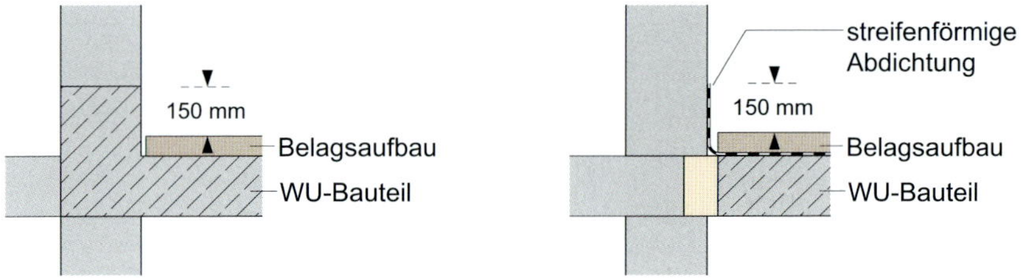

Abb. 2.21: Anschluss an WU-Beton

- Der Flüssigkunststoff darf seitlich höchstens 2 cm über das Vlies hinausreichen.
- Bei Bewegungsfugen sind die Regelungen der DIN 18531-3 bzw. der DIN 18195-8 zu beachten.
- An aufgehenden Bauteilen muss darauf geachtet werden, dass die Abdichtung nicht von Wasser hinterlaufen werden kann (insbesondere nicht im Anschlussbereich von Trittschienen von Fenstern, Rollladenführungsschienen und Putzbrücken).

Anschluss hochgeführter Abdichtungen an Flächen aus WU-Beton

Bei Balkon-, Loggia- und Dachterrassenflächen aus WU-Beton kann der Anschluss entweder mit einer Aufkantung versehen werden, die ebenfalls als WU-Bauteil ausgebildet ist, oder es kann ein streifenförmiger Anschluss mit dafür zugelassenen Abdichtungsstoffen hergestellt werden (Abb. 2.21). In der Praxis haben sich dafür Flüssigkunststoffe bewährt, die für streifenförmige Abdichtungen von Fugen bei Bauteilen aus WU-Beton eine abZ besitzen (siehe Kapitel 2.1.3).

2.4.5 Anschluss an Türen

2.4.5.1 Grundprinzipien

Prinzipiell stehen **drei Grundkonzepte** zur Planung von Anschlüssen an Türen zur Verfügung (Abb. 2.22):

- hohe Aufkantung ab 150 mm Höhe der Abdichtung auch im Türbereich,
- niedrige Aufkantung bis 50 mm Höhe der Abdichtung im Türbereich und
- schwellenlose (barrierefreie) Ausführung bis 20 mm Höhe oder ohne Aufkantung im Türbereich.

Bei den Planungsüberlegungen können die in Tabelle 2.6 dargestellten Randbedingungen zugrunde gelegt werden.

Eine Verringerung auf **50 mm Anschlusshöhe** ist die Regel und nicht die Ausnahme. Zu beachten ist, dass DIN 18195-5 und -9 nicht zwingend eine Gitterrostrinne im direkten Türbereich bei dieser Anschlusshöhe fordern, sondern dass dies abhängig von der tatsächlichen Belastungssituation geplant werden kann. Barrierefreie Türschwellen dürfen eine Höhe von maximal 20 mm nicht überschreiten. Diese Schwellenhöhe darf nur ausgenutzt werden, wenn dies technisch unabdingbar ist.

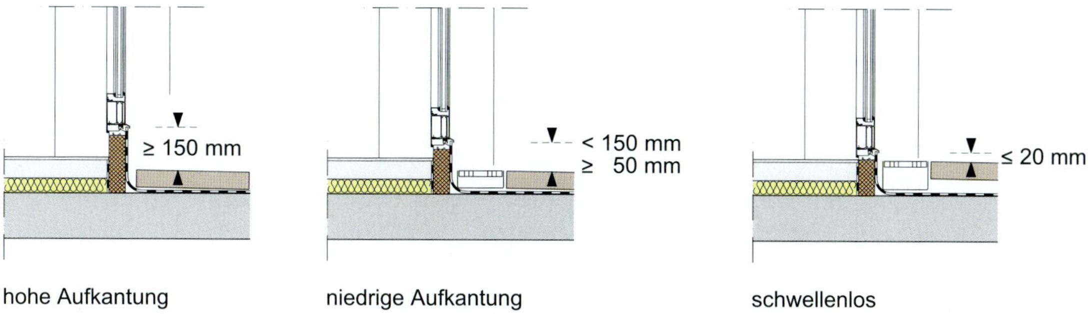

Abb. 2.22: Anschluss an Türen (Grundprinzipien)

Tabelle 2.6: Nutzerakzeptanz und Planungsanforderungen unterschiedlicher Aufkantungshöhen

hohe Aufkantung (ab 150 mm)		**niedrige Aufkantung (bis 50 mm)**		**schwellenlos (Aufkantung 0 bis 20 mm)**	
Nutzerakzeptanz	**Planungsanforderungen**	**Nutzerakzeptanz**	**Planungsanforderungen**	**Nutzerakzeptanz**	**Planungsanforderungen**
niedrig	niedrig	mittel bis gut	mittel	hoch	mittel bis hoch
Insbesondere in Verbindung mit gedämmten Dachterrassen entstehen hohe Ausstiege, die nicht akzeptabel sind.	Regelanschluss der Abdichtung Anschluss der Schlagregenführung der Türanschlussfugen an das Bauwerk	geeignet für normale Nutzung von Personen ohne Bewegungseinschränkungen	direkte Entwässerung im Türbereich mit Gitterrostrinne mit direktem Anschluss an die Entwässerung bei Dachterrassen alternativ ausreichend weit auskragende Vordächer	auch für Personen mit Bewegungseinschränkungen nutzbar keine Stolperschwelle zusammenhängender Durchgang zwischen Innen- und Außenfläche realisierbar	wasserdichte und hinterlaufsichere Anschlussausbildung Schutz der Türschwelle durch Gitterrostrinne, Vordächer o. Ä. Zusatzmaßnahmen abhängig von der Wasserbelastungsklasse beheizte Entwässerung

DIN 18195-5 und -9 sehen im Türbereich (anders als die Regelwerke der Fachverbände) keine Mindestaufkantungshöhen vor, sondern verlangen grundsätzlich eine der örtlichen Situation angepasste Planung der Türschwellen (siehe Kapitel 2.4.2). Es entspricht den allgemein anerkannten Regeln der Technik, barrierefreie Türeingänge zu planen und zu bauen, wenn die in DIN 18195-5 und -9 beschriebenen flankierenden Maßnahmen beachtet werden (siehe Kapitel 2.4.5.3).

Praxistipp

Türschwellen müssen grundsätzlich auf die örtliche Situation abgestimmt werden. Sie sind vor der Ausführung zu planen.

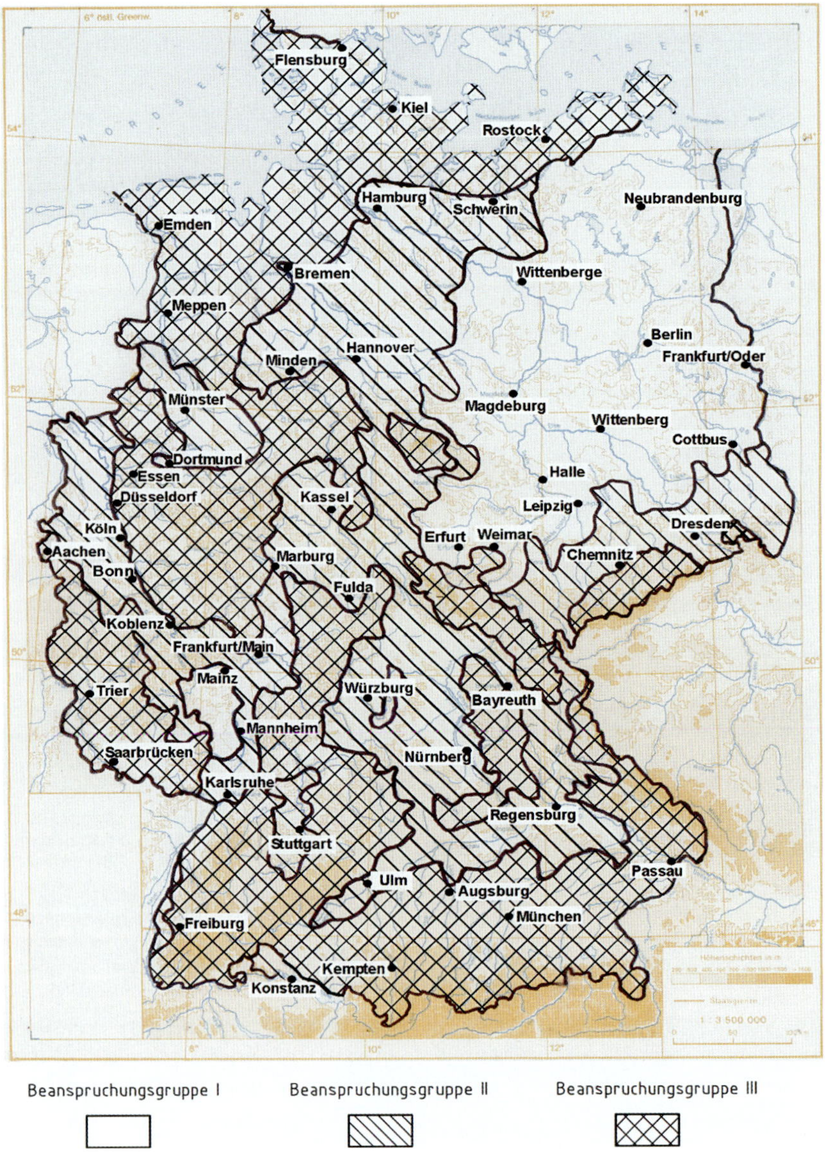

Abb. 2.23: Schlagregenzonen (Quelle: DIN 4108-3 „Wärmeschutz und Energie-Einsparung in Gebäuden – Teil 3: Klimabedingter Feuchteschutz – Anforderungen, Berechnungsverfahren und Hinweise für Planung und Ausführung" [2014], S. 28)

2.4.5.2 Wasserbelastung von Türschwellen

Die Wasserbelastung von Türschwellen unterscheidet sich je nach Lage (geschützt bis direkt bewittert) und nach der Schlagregenbeanspruchung der Türschwelle (Abb. 2.23). Die Kombination dieser Einwirkungen ergibt die tatsächliche Wasserbelastung an der Türschwelle, die in die Wasserbeanspruchungsklassen WBK 1 bis WBK 3 eingeteilt werden kann (siehe Tabelle 2.7).

Aus der vorhandenen Wasserbelastung und der vorhandenen Aufkantungshöhe an der Türschwelle ergeben sich dann die erforderlichen Zusatzmaßnahmen bei der Planung des Türanschlusses.

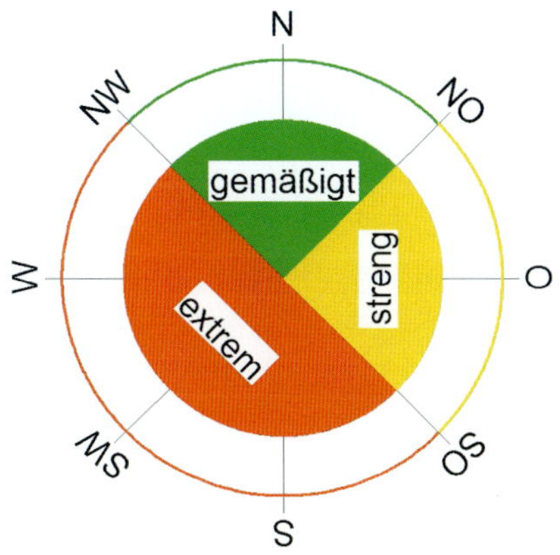

Abb. 2.24: Einstufung der Orientierung der Türschwellen zur Himmelsrichtung nach DIN EN 927-1

Schlagregenbeanspruchungsgruppen

Beanspruchungsgruppe I (geringe Schlagregenbeanspruchung):

- Jahresniederschlagsmenge unter 600 mm
- windgeschützte Lagen in Gebieten mit größeren Niederschlagsmengen

Beanspruchungsgruppe II (mittlere Schlagregenbeanspruchung):

- Jahresniederschlagsmenge 600 bis 800 mm
- windgeschützte Lagen in Gebieten mit größeren Niederschlagsmengen und
- Hochhäuser in exponierter Lage in Gebieten, die aufgrund der regionalen Regen- und Windverhältnisse einer geringen Schlagregenbeanspruchung zuzuordnen wären

Beanspruchungsgruppe III (starke Schlagregenbeanspruchung):

- Jahresniederschlagsmenge über 800 mm
- windreiche Gebiete auch mit geringeren Niederschlagsmengen und
- Hochhäuser oder Häuser in exponierter Lage in Gebieten, die aufgrund der regionalen Regen- und Windverhältnisse einer mittleren Schlagregenbeanspruchung zuzuordnen wären

Orientierung der Türschwellen zur Himmelsrichtung

Die Einstufung der Orientierung der Türschwellen zur Himmelsrichtung kann nach DIN EN 927-1 „Beschichtungsstoffe – Beschichtungsstoffe und Beschichtungssysteme für Holz im Außenbereich – Teil 1: Einteilung und Auswahl“ (2013) erfolgen (Abb. 2.24):

- **gemäßigt** – üblicherweise an Nordseiten von Gebäuden (NW bis NO),
- **streng** – üblicherweise an Ostseiten von Gebäuden (NO bis SO),
- **extrem** – üblicherweise an Süd-, Südwest- und Westseiten von Gebäuden (SO bis NW).

Lage und Wasserbeanspruchungsklassen von Türschwellen

Hinsichtlich der Lage von Türschwellen kann in eine geschützte, eine teilweise geschützte und eine ungeschützte Lage unterschieden werden (DIN EN 927-1; Oswald/Wilmes/Abel, 2010).

Tabelle 2.7: Wasserbeanspruchungsklassen (Quelle: Oswald/Wilmes/Abel, 2010, S. 87)

Lage (nach DIN EN 927-1)	**Schlagregenbeanspruchungsgruppe (nach DIN 4108-3)**								
	I			II			III		
	NW–NO	NO–SO	SO–NW	NW–NO	NO–SO	SO–NW	NW–NO	NO–SO	SO–NW
geschützt	1	1	**2**	**2**	**2**	3	**2**	3	3
teilweise geschützt	1	**2**	3	**2**	3	3	3	3	3
ungeschützt	**2**	3	3	3	3	3	3	3	3

Wasserbeanspruchungsklasse 1 (WBK 1): niedrige Wasserbeanspruchung
Wasserbeanspruchungsklasse 2 (WBK 2): mittlere Wasserbeanspruchung
Wasserbeanspruchungsklasse 3 (WBK 3): hohe Wasserbeanspruchung

geschützte Lage:

- Die Türschwellen sind weitgehend gegen unmittelbare Witterungseinwirkung geschützt durch ausreichend dimensionierte Überdachungen, wie
  - Dachüberstände,
  - Vordächer,
  - Balkone,
  - Loggien,
  - Laubengänge usw.
- Die Auskragungstiefe der Überdachungen ist abhängig von
  - der Lage zur Himmelsrichtung,
  - der Gebäudehöhe und
  - den Windverhältnissen.

teilweise geschützte Lage:

- Die Türschwellen befinden sich
  - in Innenhöfen,
  - an Innenecken von Gebäuden,
  - an Fassadenrücksprüngen,
  - in windgeschützten Bereichen oder
- sind teilweise gegen Witterungseinflüsse geschützt durch
  - tiefe Türlaibungen,
  - kleine Überdachungen usw.

ungeschützte Lage:

- Die Türschwellen sind unmittelbar den Witterungseinwirkungen durch Regen und Wind ausgesetzt.
- Dies ist z. B. bei Türen der Fall, die in der Fassadenfläche liegen.

In den Wasserbeanspruchungsklassen sind die Kriterien der Schlagregenbeanspruchungsgruppe, der Orientierung zur Himmelsrichtung und der Lage berücksichtigt (siehe Tabelle 2.7).

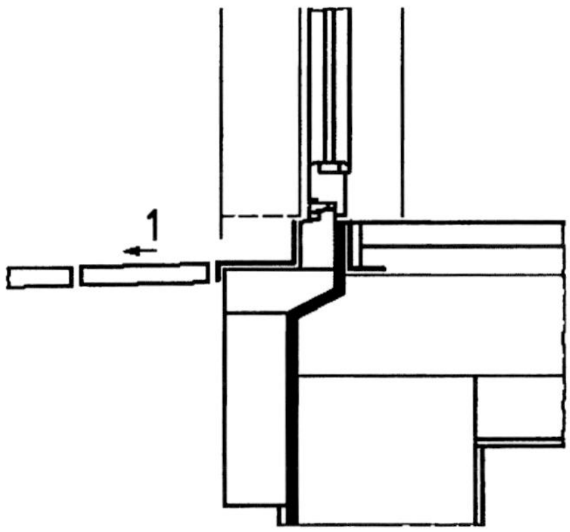

Abb. 2.25: Prinzipskizze Türanschluss mit niedriger Aufkantungshöhe (Quelle: DIN 18195 Beiblatt 1, Bild 9)

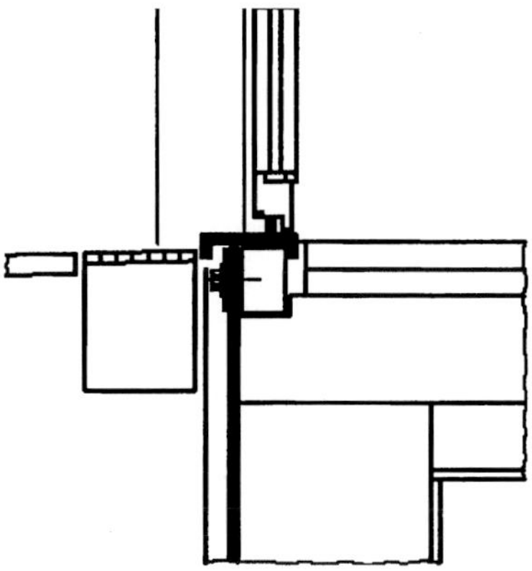

Abb. 2.26: Prinzipskizze schwellenloser Türanschluss (Quelle: DIN 18195 Beiblatt 1, Bild 10)

2.4.5.3 Schutzmaßnamen von Türschwellen bei niedrigen und schwellenlosen Anschlüssen

Dort, wo die Aufkantungshöhe von 150 mm nicht eingehalten werden kann, muss gemäß DIN 18195-9 durch **zusätzliche Maßnahmen** ein Wassereintritt verhindert werden. In DIN 18195-9 werden beispielhaft mehrere Möglichkeiten genannt, die auch untereinander kombiniert werden können, insbesondere:

- ausreichend weit auskragende Vordächer,
- von der Türschwelle weg gerichtetes Gefälle,
- direkt entwässernde Gitterrostrinnen und
- Hinterfahren der Türschwellen und Pfosten.

DIN 18195 Beiblatt 1 enthält hierzu Prinzipskizzen sowohl für Türanschlüsse mit niedriger Aufkantungshöhe (Abb. 2.25) als auch für schwellenlose Türanschlüsse (Abb. 2.26).

Die Flachdachrichtlinie (2011) sieht ähnliche **Zusatzmaßnahmen** vor:

- wannenförmiger Entwässerungsrost oder eine vergleichbare wannenbildende Konstruktion, ggf. beheizbar, mit unmittelbarem Anschluss an die Entwässerung,
- Gefälle der wasserführenden Ebenen,
- Schlagregen- und Spritzwasserschutz durch Überdachung,
- Türrahmen mit Flanschkonstruktion sowie
- zusätzliche Abdichtung im Innenraum mit gesonderter Entwässerung.

Diese Maßnahmen können ggf. miteinander kombiniert werden.

Ausreichend weit auskragende Vordächer

Ein ausreichender Schutz der Türschwelle ist dann sichergestellt, wenn die Überdachung so weit vor die Türschwelle vorkragt, dass Regenfälle die Schwelle nicht direkt bewässern können (siehe Abb. 2.27). Fassadenrücksprünge und Einzüge können dabei berücksichtigt werden.

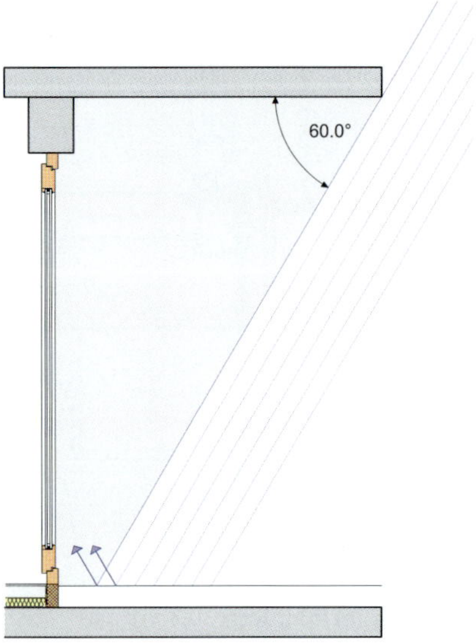

Abb. 2.27: Ausreichender Schutz der Türschwelle durch ein Vordach bei einem Regeneinfallswinkel von < 60°

Abb. 2.28: Vordach ohne nennenswerte Schutzfunktion für die Türschwelle

Die Türschwelle muss auch bei massiven Niederschlägen vor direkter Beanspruchung geschützt sein. Der Entwurf der Fachregel 02 „Balkone und Terrassen“ (2014) sieht dies bei Holzkonstruktionen „unter Dach“ als gegeben an, wenn der Regeneinfallswinkel < 60° beträgt. Dies kann bei geschützten Lagen richtig sein, bei wenig geschützten Lagen jedoch unzutreffend. Ein genaues Maß für den Dachüberstand kann hier nicht angegeben werden und ist im Einzelfall zu ermitteln.

Zu beachten ist auch, dass der Überstand des Vordaches über die Türschwelle auch seitlich vorhanden sein muss, sodass auch seitlich einfallender Regen nicht bis an die Türschwelle gelangen kann (siehe Abb. 2.28).

Insbesondere bei höheren Schlagregenbeanspruchungsgruppen und bei extremer Orientierung der Türschwelle (SO bis NW) ist die Schutzfunktion von Vordächern sehr eingeschränkt. Die Wasserbeanspruchungsklasse 1 lässt sich mit Vordächern in den Schlagregenbeanspruchungsgruppen II und III nicht erreichen.

In der Schlagregenbeanspruchungsgruppe I ist ein Vordach dagegen eine sehr effektive Maßnahme, um die Wasserbeanspruchung der Türschwelle erheblich zu reduzieren.

Von der Türschwelle weg gerichtetes Gefälle

Wenn ein Gefälle des Belags als zusätzliche Maßnahme zum Schutz von Türschwellen vorgesehen wird, muss es mindestens 2 % betragen. Als Zusatzmaßnahme ist dies in jedem Fall bei geschlossenen Belägen sinnvoll. Beläge mit offenen Fugen ermöglichen in der Regel einen ausreichend schnellen Wasserabfluss über die Belagsfugen. Dies gilt auch bei Belägen auf Stelzlagern.

Abb. 2.29: Wenig wirkungsvolle Stegrostrinne ohne direkten Anschluss an die Entwässerung

Abb. 2.30: Gitterrostrinne

Das Gefälle muss auch die Abdichtungsebene umfassen, insbesondere bei Kombinationsanschlüssen der Abdichtung aus Bahnen und Flüssigkunststoffen.

Direkt entwässernde Gitterrostrinnen

Rinnen stellen nur dann eine wirkungsvolle Zusatzmaßnahme zum Schutz von Türschwellen dar, wenn es sich um Gitterrostrinnen handelt, die direkt entwässert werden. Um einen wirkungsvollen Schutz des Abdichtungsrandes zu bewirken, müssen die Rinnen direkt vor der Türschwelle eingebaut werden. Die Rinnen müssen die Gesamtlänge des zu schützenden Anschlusses abdecken (einschließlich etwaiger feststehender Seitenteile).

Die vielfach anzutreffenden **Stegrostrinnen** mit Blechabdeckungen und einer Entwässerung in die Belagsschichten stellen noch keine voll wirkungsfähige Zusatzmaßnahme dar (Abb. 2.29). Stegrostrinnen mit einem geringen Lochanteil haben eine ähnliche Wirkung wie ein Gehbelag, d. h., die Spritzwasserbelastung wird kaum reduziert. Bei einer Entwässerung in die Belagsschichten ist keine dauerhaft wirksame Abführung des im Schwellenbereich anfallenden Wassers sichergestellt.

Bei **Gitterrostrinnen** liegt an der Oberfläche ein erheblich größerer freier Querschnitt vor, als dies bei Stegrostrinnen oder anderen Rinnen mit flächigen Abdeckungen der Fall ist (siehe Abb. 2.30). Dies ermöglicht eine wesentlich bessere Reduktion der Spritzwasserbelastung im direkten Türbereich bei einem ausreichend hohen Lochanteil (> 50 %). Außerdem werden Schneeansammlungen auf dem Rost vermieden.

Da die Rinne auch die Funktion des Schutzes des Abdichtungsrandes übernimmt, muss sie direkt an der aufgehenden Abdichtung platziert werden. Bei einer Anordnung der Rinne mit Abstand zu der Abdichtungsaufkantung ist die Schutzwirkung eingeschränkt. Die Rinne muss den gesamten reduzierten Aufkantungsbereich der Abdichtung erfassen. Dies schließt etwaige feststehende Teile von Fenster- und Türanlagen mit ein.

In schneereichen Gebieten sollte zusätzlich eine Rinnenheizung vorgesehen werden. Ein Wasseranstau im direkten Türbereich muss insbesondere bei

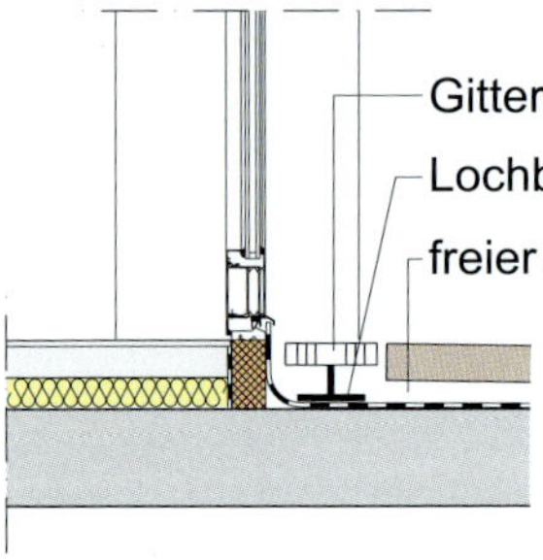

Abb. 2.31: Prinzipskizze direkt entwässernde Gitterrostrinne

Abb. 2.32: Rinnenausbildung bei AIV

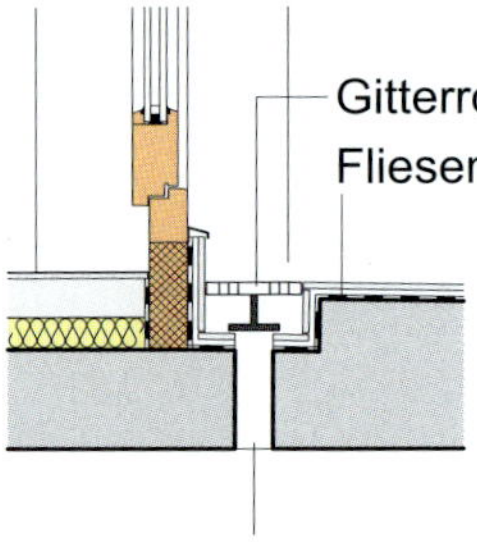

einem Wechsel des Abdichtungsstoffes im Übergang zwischen Flächenabdichtung und hochgeführter Abdichtung vermieden werden.

Die **direkte Entwässerung** der Rinne (Abb. 2.31) erfordert mindestens

- die Herstellung eines Stichkanales mit freiem Querschnitt von der Rinne bis zur Fallrohrentwässerung,
- eine Entwässerung in einen aufgestelzten Belagsbereich oder
- den Anschluss an eine leistungsfähige Dränageschicht.

Gitterroste ohne Rinnenkörper verfügen über eine weitaus höhere Ablaufleistung bei einer Entwässerung in einen aufgestelzten Belagsbereich oder über eine Dränageschicht. Bei diesen Entwässerungsvarianten sind **verstellbare Gitterroste** den Rinnen mit Rinnenkörper vorzuziehen. Durch eine Schrägstellung des Gitterrostes kann dann auch eine Aufkantungshöhe der Abdichtung über den Belag realisiert werden.

Praxistipp

Gitterroste mit Rinnenkörper, bei denen die Entwässerung über Schlitze in ein Kies- oder Splittbett erfolgt, entsprechen nicht den Anforderungen an direkt entwässernde Rinnen und sollten nicht ausgeführt werden. Bei starken Regenfällen kann der Ablauf so weit verzögert werden, dass der Schutz der Türschwelle nicht sichergestellt ist.

Bei flüssig zu verarbeitenden Abdichtungen im Verbund mit Fliesen- und Plattenbelägen (AIV) lässt sich aufgrund der geringen Gesamtaufbaustärke des Belages nur mit hohem Aufwand eine Rinne einbauen. Hier muss eine Vertiefung vorgesehen werden, die wiederum mit Fliesen als Schutz der Abdichtung auszukleiden ist (Abb. 2.32).

Praxistipp

Wird bei geschlossenen Belägen eine Rinne benötigt, ist ein Aufbau mit einer Dünnschichtdränage unter dem Belag zu empfehlen. Über die Dünnschichtdränage kann dann auch die Entwässerung der Rinne erfolgen.

Hinterfahren der Türschwellen und Pfosten

Beim Hinterfahren der Türschwellen und Pfosten steht das zu schützende Türelement insgesamt vor der Bauwerksabdichtung. Die Kombination mit innen liegenden Abläufen ist hier möglich. Das Türelement, das sich vor der Abdichtung befindet, muss dann entsprechend witterungsresistent sein.

2.4.6 Randabschlüsse und freie Ränder

Bei Randaufkantungen an freien Dachrändern muss die Abdichtung mindestens 100 mm über die Oberfläche des Belages geführt werden (siehe Kapitel 2.4.2).

Die inzwischen oft vorgesehenen **Stahlrandwinkel** mit einer Aufkantungshöhe bis etwa zur Oberkante des Belages stellen eine Sonderkonstruktion dar, die in den Regelwerken nicht beschrieben wird. Sie erfordert eine wasserdichte Verbindung der Flächenabdichtung mit den Stahlprofilen. Die wasserdichte Verbindung kann z. B. mit Flüssigkunststoffabdichtungen hergestellt werden. Dabei sollten Flüssigkunststoffe mit einer guten Dehnfähigkeit bevorzugt werden.

Die Abdichtung sollte bei Aufkantungen an freien Dachrändern bis zur Außenkante der Fassade geführt und dort befestigt werden. Für die Ausführung des Randabschlusses stehen Randabdeckungen und Randabschlussprofile zur Verfügung. Diese sollten grundsätzlich ein Gefälle zur Abdichtungsseite hin aufweisen.

Freie Ränder von Balkonen und Dachterrassen werden häufig zur **Wasserableitung** herangezogen. Das bedeutet, dass in diesem Bereich – unabhängig von der weiteren Wasserableitung – eine gesicherte Wasserführung realisiert werden muss. Die darunterliegenden Bauteile müssen vor einer erhöhten Wasserbelastung geschützt werden. Im Regelfall werden dazu Einbauteile am Rand des Balkons oder der Dachterrasse erforderlich, an die die Flächenabdichtung angeschlossen werden muss. Bei bahnenförmigen Abdichtungen kann ein Traufblech als überklebtes Stützblech oder ein Verbundblech am Randabschluss eingesetzt werden.

Eingeklebte Traufbleche sollten aufgrund der hohen Belastungen am Dachrand nicht verwendet werden. Die Flachdachrichtlinie (2011), Abschnitt 4.8.2, lässt den Einsatz von eingeklebten Traufblechen nur bei nicht genutzten Dächern der Anwendungskategorie K1 (Standarddach) gemäß DIN 18531-1 zu.

Der Bewegung zwischen Einbauteil und Flächenabdichtung – insbesondere durch unterschiedliche thermische Längenänderungen – muss Beachtung geschenkt werden. Zwischen Einbauteil und Flächenabdichtung ist bei der

Verwendung von Traufblechen als überklebte Stützbleche der hintere Rand mit einem Trennstreifen zu versehen oder es muss ein ausreichend breiter unverklebter Streifen auf dem Blech eingehalten werden.

Für genutzte Dachflächen sieht die Flachdachrichtlinie (2011) vor, dass bei einer Entwässerung über vorgehängte Rinnen als Übergang ein Traufblech angeordnet werden muss.

Die Beläge benötigen am freien Rand eine **Lagesicherung,** die in den Belägen auftretende Schubkräfte aufnehmen kann.

2.5 Entwässerung

Wolfgang Storch

2.5.1 Planerische Grundlagen

Balkone, Loggien und Dachterrassen, deren Beläge durch Niederschlagswasser beaufschlagt werden, sind konstruktiv als genutzte Flachdächer zu betrachten. Eine zusätzliche kurzzeitige Beaufschlagung von Brauchwasser kann bei der Planung der Entwässerungsanlagen vernachlässigt werden.

Zur Vermeidung von baulichen Schäden an den Konstruktionsteilen der Balkone, Loggien, Dachterrassen und Terrassen sowie zur Vermeidung von Schäden und Nutzungseinschränkungen bei den angrenzenden Gebäudeteilen ist das auf die Bauteile auftreffende Niederschlagswasser über Gefälle zu den Entwässerungsanlagen (Abläufe oder Rinnen) planmäßig und kontrolliert abzuleiten. In den Abb. 2.33 bis 2.35 werden beispielhafte **Gefälleausbildungen** in Verbindung mit der Anordnung von Abläufen und Rinnen dargestellt.

Eine Entwässerung von Balkonen, Loggien und Dachterrassen über Speier kann nur dann erfolgen, wenn Dritte dadurch nicht beeinträchtigt werden.

Die Ableitung des Niederschlagswassers erfolgt entweder über punktförmige **Abläufe** oder über linienförmige **Entwässerungsrinnen.** Diese Abläufe und Rinnen werden an eigene Fallrohre angeschlossen und in Grundleitungen oder Versickerungsanlagen auf dem Grundstück eingebunden. Gemäß DIN 1986-100 „Entwässerungsanlagen für Gebäude und Grundstücke – Teil 100: Bestimmungen in Verbindung mit DIN EN 752 und DIN EN 12056" (2008) dürfen Entwässerungen für Balkone und Dachterrassen nicht an Regenfallrohre von Dachflächen angeschlossen werden. Wenn dies nicht anders lösbar ist, müssen zusätzliche Maßnahmen zur Vermeidung von Überflutungen darunter liegender Flächen getroffen werden.

Beispiele

> In Abb. 2.36 ist eine schadenträchtige Konstruktion zu sehen. Die Balkonentwässerung mehrerer übereinanderliegender Balkone ist hier an das Regenfallrohr der Dachentwässerung angebunden. Es besteht das Risiko eines Rückstaus auf die Balkone, zumal auf einen Notüberlauf für die Balkone ebenfalls verzichtet wurde.
>
> In Abb. 2.37 wird eine technisch korrekte Lösung mit einer separaten Entwässerung von nachträglich vorgelagerten Balkonen innerhalb einer Gebäudeecke gezeigt.

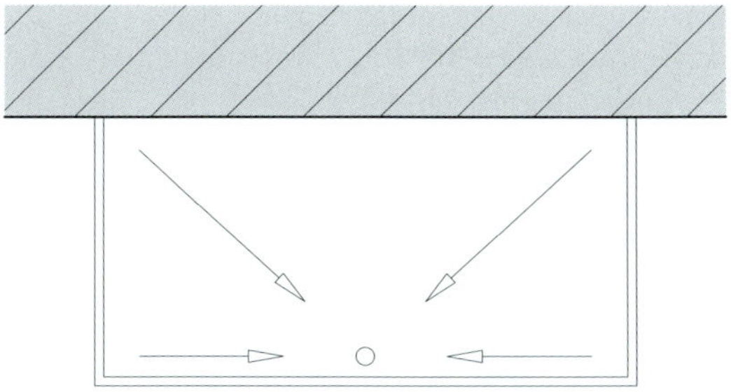

Abb. 2.33: Gefälle auf einen mittig angeordneten Ablauf am Balkonrand

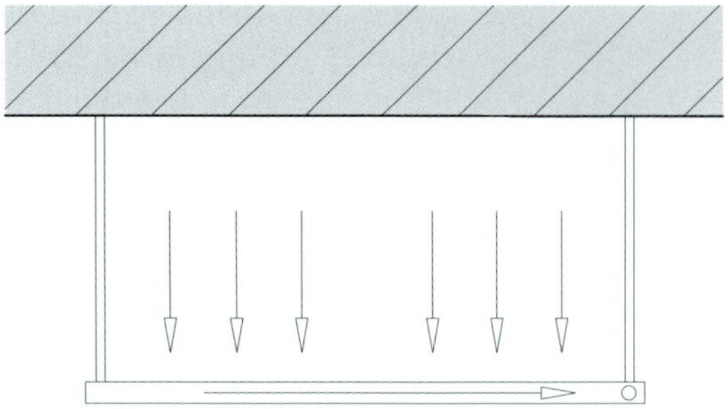

Abb. 2.34: Gefälle bei einer vorgehängten Entwässerungsrinne

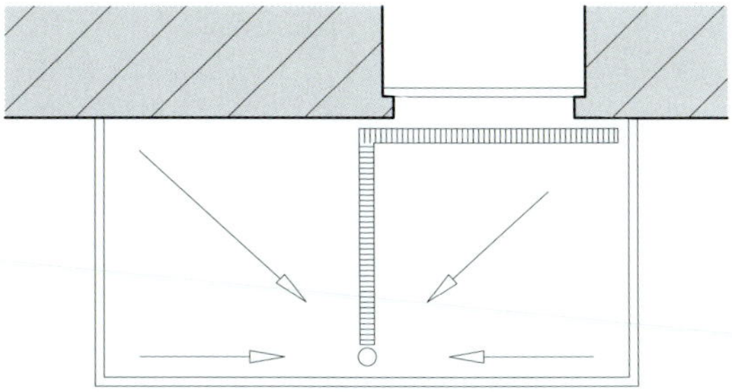

Abb. 2.35: Gefälle mit einer zusätzlichen Entwässerungsrinne im Türbereich

Abb. 2.36: Risiko eines Rückstaus: Anbindung der Balkonentwässerungen an das Regenfallrohr der Dachentwässerung

Abb. 2.37: Gebäudesanierung mit vorgelagerten Balkonen und separater Balkonentwässerung

Bei einer **kaskadenartigen Entwässerung,** d. h., z. B. die Entwässerung einer Dachfläche auf eine darunter liegende Dachterrasse bzw. einen darunter liegenden Balkon, werden die Nutzer der unteren Geschosse in unangemessener Weise beeinträchtigt. Diese Entwässerung entspricht nicht dem Stand der Technik.

Bei Balkonen, Loggien oder Dachterrassen mit geschlossenen Brüstungen sind zusätzliche **Notüberläufe** anzuordnen, um ein Aufstauen des Wassers an der Brüstung oder am Übergang zum Gebäude zu verhindern. Es ist eine ausreichende Anzahl von Notüberläufen vorzusehen, d. h., zumeist ein Notüberlauf für jeden Ablauf. Notüberläufe dürfen wegen Rückstaugefahr nicht in die Entwässerungsanlagen der Balkone, Loggien und Dachterrassen eingebunden werden.

Eine ausschließliche Entwässerung über **Speier** entspricht nicht mehr dem üblichen Baustandard und sollte auf den individuellen privaten Baubereich beschränkt bleiben.

Bei der Planung und Ausführung von höhenreduzierten und **barrierefreien Übergängen** von Balkonen, Loggien, Dachterrassen und Terrassen in den

Innenbereich des Gebäudes sind zusätzliche Entwässerungsanlagen zur schnellen Ableitung anstauender Niederschläge und zum Spritzwasserschutz vor den Übergängen einzubauen. Hierfür eignen sich insbesondere Gitterrostrinnen (siehe Kapitel 2.4.5.3).

Normen und Regelwerke

Für die Planung und Ausführung der Entwässerungsanlagen von Balkonen, Loggien, Dachterrassen und Terrassen sind die **DIN 1986-100** sowie die **DIN EN 752** „Entwässerungssysteme außerhalb von Gebäuden" (2008) zu beachten. In DIN 1986-100, Abschnitt 5.10, werden die Anforderungen an Balkone und Loggien hinsichtlich der Entwässerung der Flächen mittels Abläufen und Rinnen sowie Notüberläufen bei geschlossenen Brüstungen geregelt. Außerdem werden Regelungen zur Vermeidung von Überflutungen auf den darunter liegenden Geschossen getroffen.

Damit werden in der Norm für die Planung und Ausführung von Entwässerungen für Balkone, Loggien, Dachterrassen und Terrassen die folgenden **Schutzziele** definiert:

- Schutz vor einer Überflutung und
- Schutz vor einer Beeinträchtigung Dritter.

Die Planung und Bemessung der Entwässerungsanlagen erfolgt nach **DIN EN 12056-3** „Schwerkraftentwässerungsanlagen innerhalb von Gebäuden – Teil 3: Dachentwässerung, Planung und Bemessung" (2001).

Für die Bemessung und Ausführung von vorgehängten oder innen liegenden Entwässerungsrinnen sind maßgebend:

- **Fachinformation „Bemessung von vorgehängten und innenliegenden Rinnen"** (2001) sowie
- **„Deutsches Dachdeckerhandwerk – Regeln für Metallarbeiten im Dachdeckerhandwerk"** (2011).

Außerdem gibt es eine Reihe von Technischen Merkblättern, Einbaurichtlinien und Einbauhinweisen der Hersteller von Entwässerungsanlagen, die bei der Verwendung dieser Bauteile zu beachten sind.

2.5.2 Bemessung der Entwässerungsanlagen

Für die Bemessung der Regenwassermengen und die daraus resultierende Bemessung der erforderlichen Entwässerungsanlagen sind bereits im Planungsstadium bei der Gestaltung von Balkonen, Loggien, Dachterrassen und Terrassen die folgenden **Einflüsse** zu berücksichtigen:

- örtliche Gegebenheiten, bezogen auf die regionalen Regenwasser- und Schneefallmengen,
- Ausrichtung der Balkone, Loggien, Dachterrassen und Terrassen hinsichtlich der Windrichtung und
- geometrische Formen der Balkone, Loggien, Dachterrassen und Terrassen, bezogen auf die Tiefe, Höhe, mögliche Überdachungen u. Ä.

Für Einzel- oder auch Doppelbalkone an Ein- und Mehrfamilienhäusern, die in den meisten Fällen nicht größer als 10,0 m² sind, reicht in der Regel ein Ablauf oder eine linienförmige, am Balkonrand angebrachte Entwässerungsrinne, um das Wasser planmäßig abzuleiten. Ein seitliches Ablaufen des Regenwassers an den Balkonrändern ist durch Führungsschienen bzw. Randprofile zu verhindern (siehe Kapitel 2.5.3.1).

Praxistipp

Es sollten genormte Dachabläufe verwendet und die Entwässerungsrinnen so gewählt werden, dass das Ablaufen des Wassers ohne größere Überläufe gewährleistet wird. Dies ist ohne weitere rechnerische Nachweise bei Rinnengrößen mit einem Nennmaß von 250 gegeben.

Bei Dachterrassen, die häufig schon für eine Wohneinheit mit deutlich größeren Flächen als 10,0 m² errichtet werden oder als Terrassenverbund für mehrere Wohneinheiten ebenfalls deutlich größere Flächen aufweisen, ist die Berechnung des Regenwasserabflusses und der Mindestablaufleistung der Notentwässerung erforderlich.

2.5.2.1 Berechnung des Regenwasserabflusses

Der **Regenwasserabfluss *Q*** einer Dachfläche ergibt sich aus folgender Gleichung:

$$Q = r_{5,5} \cdot C \cdot A \cdot (1 : 10.000) \text{ in l/s} \tag{2.1}$$

mit

Q Regenwasserabfluss in l/s

$r_{5,5}$ Berechnungsregenspende in 5 Minuten (5-Minuten-Regen), die statistisch alle 5 Jahre zu erwarten ist, in l/(s · ha)

C Abflussbeiwert

A wirksame Dachfläche in m²

Die Berechnungsregenspenden sind dem Starkregenkatalog „KOSTRA-DWD-2000“ (2005) zu entnehmen. Für ausgewählte Orte in Deutschland sind in DIN 1986-100, Anhang A, Regenspenden angegeben, die sich aus „KOSTRA-DWD 2000“ (2005) ergeben. Wenn keine statistischen Daten über Regenspenden existieren, ist nach DIN EN 12056-3, Abschnitt 4.2.2, eine minimale Berechnungsregenspende zugrunde zu legen, die den örtlichen klimatischen Gegebenheiten und den nationalen und regionalen Vorschriften sowie den technischen Regeln entspricht.

Die Abflussbeiwerte können DIN 1986-100, Tabelle 9, entnommen werden. Die wirksamen Dachflächen sind aus den Planunterlagen bzw. aus den örtlichen Gegebenheiten zu berechnen.

Auf der Grundlage des ermittelten Regenwasserabflusses kann die Dimensionierung der Entwässerungsanlagen, d. h. der Abläufe, Rinnen und Fallrohre, nach DIN 1986-100 und DIN 12056-3 erfolgen (siehe Kapitel 4.3.1).

Beispiel

Der Regenwasserabfluss wird für eine Dachterrasse mit einer Fläche von 3,0 m × 4,0 m in der Region Leipzig berechnet:

$r_{5,5}$ = 365 l/(s · ha) nach DIN 1986-100, Anhang A, Tabelle A.1
C = 1,0 nach DIN 1986-100, Tabelle 9
A = 12,0 m²
Q = 365 l/(s · ha) · 1 · 12 m² · (1 : 10.000) = 0,438 l/s

Über den berechneten Regenwasserabfluss von 0,438 l/s können nun die Anzahl und die Größe der Abläufe bzw. der Rinnen ermittelt werden.

2.5.2.2 Berechnung der Mindestablaufleistung der Notentwässerung

Die **Mindestablaufleistung Q_{not}** der Notentwässerung (Notüberläufe), die bei geschlossenen Brüstungen von Balkonen, Loggien und Dachterrassen zusätzlich vorzusehen ist, ergibt sich aus folgender Gleichung:

$$Q_{not} = r_{5,100} - (r_{5,5} \cdot C) \cdot A \cdot (1 : 10.000) \text{ in l/s} \tag{2.2}$$

mit

Q_{not} Mindestablaufleistung der Notentwässerung in l/s
$r_{5,100}$ Berechnungsregenspende (5-Minuten-Regenspende), die statistisch einmal in 100 Jahren zu erwarten ist, in l/(s · ha)
$r_{5,5}$ Berechnungsregenspende (5-Minuten-Regen), die statistisch alle 5 Jahre zu erwarten ist, in l/(s · ha)
C Abflussbeiwert
A wirksame Dachfläche in m²

Beispiel

Die Mindestablaufleistung der Notentwässerung wird für eine Dachterrasse mit einer Fläche von 3,0 m × 4,0 m in der Region Leipzig berechnet:

$r_{5,100}$ = 682 l/(s · ha) nach DIN 1986-100, Anhang A, Tabelle A.1
$r_{5,5}$ = 365 l/(s · ha) nach DIN 1986-100, Anhang A, Tabelle A.1
C = 1,0 nach DIN 1986-100, Tabelle 9
A = 12,0 m²
Q_{not} = 682 l/(s · ha) – (365 l/[s · ha] · 1) · 12 m² · (1 : 10.000) = 0,380 l/s

Die Notüberläufe müssen mindestens zusätzlich 0,380 l/s entwässern und sind in ihrer Größe für diesen Wert zu bemessen. Dabei ist zu beachten, dass jeder Teilfläche mit einem Ablauf mindestens ein Notüberlauf zuzuordnen ist, um bei Starkregenereignissen oberhalb der Bemessungsgrenzen das anfallende Niederschlagswasser schadenfrei abzuleiten.

2.5.3 Planung der Entwässerungsanlagen

2.5.3.1 Einzelbalkone, Loggien und kleinere Dachterrassen

Für punktförmige, innen liegende Abläufe eignen sich Flachdachabläufe nach DIN EN 1253-2 „Abläufe für Gebäude – Teil 2: Dachabläufe und Bodenabläufe ohne Geruchverschluss“ (2015) oder Abläufe, die über eine

Abb. 2.38: Nachträglich vorgelagerter Balkon mit Stahlbetonfertigteilplatte und eingebauter Entwässerung

abZ bzw. ein abP verfügen (siehe Kapitel 2.1.3). Der dichte Anschluss der Abläufe an die Abdichtung der Balkone, Loggien und Dachterrassen muss sichergestellt werden. Bei Balkonplatten, die selbst dicht sind und keiner weiteren Abdichtung bedürfen, z. B. aus WU-Beton, können die Abläufe bereits werkseitig in die Konstruktion dicht eingebaut werden.

Beispiel

In Abb. 2.38 ist eine Stahlbetonfertigteilplatte mit mittig angeordnetem Fußbodenablauf und innerhalb der Betonplatte verlegtem Entwässerungsrohr dargestellt. Diese Fertigteile wurden im Rahmen einer Wohnanlagensanierung nachträglich an die Gebäude angebaut.

Um eine dauerhafte, funktionstüchtige Entwässerung der Flächen zu gewährleisten, sind die wasserführenden Schichten mit einem Gefälle zu den Abläufen hin auszubilden. Außerdem sind die Abläufe so in den Fußbodenbelägen anzuordnen, dass eine regelmäßige Wartung der Abläufe möglich ist.

Der zusätzliche Notüberlauf bei geschlossenen Brüstungen muss eine Durchlassöffnung von mindestens 40,0 mm lichter Weite aufweisen und ist so anzuordnen, dass sich auf dem Balkonboden anstauendes Wasser infolge einer Verstopfung des Ablaufs oder bei Starkregenereignissen ins Freie laufen kann.

Bei außen angebrachten **Entwässerungsrinnen** erfolgt die Notentwässerung durch Überlaufen der Rinnen. Eine zusätzliche Notentwässerung ist nur dort erforderlich, wo das Überlaufen der Rinnen aus baulichen oder nutzungsbedingten Gründen nicht gewünscht ist.

Die Entwässerung in Hohlprofilen von Metallkonstruktionen ist nicht zulässig, da es dabei durch unkontrollierte chemische und bauphysikalische Vorgänge (Korrosion, Frost u. Ä.) zu Schäden an den Konstruktionen kommen kann (siehe hierzu die Ausführungen in Kapitel 2.8.4).

Praxistipp

Aus bauordnungsrechtlicher Sicht sollte auf die planmäßige Ableitung von Regenwasser auf öffentliche Verkehrs- oder Wegeflächen verzichtet werden.

Abb. 2.39: Ausschließliche Entwässerung von Balkonen über Speier mit Beeinträchtigung Dritter

Die Entwässerung über Wasserspeier oder Tropfkanten sollte auf den Ausnahmefall, z. B. bei Einfamilienhäusern auf eigenen Grundstücken, beschränkt werden, da Dritte durch das ablaufende Wasser nicht beeinträchtigt werden dürfen. Speier mit senkrecht angebrachten Ketten haben keinerlei funktionelle Bedeutung und dienen allenfalls einer architektonischen Gestaltung.

Beispiel

> In Abb. 2.39 ist ein Gebäude zu sehen, dessen Balkone ausschließlich über Speier entwässert werden. Die Balkonanlage befindet sich unmittelbar über einem öffentlichen Fußweg und beeinträchtigt somit vorbeilaufende Passanten in erheblichem Umfang.

Ein **seitliches Ablaufen** von Niederschlagswasser an den Balkonrändern führt ebenfalls zur Beeinträchtigung der Nutzer in den darunter liegenden Geschossen. Außerdem werden die Plattenränder zusätzlich durch Feuchtigkeit beansprucht, sodass hier das Schadenrisiko, insbesondere bei Stahlbetonbalkonplatten, ansteigt und es außerdem zu unschönen Verunreinigungen an den Sichtflächen der Plattenränder kommt. Um ein seitliches Ablaufen von Niederschlagswasser an den Plattenrändern zu vermeiden, sind über Aufkantungen, Randprofile oder Bleche geeignete Vorkehrungen zur kontrollierten Führung des Wassers in die Entwässerungsanlagen zu treffen.

2.5.3.2 Über mehrere Wohnbereiche verbundene Balkone, Laubengänge und größere Dachterrassen

Für über mehrere Wohnbereiche verbundene Balkone, Laubengänge und größere Dachterrassen ist die Bemessung der Wassermengen und der Entwässerungsanlagen erforderlich (siehe Kapitel 2.5.2).

Der Einbauort der Abläufe ist so zu planen, dass diese mit ihren Flanschaußenkanten einen Abstand zu anderen Durchdringungen, zu Fugen, Dachaufbauten und aufgehenden Bauteilen von mindestens 30,0 cm haben. Dieser Abstand ist aus handwerklicher Sicht erforderlich, um eine fachgerechte Abdichtung an den Abläufen und den übrigen Bauteilen herstellen zu können.

Auch hinsichtlich der optischen Gestaltung sind Entwässerungen sorgfältig zu planen.

Abb. 2.40: Optisch nicht gut gelungene getrennte Entwässerung von Dach und Dachterrasse

Beispiel

Wenn die Dachfläche und die Dachterrassen separat über zwei Fallrohre wie in Abb. 2.40 entwässert werden, ist zwar formell den Anforderungen der DIN 1986-100 Genüge getan. Jedoch entspricht diese Ausführung nicht den üblichen Anforderungen an die optische Gestaltung einer Wohnhausfassade, sondern erinnert vielmehr an die Rohrführung an einem Industrieobjekt. Die Situation könnte im Nachhinein noch durch das Tiefersetzen des Rinnenkastens entschärft werden. Damit würde dem Schutzziel Überflutungsschutz der DIN 1986-100 noch entsprochen.

2.6 Beläge und Belagsaufbauten

Michael Silberhorn

2.6.1 Planerische Grundlagen

Beläge von Balkonen, Loggien, Dachterrassen und Terrassen erfüllen gestalterische und funktionelle Aufgaben. Zu den **gestalterischen Aufgaben** gehören das optische Erscheinungsbild sowie die Gliederung großer Flächen durch entsprechende Belagsanordnungen. Durch die Anordnung und Farbgebung des Belags, z. B. einen Wechsel der Verlegerichtung quer zur Laufrichtung oder eine farbliche Absetzung, können auch gefährliche Stellen, wie Stufen, hervorgehoben werden.

Funktionelle Aufgaben der Beläge liegen vor allem in der Sicherstellung einer sicheren und angenehmen Begehbarkeit sowie in der Ableitung des auf die Flächen einwirkenden Niederschlagswassers. Im Hinblick auf die sichere Begehbarkeit kommen hauptsächlich Aspekte der Rutschsicherheit der durch das Außenklima beanspruchten Beläge in Betracht.

Den Belägen sowie deren Belagsaufbauten kommt eine wichtige Aufgabe bei der Entwässerung der Flächen von Balkonen, Loggien, Dachterrassen und Terrassen sowie hinsichtlich der Spritzwasserbeanspruchung zu (siehe auch Kapitel 2.5 und 4.3). Offene Beläge, die das auftreffende Wasser unmittelbar auf die Abdichtungsebene ableiten, benötigen nicht zwingend einen Bodeneinlauf in der Belagsebene. Auch bei solchen Belägen gilt jedoch eine Aufkantungshöhe der Abdichtung von mindestens 150 mm über der Oberkante des Belags.

Schadenrelevant sind Beläge von Balkonen, Loggien, Dachterrassen und Terrassen im Hinblick auf

- ihr Gefälle,
- ihre Spritzwasserbeanspruchung an aufgehenden Bauteilen,
- ihre Rutschsicherheit,
- ihre Stabilität und Tragfähigkeit,
- eine ausreichende Frostbeständigkeit des verwendeten Materials und
- eine ausreichende Dränung des Mörtelbetts.

Für Balkone, Loggien und Dachterrassen sowie für erdberührte Terrassen haben sich Plattenbeläge (meist aus Werksteinen) auf Splittbettungen und auf Stelzlagern bewährt. Häufig kommen auch Holzterrassenbeläge auf einer Holz- oder Metallunterkonstruktion vor.

Keramische Plattenbeläge im Mörtelbett werden in der heutigen Zeit eher selten ausgeführt. Derartige Konstruktionen sind anspruchsvoll und schadenanfällig, da bei einem Wasseranstau im Belagsbett die Gefahr des Auffrierens und von Kalkausblühungen besteht.

Normen und Regelwerke

Für die Ausführung der Beläge von Balkonen, Loggien, Dachterrassen und Terrassen sowie deren Belagsaufbauten gelten im Allgemeinen die technischen Regeln der jeweiligen Belagsmaterialien. Die wichtigsten dieser Regeln sind:

- **ATV DIN 18352** „Fliesen- und Plattenarbeiten" (2012),
- **ATV DIN 18332** „Naturwerksteinarbeiten" (2012),
- **ATV DIN 18333** „Betonwerksteinarbeiten" (2012),
- **ATV DIN 18318** „Verkehrswegebauarbeiten – Pflasterdecken und Plattenbeläge in ungebundener Ausführung, Einfassungen" (2015),
- **ZDB-Merkblatt „Außenbeläge"** (2008) für keramische Fliesen und Platten,
- **Fachregel 02 „Balkone und Terrassen"** (2007) für Holzbeläge und
- **Bautechnische Information Naturwerkstein 1.4 „Bodenbeläge, außen"** (2008).

2.6.2 Anforderungen an Beläge und Belagsaufbauten

Anforderungen an Beläge von Balkonen, Loggien, Dachterrassen und Terrassen bestehen hinsichtlich

- des Aussehens,
- der Ebenheit,
- der Rutschhemmung,

- der Frostbeständigkeit,
- der Entwässerung des Belagsaufbaus sowie
- der Tragfähigkeit und Stabilität.

Anforderungen an das **Aussehen** beschreiben letztlich optische Ansprüche, die subjektiv sind und daher im Vorfeld der Ausführung entsprechend vereinbart werden sollten (z. B. durch Bemusterung).

Anforderungen an die **Ebenheit** werden in DIN 18202 „Toleranzen im Hochbau – Bauwerke“ (2013) und DIN 18203-3 „Toleranzen im Hochbau – Teil 3: Bauteile aus Holz und Holzwerkstoffen“ (2008) beschrieben. ATV DIN 18333 bestimmt für Betonwerksteinarbeiten, dass Höhendifferenzen zwischen benachbarten Platten von bis zu 1,5 mm zulässig sind. Nach den Regeln des Arbeitsschutzes ist bei Höhendifferenzen ab 4 mm bereits von einer Stolpergefahr auszugehen (ASR A1.5/1,2 „Fußböden“ [2013], Abschnitt 3.4). Im Übrigen finden sich in den technischen Regeln der jeweiligen Materialien, z. B. den ZDB-Merkblättern des Fachverbandes Fliesen und Naturstein, einzelne Anforderungen oder Hinweise für die Ausbildung von Anschlüssen (Versätze/Überzähne). In der Regel sind bei üblich sorgfältiger handwerklicher Ausführung deutlich geringere Höhenversätze als 1,5 mm herstellbar.

Sicherheitsrelevante Anforderungen an die **Rutschsicherheit** kommen insbesondere bei Belägen zum Tragen, die Teil von Verkehrswegen oder Arbeitsstätten sind. Dies kann z. B. bei Fluchtbalkonen (Balkonen als Teil von Rettungswegen, siehe Kapitel 1.3) der Fall sein. Regelungen hierfür enthalten die „Technischen Regeln für Arbeitsstätten“ (ASR), die die Anforderungen der Arbeitsstättenverordnung (ArbStättV) vom 12. August 2004 konkretisieren. Nach der ASR A1.5/1,2 „Fußböden“ (2013) sind z. B. Balkone, auf denen keine betrieblichen Tätigkeiten ausgeführt werden, die aber als Regenerationsfläche betreten werden können, in den Bereich „Eingangsbereiche, außen“ einzuteilen. Für diesen Bereich wird eine Bewertungsgruppe der Rutschgefahr von R 11 oder R 10 gefordert. Das heißt, vereinfacht gesagt, dass eine Person auf diesen Flächen bei einem Neigungswinkel von bis zu 27° sicher gehen können muss (vgl. ASR A1.5/1,2 [2013], Anhang 1 und 2). Werden auf dem Balkon betriebliche Tätigkeiten durchgeführt, richtet sich die erforderliche Bewertungsgruppe der Rutschgefahr nach der Art der Tätigkeit (siehe ASR A1.5/1,2 [2013], Anhang 2).

Eine für den vorgesehenen Einsatz im Außenbereich ausreichende **Frostbeständigkeit** ist genauso obligatorisch wie eine ausreichende **Tragfähigkeit** und **Stabilität** für die vorgesehene Belastung. Die Tragfähigkeit muss im Zweifelsfall nachgewiesen werden.

Eine ausreichende **Entwässerung** des Belagsaufbaus und die Verwendung geeigneter Mörtel und Betone ist für die Frostbeständigkeit ebenso wichtig wie für die Vermeidung von Ausblühungen und Verfärbungen an der Oberfläche. Hinweise hierzu finden sich im ZDB-Merkblatt „Außenbeläge“ (2008) sowie in der Bautechnischen Information Naturwerkstein 1.4 „Bodenbeläge, außen“ (2008).

Besonders ist darauf hinzuweisen, dass eine Abdichtung des Bauwerks gegen von außen eindringende Feuchtigkeit mit Balkonbelägen in der Regel nicht erreicht werden kann, sodass eine weitere Abdichtung nach den allgemein anerkannten Regeln der Technik erforderlich ist. Eine Ausnahme hiervon stellt allenfalls eine begehbare Ausbildung der Balkonabdichtung selbst dar (z. B. mit Flüssigkunststoffen nach Eignungsnachweis), bei der die Abdichtung gleichzeitig auch die Belagsschicht ist. In diesem Fall ist selbstverständlich keine weitere Abdichtung erforderlich.

Praxistipp

Die früher häufige Handhabung, Balkonplatten durch das Aufbringen eines keramischen Belags vor Wassereintritt zu schützen, genügt den heutigen allgemein anerkannten Regeln der Technik schon seit Langem nicht mehr. Zwar sind beispielsweise keramische Fliesen in der Fläche wasserdicht. Durch unvermeidbare Rissbildungen im Fugenbereich kann jedoch Wasser in den Belagsuntergrund eindringen.

2.6.2.1 Anforderungen nach ATV DIN 18352

Die ATV DIN 18352 regelt das Ansetzen und Verlegen von

- keramischen Fliesen, Platten und keramischem Mosaik sowie
- Solnhofener Platten, Natursteinfliesen, Natursteinmosaik und Natursteinriemchen.

In Tabelle 2.8 werden die wichtigsten Anforderungen der ATV DIN 18352 dargestellt. Für keramische Fliesen und Platten sowie für keramisches

Tabelle 2.8: Anforderungen an Fliesen- und Plattenarbeiten nach ATV DIN 18352

Anforderung an	Kriterium	Anforderungen
Solnhofener Platten, Natursteinfliesen, Natursteinmosaik, Natursteinriemchen	Aussehen	Farb- und Strukturschwankungen, Änderungen und Einschlüsse, bedingt durch das naturgebundene Vorkommen, sind zulässig.
	Plattendicken Solnhofener Platten	Platten für Wandbekleidungen mit Seitenlängen bis 30 cm: 7 mm 30 bis 40 cm: 9 mm
		Platten für Bodenbeläge mit Seitenlängen bis 35 cm: 10 mm über 35 cm: 15 mm
		Platten für Bodenbeläge im Dünnbett: 10 mm
	Plattendicken Natursteinfliesen und Natursteinriemchen	Natursteinfliesen mit Seitenlängen bis 40 cm: 7 mm
		Natursteinriemchen: 10 mm
	Maßabweichungen gesägte Natursteinfliesen	bis 12 mm Dicke: Abweichungen vom Nennmaß bis ± 0,5 mm in Länge, Breite und Dicke zulässig
		ab 12 mm Dicke und bis 60 cm Kantenlänge: Abweichungen vom Nennmaß in der Dicke bis ± 1,5 mm, in der Länge und Breite bis ± 1 mm zulässig

Tabelle 2.8 (Fortsetzung): Anforderungen an Fliesen- und Plattenarbeiten nach ATV DIN 18352

Anforderung an	Kriterium	Anforderungen
Fliesen und Platten aus Keramik und aus Naturstein	Versetzen und Verlegen Dickbett: Nenndicke des Mörtelbetts	Wandbekleidungen: 15 mm
		Bodenbeläge: 20 mm
		Bodenbeläge auf Trennschichten innen: 30 mm
		Bodenbeläge auf Trennschichten außen: 50 mm
		Bodenbeläge auf Dämmschichten innen: 45 mm
		Bodenbeläge auf Dämmschichten außen: 50 mm
	Dickbett: Zementart	bei keramischen Fliesen und Platten: Zement nach DIN 1164-10 und DIN EN 197-1[1)]
		bei Solnhofener Platten, Natursteinfliesen, Natursteinmosaik und Natursteinriemchen: Trasszement
	Dünnbett: keramische Bekleidungen	Ausführung nach DIN 18157-1, -2 und -3[2)]
Fliesen und Platten aus Keramik und aus Naturstein	Fugen	gleichmäßig breit
		Toleranzen der Belagsstoffe sind in den Fugen auszugleichen.
	Fugenbreiten	trockengepresste keramische Fliesen und Platten mit Seitenlängen bis 10 cm: 1 bis 3 mm über 10 cm: 2 bis 8 mm
		stranggepresste keramische Fliesen und Platten mit Seitenlänge bis 30 cm: 4 bis 10 mm über 30 cm: mindestens 10 mm
		Bodenklinkerplatten: 8 bis 15 mm
		Solnhofener Platten, Natursteinfliesen: 2 bis 3 mm
		Naturstein- und Glasmosaik, Natursteinriemchen: 1 bis 3 mm
	Fugenanordnung	Anordnung nach DIN 18157-1, -2 und -3 und Schließen mit Fugendichtmassen
		Gebäudetrennfugen an gleicher Stelle in den Belag übernehmen

1) DIN 1164-10 „Zement mit besonderen Eigenschaften – Teil 10: Zusammensetzung, Anforderungen und Übereinstimmungsnachweis von Zement mit niedrigem wirksamen Alkaligehalt" (2013), DIN EN 197-1 „Zement – Teil 1: Zusammensetzung, Anforderungen und Konformitätskriterien von Normalzement" (2011)
2) DIN 18157-1 „Ausführung keramischer Bekleidungen im Dünnbettverfahren; Hydraulisch erhärtende Dünnbettmörtel" (1979), DIN 18157-2 „Ausführung keramischer Bekleidungen im Dünnbettverfahren, Dispersionsklebstoffe" (1982), DIN 18157-3 „Ausführung keramischer Bekleidungen im Dünnbettverfahren; Epoxidharzklebstoffe" (1986)

Mosaik gelten außerdem die Produktnormen DIN 18158 „Bodenklinkerplatten" (1986) und DIN EN 14411 „Keramische Fliesen und Platten – Definitionen, Klassifizierung, Eigenschaften, Konformitätsbewertung und Kennzeichnung" (2012).

2.6.2.2 Anforderungen nach ATV DIN 18332

Die ATV DIN 18332 regelt das Einbauen, Verlegen und Versetzen von Naturwerksteinen. Dabei gelten Naturwerksteine mit einer Dicke von bis zu 80 mm als Platten und von über 80 mm als massive Werkstücke. In Tabelle 2.9 werden die wichtigsten Anforderungen der ATV DIN 18332 dargestellt.

Für Naturwerksteine gelten außerdem die Produktnormen DIN EN 12057 „Natursteinprodukte – Fliesen – Anforderungen" (2015) und DIN EN 12058 „Natursteinprodukte – Bodenplatten und Stufenbeläge – Anforderungen" (2015).

Tabelle 2.9: Anforderungen an Naturwerksteinarbeiten nach ATV DIN 18332

Anforderung an	Kriterium	Anforderungen
Toleranzen	Grenzabmaße Dicke	bis 30 mm Dicke: ± 10 %
		über 30 mm Dicke: ± 3 mm
		über 50 mm Dicke: ± 5 mm
	Grenzabmaße Länge	bis 60 cm Länge: ± 1 mm
		über 60 cm Länge: ± 2 mm
		über 80 mm Dicke: ± 5 mm
	Winkelabweichung	0,2 %, bezogen auf die Kantenlänge, maximal 2 mm
	Ebenheitstoleranz	polierte und geschliffene Oberflächen: 0,2 % der größten Plattenlänge, maximal 2 mm
Aussehen	Farb-, Struktur- und Textur-schwankungen	innerhalb desselben Vorkommens gemäß Bandbreite der Bemusterung zulässig
Ausbesserungen	beschädigte Werkstücke	bei neuen Werkstücken nur mit Zustimmung des Auftraggebers
	bunter Marmor	sachgemäßes Kitten zulässig
		Verstärkung durch Unterlegung und Bewehrung zulässig
		Im Einvernehmen mit dem Auftraggeber dürfen Klammern, Schienen, Dübel und Vierungen eingesetzt werden.
	Sandstein oder Kalkstein	bei massiven Stücken mit abgewickelter Ansichtsfläche > 0,5 m^2: Einbau von Vierungen bei Nestern, Tongallen und Kohleeinsprengungen bis 10 cm × 10 cm Ansichtsfläche zulässig
		benachbarte Vierungen mit Abstand von mindestens 2 m
Versetzen und Verlegen	Verlegemörtel	für Plattenbeläge und Wandbeläge Trasszement nach DIN 1164-1
		für verfärbungsempfindliche Gesteine geeigneter Spezial-Trasszement oder Schnellzement
		Mischungsverhältnis Zement zu Sand im Innenbereich: 1 : 4 im Außenbereich: 1 : 3

Tabelle 2.9 (Fortsetzung): Anforderungen an Naturwerksteinarbeiten nach ATV DIN 18332

Anforderung an	Kriterium	Anforderungen
	Dickbett: Nenndicke des Mörtelbetts	Wandbeläge: 10 bis 20 mm
		Bodenbeläge innen: 10 bis 20 mm
		Bodenbeläge außen: 10 bis 30 mm
	Plattendicken	Bodenbeläge im Freien auf Splitt oder Kies: mindestens 30 mm
	Plattengrößen	Bodenbeläge im Freien auf Splitt oder Kies: mindestens 0,16 m^2 Kantenlänge ≥ 30 cm
Fugen	Plattenfugen	gleichmäßig breit
		Toleranzen der Belagsstoffe sind in den Fugen auszugleichen.
		mineralische Mörtelfugen bei Plattenformaten bis 60 cm Kantenlänge: etwa 3 mm über 60 cm Kantenlänge: etwa 5 mm
	Bewegungsfugen	Bewegungsfugen entsprechend den zu erwartenden Bewegungen
		Bauwerkstrennfugen in den Belag an gleicher Stelle übernehmen
		Trenn-, Bewegungs- und Anschlussfugen innen: mindestens 5 mm außen: mindestens 8 mm
		Fugenverschluss mit Dichtstoffen

2.6.2.3 Anforderungen nach ATV DIN 18333

Die ATV DIN 18333 regelt das Einbauen, Verlegen und Versetzen von Betonwerksteinen. In Tabelle 2.10 werden die wichtigsten Anforderungen der ATV DIN 18333 dargestellt. Für Betonwerksteine gilt außerdem die Produktnorm DIN V 18500 „Betonwerkstein – Begriffe, Anforderungen, Prüfung, Überwachung" (2006).

Tabelle 2.10: Anforderungen an Betonwerksteinarbeiten nach ATV DIN 18333

Anforderung an	Kriterium	Anforderungen
Aussehen	Farb- und Strukturschwankungen	zulässig, wenn durch unterschiedliche Herstellungsverfahren bei gleicher Betonzusammensetzung bedingt
		Farbschwankungen zulässig innerhalb des gleichen Zuschlags, die durch das naturbedingte Vorkommen entstehen

Tabelle 2.10 (Fortsetzung): Anforderungen an Betonwerksteinarbeiten nach ATV DIN 18333

Anforderung an	Kriterium	Anforderungen
Toleranzen	Höhendifferenzen zwischen benachbarten Platten	≤ 1,5 mm
	Unebenheiten	nach DIN 18202, auch wenn bei Streiflicht sichtbar
Bettung	Bodenbeläge im Dickbett	Mörtelbett mindestens 15 mm dick, nicht dicker als 30 mm
	Bodenbeläge auf Dämmschicht	Mörtelbett mindestens 45 mm dick
Fugen	Plattenfugen	gleichmäßig breit
		Ausgleich der Maßabweichungen der Belagsstoffe in der Fuge
		Fugenbreiten bei Betonwerksteinplatten im Mörtelbett bei Kantenlängen bis 60 cm: 3 mm über 60 cm: 5 mm
		Fugenbreiten bei Betonwerksteinplatten ohne Mörtelbett (z. B. auf Stelzlagern): 5 mm
	Bewegungsfugen	Feldbegrenzungsfugen im Abstand von etwa 6 m
		Gebäudetrennfugen, Feldbegrenzungsfugen und Anschlussfugen bleiben offen.
		Gebäudetrennfugen an gleicher Stelle in Plattenbelag übernehmen

2.6.2.4 Anforderungen nach ATV DIN 18318

Die ATV DIN 18318 regelt die Befestigung von

- Straßen und Wegen aller Art,
- Plätzen,
- Höfen sowie
- Bahnsteigen und Gleisanlagen

mit Pflastersteinen und Platten sowie das Herstellen von Einfassungen und Rinnen. Sie gilt auch für eine Ausführung mit Betonwerksteinen, Klinkern, Ziegeln und Naturwerksteinen. In Tabelle 2.11 werden die wichtigsten Anforderungen der ATV DIN 18318 dargestellt.

Tabelle 2.11: Anforderungen an die Befestigung von Balkonen, Loggien, Dachterrassen und Terrassen (Plätzen) sowie deren Einfassungen nach ATV DIN 18318

Anforderung an	Kriterium	Anforderungen
Filterstabilität	Bettungsstoff	filterstabil gegenüber dem Untergrund
	Fugenfüllstoff	filterstabil gegenüber dem Bettungsstoff
Plattenzuschnitte	Länge	mindestens halbe Länge des ungekürzten Steins oder der ungekürzten Platte

Tabelle 2.11 (Fortsetzung): Anforderungen an die Befestigung von Balkonen, Loggien, Dachterrassen und Terrassen (Plätzen) sowie deren Einfassungen nach ATV DIN 18318

Anforderung an	**Kriterium**	**Anforderungen**
Toleranzen	Pflasterdecken und Plattenbeläge	Abweichungen der Oberfläche von der Sollhöhe: ≤ 2 cm
		Unebenheiten: ≤ 1 cm bei 4 m Messstrecke, bei Natursteinen: ≤ 2 cm
		höhengleicher Anschluss bei Baustoffen mit ebener Oberfläche, Versatz: ≤ 2 mm bei grobrauer Oberfläche: ≤ 5 mm
		ausführungsbedingte Abweichungen vom vorgegebenen Gefälle: ≤ 0,4 %
	Randeinfassungen mit Steinen	Abweichungen der Oberfläche von der Sollhöhe: ≤ 2 cm
		Abweichungen des Sollabstands von der Bezugsachse: ≤ 2 cm
		Abweichungen in der Flucht bei Steinen mit ebener Oberfläche: ≤ 2 mm
		Abweichungen in der Flucht bei Steinen mit grobrauer Oberfläche: ≤ 5 mm
		An Randeinfassungen und Einbauten anschließende Oberflächen müssen 3 bis 5 mm über der Oberfläche der Randeinfassungen/Einbauten liegen.
		An wasserführende Rinnen anschließende Oberflächen müssen 3 bis 10 mm über der Oberfläche der wasserführenden Rinne liegen.
Gefälle (nur wenn Wasserableitung durch Belag erforderlich ist; nicht bei offenen Belägen)	Pflasterdecken und Plattenbeläge	Natursteine mit grob bearbeiteter oder gespaltener Oberfläche auf Fahrbahnen: ≥ 3,5 % auf sonstigen Flächen: ≥ 3,0 %
		Baustoffe mit ebenen Oberflächen: ≥ 2,5 %
	Entwässerungsrinnen	Längsgefälle: ≥ 0,5 %
Decken aus Betonsteinpflaster	Bettung	Dicke im verdichteten Zustand: 3 bis 5 cm ab Nenndicke der Pflastersteine von 120 mm: 4 bis 6 cm
		Bettungsstoffe aus Gesteinskörnungen 0/4, 0/5 oder 0/8 mm ab Nenndicke der Steine von 120 mm und Bettungsdicke > 4 cm: Gesteinskörnung 0/11 mm
	Versetzen und Verlegen	gleichmäßiger Verband in Reihen mit versetzten Fugen
		Fugenbreiten: 3 bis 5 mm
		Fugenbreiten bei Steinen mit Nenndicke ab 120 mm: 5 bis 8 mm
Decken aus Natursteinpflaster	Bettung	Dicke im verdichteten Zustand: 3 bis 5 cm ab Nenndicke der Pflastersteine von 120 mm: 4 bis 6 cm
		Bettungsstoffe aus Gesteinskörnungen 0/4, 0/5 oder 0/8 mm ab Nenndicke der Steine von 120 mm und Bettungsdicke > 4 cm: Gesteinskörnung 0/11 mm
	Versetzen und Verlegen	engfugige Verlegung mit versetzten Fugen
		Fugenbreiten bei einer Nenndicke der Steine bis 60 mm: maximal 6 mm 60 bis 120 mm: maximal 10 mm ab 120 mm: maximal 15 mm

Tabelle 2.11 (Fortsetzung): Anforderungen an die Befestigung von Balkonen, Loggien, Dachterrassen und Terrassen (Plätzen) sowie deren Einfassungen nach ATV DIN 18318

Anforderung an	Kriterium	Anforderungen
		Fugenbreiten bei bearbeiteten Steinen: mindestens 10 mm
		Pressfugen sind unzulässig.
		Kreuzfugen sind zu vermeiden.
		Fugenachsen mit gleichmäßigem Verlauf bei Verlegung in Reihen
Plattenbeläge	Bettung	Dicke im verdichteten Zustand: 3 bis 5 cm ab Nenndicke der Platten von 120 mm: 4 bis 6 cm
		Bettungsstoffe aus Gesteinskörnungen 0/4, 0/5 oder 0/8 mm ab Nenndicke der Platten von 120 mm und Bettungsdicke > 4 cm: Gesteinskörnung 0/11 mm
	Versetzen und Verlegen	parallel zur Randeinfassung oder zu einer anderen festgelegten Achse
		Verlegung im Verband mit versetzten Fugen
		Fugenbreiten: 3 bis 5 mm
		Fugenbreiten bei Platten mit Nenndicke ab 120 mm: 5 bis 10 mm
Einfassungen	Fundament	20 cm dick, aus Beton C 12/15 mit Rückenstütze
	Versetzen und Verlegen	Verlegung der Einfassungen auf dem noch verarbeitbaren Fundamentbeton
		Rückenstütze mindestens 15 cm dick in Schalung herstellen
		Fundamentbreite wie Einfassungssteinbreite zzgl. Rückenstütze und ggf. zzgl. Rinnenstein
		Bewegungsfugen von Entwässerungsrinnen aus Rinnensteinen sind im Fundament und in der Rückenstütze durchgängig auszubilden.
		Stoßfugenbreite von Bord- und Einfassungssteinen: etwa 5 mm

2.6.2.5 Anforderungen nach dem ZDB-Merkblatt „Außenbeläge"

Das ZDB-Merkblatt „Außenbeläge" (2008) beschreibt den Aufbau von Balkon- und Terrassenkonstruktionen bei Wohngebäuden und Gebäuden mit ähnlicher Nutzung. Das Merkblatt unterscheidet dabei zwischen **Belagskonstruktionen**

- mit Abdichtungen nach der Normenreihe DIN 18195,
- mit Verbundabdichtungen,
- auf Kies-/Splittschicht oder Stelzlager und
- im Mörtel- oder Splittbett auf mineralischer Tragschicht.

In Tabelle 2.12 werden die wichtigsten Anforderungen an Beläge von Balkonen, Loggien, Dachterrassen und Terrassen nach dem ZDB-Merkblatt „Außenbeläge" (2008) dargestellt.

Tabelle 2.12: Anforderungen an Beläge von Balkonen, Loggien, Dachterrassen und Terrassen nach dem ZDB-Merkblatt „Außenbeläge" (2008)

Konstruktionsart	Kriterium	Anforderungen
Belagskonstruktionen mit Abdichtungen nach der Normenreihe DIN 18195 Beispiel: Außenbeläge über genutzten Räumen (Dachterrassen)	Untergrund	tragfähig (z. B. Stahlbetondecke)
		Gefälle: wie Oberflächengefälle
	Gefälle	Anordnung auf dem tragenden Untergrund unterhalb der Abdichtung
		als Gefälledämmung oder Gefälleestrich
	Dampfsperre	auf dem tragenden Untergrund diffusionshemmende Schicht mit ausreichendem Dampfsperrwert, z. B. aus Bitumendampfsperrbahnen, oder Wärmedämmschicht aus Schaumglas
	Dämmstoffe	Anordnung über der Dampfsperre
		aufgeklebt oder lose verlegt
		Dämmstoffe müssen ausreichend tragfähig sein. Besondere Lasten (z. B. Stelzlager) sind zu beachten.
		Wärmedämmung oberhalb der Trittschalldämmung
		Zusammendrückbarkeit der Dämmschicht: $\leq$ 2 mm
	Abdichtung	auf tragendem Untergrund oder Dämmstoff mit Gefälle
		Abdichtung nach der Normenreihe DIN 18195 oder der Flachdachrichtlinie (2011) erforderlich
		planmäßige Gefällegebung erforderlich, sodass das auf die Abdichtung einwirkende Wasser keinen bzw. nur einen geringfügigen hydrostatischen Druck ausübt
		Anschlüsse an aufgehenden Bauteilen mindestens 150 mm über Oberkante Belag führen
		Anschlüsse am oberen Ende hinterlaufsicher ausbilden; Niederschlagswasser darf nicht eindringen.
		Verringerung der Anschlusshöhe auf 50 mm bei besonderen Maßnahmen (Gitterrostrinnen, Überdachung) möglich
		Anschlusshöhen unter 50 mm können allein durch die Abdichtung nicht dicht ausgeführt werden. Es sind weitere Maßnahmen (z. B. Türrahmen mit Anschlussflansch, Vordächer) erforderlich.
	Schutz-/Trennlage	Schutzlage auf der Abdichtung zum Schutz vor mechanischen Einwirkungen
		auf einlagigen Abdichtungen Schutzlage zwingend erforderlich, auf mehrlagigen Abdichtungen möglich
		Trennlage auf der Abdichtung erforderlich, um den Eintrag horizontaler Kräfte in die Abdichtung zu vermeiden
		Schutzlage nach DIN 18195-2, z. B. Geovliese mit einem Flächengewicht von mindestens 300 g/m^2 und einer Dicke von mindestens 2 mm

Tabelle 2.12 (Fortsetzung): Anforderungen an Beläge von Balkonen, Loggien, Dachterrassen und Terrassen nach dem ZDB-Merkblatt „Außenbeläge" (2008)

Konstruktionsart	Kriterium	Anforderungen
	Dränageschicht	erforderlich, wenn die Abdichtung nicht im Verbund mit dem Fliesenbelag erfolgt
		Anordnung auf der Abdichtung/Schutzlage
		Ausführung als Dränagematten, Dränagemörtel oder Dränagekies
	Lastverteilungsschicht	Anordnung auf der Dränageschicht
		als Zementestrich nach der Normenreihe DIN 18560[1)], Gesteinskörnung: 0/8 mm
		Dicke: mindestens 50 mm
		Bewegungsfugen im Estrich an gleicher Stelle wie im Belag
	Estrichbewehrung	Durch Einbau können Rissbreiten und Rissversätze verringert werden.
		Bewehrung aus verzinkten Betonstahlmatten empfohlen
		Maschenweite: 50/50 oder 75/75 mm
		Faserbewehrung möglich
	Fliesen und Platten	frostbeständige keramische Fliesen und Platten nach DIN EN 14411, Bodenklinkerplatten nach DIN 18158, Naturwerkstein nach DIN EN 12057 und DIN EN 12058 oder Betonwerkstein nach DIN V 18500 möglich
		Helle Beläge sind zur Vermeidung einer Aufheizung zu bevorzugen.
	Fugen (Beläge im Mörtelbett)	Feldbegrenzungsfugen im Abstand von 2 bis 5 m je nach zu erwartender Längenänderung und Farbe des Belags
		Rand- und Anschlussfugen zur Vermeidung einer Einspannung des Belags
		Aufteilung in Felder mit gedrungenem Seitenverhältnis (bis ca. 1 : 2)
		Fugenbreite: 6 bis 12 mm
		Fugentiefe: bis zur Dränageschicht
		Fugenverfüllung mit elastischen Fugenfüllstoffen
		Bauwerksfugen an gleicher Stelle in den Belag übernehmen
	Gefälle des Belags	ca. 1 bis 2 %

Tabelle 2.12 (Fortsetzung): Anforderungen an Beläge von Balkonen, Loggien, Dachterrassen und Terrassen nach dem ZDB-Merkblatt „Außenbeläge" (2008)

Konstruktionsart	Kriterium	Anforderungen
Belagskonstruktionen mit Verbundabdichtung Beispiele: Außenbeläge auf • Balkonkragplatten • erdberührten Terrassen • Treppen im Außenbereich	Untergrund	tragfähig (z. B. Stahlbetondecke)
		Gefälle: wie Oberflächengefälle
	Gefälle	unterhalb der Abdichtung
		als Gefälledämmung mit Lastverteilungsschicht oder Gefälleestrich
	Verbundabdichtung	bei Terrassen über bewohnten Räumen zusätzlich Abdichtung nach der Normenreihe DIN 18195 erforderlich
		Anordnung der Verbundabdichtung auf dem tragenden Untergrund mit Gefälle
		Verbundabdichtung gemäß ZDB-Merkblatt „Verbundabdichtungen" (2012)
		Wandanschluss- und Feldbegrenzungsfugen mit schlaufenförmig verlegten Dichtbändern
	Anschlüsse	Abdichtungen an aufgehenden Bauteilen mindestens 150 mm über Belag
		Anschlüsse an aufgehenden Bauteilen mindestens 150 mm über Oberkante Belag führen
		Anschlüsse am oberen Ende hinterlaufsicher ausbilden; Niederschlagswasser darf nicht eindringen.
		Verringerung der Anschlusshöhe auf 50 mm bei besonderen Maßnahmen (Gitterrostrinnen, Überdachung) möglich
		Anschlusshöhen unter 50 mm können allein durch die Abdichtung nicht dicht ausgeführt werden. Es sind weitere Maßnahmen (z. B. Türrahmen mit Anschlussflansch, Vordächer) erforderlich.
	Fliesen und Platten	frostbeständige keramische Fliesen und Platten nach DIN EN 14411, Bodenklinkerplatten nach DIN 18158, Naturwerkstein nach DIN EN 12057 und DIN EN 12058 oder Betonwerkstein nach DIN V 18500 möglich
		Helle Beläge sind zur Vermeidung einer Aufheizung zu bevorzugen.
	Fugen	Feldbegrenzungsfugen im Abstand von 2 bis 5 m je nach zu erwartender Längenänderung und Farbe des Belags
		Rand- und Anschlussfugen zur Vermeidung einer Einspannung des Belags
		Aufteilung in Felder mit gedrungenem Seitenverhältnis (bis ca. 1 : 2)
		Fugenbreite: 6 bis 12 mm
		Fugentiefe: bis zur Dränageschicht
		Fugenverfüllung mit elastischen Fugenfüllstoffen
		Bauwerksfugen an gleicher Stelle in den Belag übernehmen
	Gefälle des Belags	ca. 1 bis 2 %

Tabelle 2.12 (Fortsetzung): Anforderungen an Beläge von Balkonen, Loggien, Dachterrassen und Terrassen nach dem ZDB-Merkblatt „Außenbeläge" (2008)

Konstruktionsart	Kriterium	Anforderungen
Belagskonstruktionen auf Kies-/Splittschicht oder Stelzlager Beispiele: Außenbeläge auf • Balkonkragplatten • Dachterrassen • erdberührten Terrassen	Untergrund	tragfähig (z. B. Stahlbetondecke)
		Stehendes Wasser darf nicht zur Durchfeuchtung des Belages führen, ggf. Gefälle vorsehen.
	Dampfsperre	unter der Dämmschicht
	Dämmstoffe	auf dem tragenden Untergrund diffusionshemmende Schicht mit ausreichendem Dampfsperrwert, z. B. aus Bitumendampfsperrbahnen, oder Wärmedämmschicht aus Schaumglas
		Anordnung über der Dampfsperre
		aufgeklebt oder lose verlegt
		Dämmstoffe müssen ausreichend tragfähig sein. Besondere Lasten (z. B. Stelzlager) sind zu beachten.
		Wärmedämmung oberhalb der Trittschalldämmung
		Zusammendrückbarkeit der Dämmschicht: ≤ 2 mm
	Abdichtung	auf tragendem Untergrund oder Dämmstoff mit Gefälle
		Abdichtung nach der Normenreihe DIN 18195 oder der Flachdachrichtlinie (2011) erforderlich
		planmäßige Gefällegebung erforderlich, sodass das auf die Abdichtung einwirkende Wasser keinen bzw. nur einen geringfügigen hydrostatischen Druck ausübt
		Anschlüsse an aufgehenden Bauteilen mindestens 150 mm über Oberkante Belag führen
		Anschlüsse am oberen Ende hinterlaufsicher ausbilden; Niederschlagswasser darf nicht eindringen.
		Verringerung der Anschlusshöhe auf 50 mm bei besonderen Maßnahmen (Gitterrostrinnen, Überdachung) möglich.
		Anschlusshöhen unter 50 mm können allein durch die Abdichtung nicht dicht ausgeführt werden. Es sind weitere Maßnahmen (z. B. Türrahmen mit Anschlussflansch, Vordächer) erforderlich.
	Schutz-/Trennlage	Schutzlage auf der Abdichtung zum Schutz vor mechanischen Einwirkungen
		auf einlagigen Abdichtungen Schutzlage zwingend erforderlich, auf mehrlagigen Abdichtungen möglich
		Bei Umkehrdachkonstruktionen bildet die Wärmedämmung die Schutzlage. Auf der Umkehrdachdämmung ist eine Trennlage erforderlich.
		Trennlage auf der Abdichtung erforderlich, um den Eintrag horizontaler Kräfte in die Abdichtung zu vermeiden, nach DIN 18195-2 PE-Folie, mindestens 0,2 mm dick
		Schutzlage nach DIN 18195-2, z. B. Geovliese mit einem Flächengewicht von mindestens 300 g/m^2 und einer Dicke von mindestens 2 mm

Tabelle 2.12 (Fortsetzung): Anforderungen an Beläge von Balkonen, Loggien, Dachterrassen und Terrassen nach dem ZDB-Merkblatt „Außenbeläge" (2008)

Konstruktionsart	Kriterium	Anforderungen
	Auflager für Belag	auf der Schutz-/Trennlage: • flächige Auflagerung auf dränagefähiger Splitt-/Kiesschicht • punktförmige Auflagerung im Bereich des Fugenkreuzes mit Stelzlagern aus Kunststoff, Gummischeiben, ggf. druckverteilende Unterlage • punktförmige Auflagerung mit Zementmörtelbatzen (ggf. mit Kunststofffolie umhüllt)
	Fliesen und Platten	großformatige Betonwerksteinplatten, frostbeständig
		Naturwerkstein, frostbeständig
		Keramik bzw. Keramikelemente, frostbeständig
		empfohlene Plattengröße: $\geq$ 40 cm $\times$ 40 cm
		empfohlene Plattendicke: ca. 30 mm sonst entsprechend Belastung wählen
	Fugen des Belags	offene Fugen (Stelzlager) oder mit ungebundenen Stoffen verfüllte Fugen
		Fugenbreiten: bis 10 mm, Anschluss- und Bauwerksfugen ggf. auch breiter
	Entwässerung	Bei fehlender Entwässerungsmöglichkeit über die Fugen ist ein entsprechendes Gefälle der Belagsoberfläche erforderlich.
		Die Abdichtungsebene muss über den Bodenablauf entwässert werden.
		Ein Aufsatz bis zur Oberkante des Belags kann erforderlich sein.
		Der Bodenablauf muss für Wartungsarbeiten leicht zugänglich sein.
		Bei Verwendung einer Kiesschicht als Dränageschicht ist der Ablauf mit einer mindestens 30 mm dicken Grobkiesschicht zu umgeben.
	Gefälle des Belags	Bei offenen Fugen und bei mit Brechsand, Splitt oder magerem Trasszement gefüllten Fugen nicht erforderlich.
Belagskonstruktionen im Mörtel- oder Splittbett auf mineralischer Tragschicht Beispiele: • Terrassenbeläge • Gehwege • Hauszugänge	Untergrund	Erdplanum oder Auffüllungen, ausreichend verdichtet
	Entwässerung	ausreichende Entwässerung des Unterbaus beachten, bei bindigen Böden ggf. Gefälle im Erdplanum und Dränagen vorsehen
	mineralische Tragschicht	Anordnung auf dem Erdplanum
		aus Mischkies, Mineralgemisch oder Schotter 0/45 mm, verdichtet als kapillarbrechende Schicht
		Dicke entsprechend Verkehrslast: ca. 10 bis 30 cm
	wasserdurchlässige Abdeckung	Verlegung auf der mineralischen Tragschicht
		wasserdurchlässiges Glasvlies, gelochte Folien o. Ä.
	Verlegung im Mörtel- oder Splittbett	Bettungsschicht auf der abgedeckten Tragschicht
		Zementmörtel, Einkornmörtel, Splittbettung

Tabelle 2.12 (Fortsetzung): Anforderungen an Beläge von Balkonen, Loggien, Dachterrassen und Terrassen nach dem ZDB-Merkblatt „Außenbeläge" (2008)

Konstruktionsart	Kriterium	Anforderungen
	Oberflächengefälle	ca. 1 bis 2 %
	Platten	frostbeständige keramische Fliesen und Platten nach DIN EN 14411, Bodenklinkerplatten nach DIN 18158, Naturwerkstein nach DIN EN 12057 und 12058 oder Betonwerkstein nach DIN V 18500 möglich
		Helle Beläge sind zur Vermeidung einer Aufheizung zu bevorzugen.
	Fugen des Belags	offen oder mit Brechsand, Splitt oder magerem Zementmörtel gefüllt
		Fugenbreiten: bis 15 mm, bei polygonal und handbekanteten Platten auch mehr

1) DIN 18560-1 „Estriche im Bauwesen – Teil 1: Allgemeine Anforderungen, Prüfung und Ausführung" (2015), DIN 18560-2 „Estriche im Bauwesen – Teil 2: Estriche und Heizestriche auf Dämmschichten (schwimmende Estriche)" (2009), DIN 18560-3 „Estriche im Bauwesen – Teil 3: Verbundestriche" (2006)

2.6.2.6 Anforderungen nach der Fachregel 02 „Balkone und Terrassen"

Die Fachregel 02 „Balkone und Terrassen" (2007) regelt die Planung und Ausführung von handwerklichen Balkon- und Terrassenkonstruktionen mit Vollholz, geklebten Holzbauteilen und Holzwerkstoffen. Tabelle 2.13 zeigt ihre wichtigsten Anforderungen an Beläge von Balkonen, Loggien, Dachterrassen und Terrassen im Überblick.

Tabelle 2.13: Anforderungen an Beläge von Balkonen, Loggien, Dachterrassen und Terrassen nach der Fachregel 02 „Balkone und Terrassen" (2007)

Anforderung an	**Kriterium**	**Anforderungen**					
Holzarten für Beläge	Schutzklassen 1 bis 4 (geschützte und ungeschützte Bereiche)	Afzelia, Bangkirai, Bongossi, Douglasie, Eiche, Lärche, Robinie, Teak					
	Schutzklassen 1, 2 und 4 (geschützte, ungeschützte und abgedeckte Bauteile, Verschleißbauteile)	zusätzlich Kiefer					
Einbaufeuchten	$d \leq 8$ cm	≤ 20 %					
	$8 < d \leq 16$ cm	≤ 25 %					
	$16 < d \leq 30$ cm	≤ 30 %					
Holzqualität	tragende Bauteile	mindestens Sortierklasse S 10 nach DIN 4074-1 bzw. LS 10 nach DIN 4074-5 und Schnittklasse S nach DIN 68365[1)]					
	nicht tragende Bauteile	mindestens Güteklasse II und Schnittklasse S nach DIN 68365					
	Einbaurichtung	Die Anordnung der Jahrringlage (rechte Seite/linke Seite) darf unbeachtet bleiben.					
Dicke der Belagsbretter		**Auflagerabstand in cm**					
		50	60	80	100	120	150
	Brettbreite in cm	**Mindestdicke der Bretter in cm**					
	10	3,0	3,2	3,7	4,2	4,6	5,1
	12	2,7	3,0	3,4	3,8	4,2	4,7
	14	2,5	2,7	3,2	3,5	3,9	4,3
	16	2,3	2,6	3,0	3,3	3,6	4,0
	18	2,2	2,4	2,8	3,1	3,4	3,8
	20	2,1	2,3	2,6	3,0	3,2	3,6
Fugen		Bei offenen Konstruktionen Mindestfugenbreite: 6 mm					
		Fugenbreite beim Einbau: mindestens 5 mm, höchstens 10 mm					
		Im Gebrauchszustand darf die Fugenbreite in einer zusammenhängenden Fläche um maximal 6 mm variieren.					
		Höhenversatz an Längs- und Querstößen: maximal 3 mm					
		Längsstöße müssen mit offenen Fugen von mindestens 3 mm und höchstens 10 mm ausgeführt werden.					
		In Schutzklasse 1 (geschützte Beläge) Beläge ohne Fugen zulässig.					

Tabelle 2.13 (Fortsetzung): Anforderungen an Beläge von Balkonen, Loggien, Dachterrassen und Terrassen nach der Fachregel 02 „Balkone und Terrassen" (2007)

Anforderung an	Kriterium	Anforderungen
Befestigungsmittel	Art	nicht rostend, Teilgewindeschrauben, Roste dürfen geklammert werden.
		Mindestdurchmesser der Schrauben: 4,5 mm
	Tiefe, Anzahl, Abstand	Mindesteinschraubtiefe: $4 \times d$
		Ab Belagsbreite 80 mm sind je Befestigungsstelle mindestens 2 Befestigungsmittel erforderlich.
		Befestigungsabstand bei Belägen aus Laubholz: maximal 60 cm
		Die Befestigung ist oberflächenbündig auszuführen. Eine Versenkung der Befestigungsmittel ist bei oberflächenbeschichteten Bauteilen bis 1 mm Tiefe, sonst bis 2 mm Tiefe zulässig.
	Abweichung	Befestigungsmittel dürfen nicht mehr als ± 5 mm von der Achse abweichen.
		Benachbarte Befestigungsmittel dürfen maximal 5 mm voneinander abweichen.
Belagsroste	Schutzklasse und Belagsdicke	Roste sind Verschleißteile (Schutzklasse 4).
		Bei Ausführung in Schutzklasse 3 (Vereinbarung erforderlich) müssen die Roste auf Gummi-, Kunststoff- oder Hartholzunterlagen verlegt werden, um direkten Wasserkontakt zu vermeiden.
		Mindestdicke der Beläge bei Rosten: 18 mm

d Dicke der Belagsbretter
1) DIN 4074-1 „Sortierung von Holz nach der Tragfähigkeit – Teil 1: Nadelschnittholz" (2012), DIN 4074-5 „Sortierung von Holz nach der Tragfähigkeit – Teil 5: Laubschnittholz" (2008), DIN 68365 „Schnittholz für Zimmererarbeiten – Sortierung nach dem Aussehen – Nadelholz" (2008)

2.6.2.7 Anforderungen nach der Bautechnischen Information Naturwerkstein 1.4 „Bodenbeläge, außen"

Die Bautechnische Information Naturwerkstein 1.4 „Bodenbeläge, außen" (2008) regelt das Versetzen und Verlegen von Naturwerkstein und wird als Versetzrichtlinie für Naturwerksteine den meisten Ausschreibungen zugrunde gelegt. Tabelle 2.14 zeigt ihre wichtigsten Anforderungen an Beläge von Balkonen, Loggien, Dachterrassen und Terrassen im Überblick.

Tabelle 2.14: Anforderungen an Beläge von Balkonen, Loggien, Dachterrassen und Terrassen nach der Bautechnischen Information Naturwerkstein 1.4 „Bodenbeläge, außen" (2008)

Anforderung an	Kriterium	Anforderungen
Untergrund	Tragfähigkeit	tragfähig, ggf. Einbau einer Lastverteilungsschicht erforderlich
Wasserführung	Entwässerung	Gefälle im Verlegeuntergrund und auf der Belagsoberfläche erforderlich
		Eine Verlegung in sickerfähigem Einkornmörtel und eine Anordnung von Dränageschichten kann die Austrocknung der Platten verbessern.
Aussehen	Kalkablagerungen	Bei starker Durchfeuchtung des Verlegemörtels sind Kalkablagerungen an Fugen und Plattenoberseiten unvermeidlich.
Beläge über Erdreich	Aufbau	Bei bindigen Böden ist zur Entwässerung ein Gefälle des Erdplanums oder eine Dränage erforderlich. Darauf ist eine Frostschutzschicht mit mindestens 15 cm Dicke aufzubringen.
		Bei nicht bindigen Böden mit ausreichender Wasserdurchlässigkeit kann die Bettung auch direkt auf das Erdplanum verlegt werden.
		Bettung der Platten aus • gewaschenem kapillarbrechendem Sand 0/2 mm oder 0/4 mm oder • Splitt 1/3 mm oder 2/5 mm oder • Brechsand-Splitt-Gemisch 0/5 mm
		Dicke der Bettung im verdichteten Zustand: 3 bis 5 cm
	Verlegung	fluchtgerecht und an den Fugen höhengleich
		Verlegung im Verband
		Fugenbreiten: mindestens 3 mm
Beläge im Verbund über Betontragschicht ohne Abdichtung	Aufbau[1)]	Mörtelbettdicke: ca. 2 cm
		ggf. Haftschlämme zwischen Beton und Verlegemörtel
		Fugenmörtel möglichst wasserundurchlässig
		Gefälle auf Belagsoberfläche und im Verlegeuntergrund erforderlich
		Wegen Staunässe im Mörtelbett sind Verfärbungen und Kalksinter auf der Oberfläche möglich.
		Die Verlegemethode ist für Beläge über Wohnräumen nicht geeignet.
Beläge im Verbund über Betonschichten mit Verbundabdichtung	Aufbau	Gefälle auf der Belagsoberfläche erforderlich
		Abdichtungsstoffe müssen für die Verwendung mit den jeweiligen Natursteinen geeignet sein.
		Wegen Staunässe im Mörtelbett sind Verfärbungen und Kalksinter auf der Oberfläche möglich.
Beläge auf Trennschichten	Aufbau	Zwischen dem Untergrund (z. B. Betondecke) und dem weiteren Aufbau ist eine Trennlage vorhanden (z. B. Estrich auf Trennlage).
		Über der Trennschicht ist eine lastverteilende Schicht (Estrich nach der Normenreihe DIN 18560 oder bei kleinen Flächen Verlegemörtel ≥ 35 mm dick) anzuordnen.
		Trennschichten oder Abdichtungen mit ausreichendem Gefälle verlegen
		Ein Dränagevlies auf der Abdichtung kann die Ableitung von Sickerwasser verbessern.[2)]
		Verlegung der Natursteinplatten im Dünn- oder Dickbett auf der Lastverteilungsschicht

Tabelle 2.14 (Fortsetzung): Anforderungen an Beläge von Balkonen, Loggien, Dachterrassen und Terrassen nach der Bautechnischen Information Naturwerkstein 1.4 „Bodenbeläge, außen" (2008)

Anforderung an	Kriterium	Anforderungen
Beläge auf Estrich über Dämmschichten	Aufbau	Estrich nach DIN 18560-2 auf Dämmung zur Lastverteilung erforderlich
		Verlegung der Natursteinplatten im Dünn- oder Dickbett auf der Lastverteilungsschicht
		Ein Dränagevlies auf der Abdichtung kann die Ableitung von Sickerwasser verbessern.[2)]
Beläge auf Kiesbettung	Aufbau	tragfähige Schüttung von mindestens 5 cm Dicke über der Dämmung als lastverteilende Schicht
		Bettung von 3 bis 5 cm aus kornabgestuften Sanden und Splitten bis 8 mm Größtkorn auf der lastverteilenden Schüttung
		Bettung sickerfähig
	Verformungen	maximale elastische Verformung der Belagsunterlage: 0,7 mm
Beläge auf Stelzlagern	Aufbau	Verlegung der Natursteinplatten auf mindestens 3 cm hohen Auflagern
		kippsichere Auflage der Platten an allen Ecken
		Auflager auf Beton-/Mörtelkissen, Kunststoff- oder nicht rostenden Metallständern
		Bei Auflagern aus Beton- oder Mörtelkissen kann ein Schutz der Platten an der Rückseite vor Kalkausblühungen durch eine PE-Folie oder Abdichtungsbeschichtung sinnvoll sein.
		Fleckenbildung an den Auflagerpunkten durch ungleichmäßige Austrocknung der Platten möglich

1) Der beschriebene Aufbau entspricht nicht den allgemein anerkannten Regeln der Technik. Der Belagsaufbau muss entwässert werden. Daher sind mindestens Dränageschichten unter dem Mörtelbett vorzusehen.
2) Diese Forderung ist unzureichend. Eine wirksame Dränung des Mörtelbetts ist zwingend erforderlich, um Frostschäden und Ausblühungen zu vermeiden.

2.6.3 Belagsarten

2.6.3.1 Beläge auf Bettungen

Beläge auf Bettungen sind sämtliche Beläge, die in einer Bettungsschicht, z. B. einem Splitt- oder Kiesbett, liegen. Die verwendeten Materialien müssen ausreichend tragfähig und lagesicher sein, um ihre Lasten in den Bettungsuntergrund einzutragen. Aus diesem Grund kommen hier meist Belagsplatten aus Beton- oder Naturwerkstein zum Einsatz. Die Dicke der Bettungsschicht beträgt in der Regel zwischen 3 und 5 mm.

Platten- und Holzbeläge sind nicht wasserdicht. Das in den Belagsaufbau eindringende Wasser muss zügig abgeführt werden. Im Belagsaufbau länger verbleibendes stehendes Wasser kann zu Geruchsbelästigungen, Schädlingsbefall und Kalkausblühungen führen. Aus diesem Grund ist bei Belägen im Mörtelbett zwingend eine Dränageschicht auf der Abdichtungsebene anzuordnen. Bei Belägen im Splitt- oder Kiesbett kann die Entwässerung durch eine ausreichende Dränagefunktion der Splitt- oder Kiesschicht und/oder der ggf. darunter liegenden mineralischen Tragschicht erreicht werden.

Da Wasser sowohl auf der Oberseite des Plattenbelags als auch auf der Abdichtungsebene abfließt, benötigen beide Ebenen einen Entwässerungsablauf und ein ausreichendes Gefälle.

2.6.3.2 Aufgestelzte Beläge

Aufgestelzte Beläge liegen nicht auf einer Bettung, sondern auf Lagern. Der Belag überspannt dabei die Bereiche zwischen den einzelnen Lagern frei und muss hierfür entsprechend tragfähig sein. Zu den aufgestelzten Belägen gehören beispielsweise

- Holzbeläge auf punkt- oder linienförmigen Lagern,
- Plattenbeläge auf Stelzlagern und
- Wood-Plastic-Composites (WPC).

Bei ausreichend großen Fugen zwischen den Belagselementen (z. B. 6 mm nach der Fachregel 02 „Balkone und Terrassen“ [2007]) kann eine Entwässerung der Belagsebene ggf. entfallen.

2.6.3.3 Beläge im Mörtelbett

Zu den Belägen im Mörtelbett zählen insbesondere keramische und Natursteinbeläge. Die Ausführung im Mörtelbett ist anspruchsvoll und schadenträchtig, da bei einer nicht ausreichend zügigen Entwässerung des Mörtelbetts durch zwingend anzuordnende Dränageschichten auf der Abdichtungsebene sowohl Frostschäden als auch Ausblühungen aus dem Bettungsmörtel auftreten können.

2.6.3.4 Flüssigbeschichtungen

Flüssigbeschichtungen können z. B. als Flüssigkunststoffabdichtung unmittelbar begehbar ausgeführt werden. In diesem Fall erfüllt der Belag gleichzeitig auch die Abdichtungsanforderungen.

Außerdem ist es möglich, die Nutzschicht durch andere Flüssigbeschichtungen (z. B. Epoxidharzbeschichtungen) auszubilden. Untergrund für solche Beschichtungen sind meist Balkone aus WU-Beton im Bereich des kostengünstigen Bauens.

2.6.3.5 Sonderbeläge

Außer den oben aufgeführten üblichen Belagsarten gibt es zahlreiche andere Möglichkeiten, die Oberseiten von Balkonen, Loggien, Dachterrassen und Terrassen auszubilden. So gibt es beispielsweise

- Rasenteppiche aus Kunststoffen,
- Gitterroste,
- Metallbeläge (Warzenblech),
- Kunststoffbeläge und vieles mehr.

2.6.4 Belagstypen

2.6.4.1 Offene Beläge

Offene Beläge sind so offen, dass Niederschlagswasser ohne nennenswerten Anstau sofort in den Untergrund abgeleitet werden kann. Offene Fugen von Pflasterbelägen im Splittbett können zuwachsen oder sich durch Schmutz zusetzen, sodass diese nicht als offene Beläge anzusehen sind. Im ZDB-Merkblatt „Außenbeläge“ (2008) wird die Auffassung vertreten, dass Beläge im Splittbett mit bestimmten Fugenfüllungen (siehe Kapitel 2.6.2.5) keine Oberflächenentwässerung benötigen. Dieser Standpunkt wird hier nicht geteilt. Durch Schmutz- und Staubanfrachtung setzen sich derartige Fugen erfahrungsgemäß häufig zu, sodass nach einigen Jahren wenigstens kein zügiger Wasserabfluss mehr möglich ist.

Bei offenen Belägen ist zur Ableitung des Oberflächenwassers kein Ablauf in der Belagsebene erforderlich. Der in der wasserführenden Ebene unterhalb des Belags (meist die Abdichtung) vorhandene Ablauf muss jedoch revisionierbar sein („Standpunkt Metallbalkone“ [2012]; Richtlinie „Dokumentation und Revisionierbarkeit“ [2011]; ZDB-Merkblatt „Außenbeläge“ [2008]).

Als offene Beläge gelten z. B.:

- Holzterrassen mit Holzdielen oder Brettern, die auf Abstand verlegt sind (mindestens 6 mm nach der Fachregel 02 „Balkone und Terrassen“ [2007]),
- Gitterrostkonstruktionen und
- Plattenbeläge auf Stelzlagern mit Fugenbreiten ab 6 mm.

2.6.4.2 Geschlossene Beläge

Geschlossene Beläge sind Beläge, auf denen das Oberflächenwasser kaum, jedenfalls nicht zügig, in den Untergrund oder auf die Abdichtungsebene abläuft oder versickert, sodass Wasser auf der Oberfläche in nennenswertem Umfang abläuft.

Ausnahmsweise können geschlossene Beläge auch durch die Abdichtung selbst gebildet werden (z. B. durch begehbare Flüssigkunststoffabdichtungen oder Konstruktionen aus WU-Beton).

Geschlossene Beläge benötigen zur Ableitung des Niederschlagswassers immer einen bis in die Belagsebene hochgeführten Ablauf. Sind die Belagsebene und die Abdichtungsebene nicht identisch (Regelfall), muss der Ablauf zweistufig sein, d. h. die Belags- und die Abdichtungsebene entwässern.

2.6.5 Randeinfassungen

Plattenbeläge im Splittbett und Plattenbeläge im Mörtelbett müssen eine Randeinfassung erhalten. Bei Plattenbelägen im Splittbett ist dies schon zur Vermeidung von Plattenverschiebungen bei horizontal auftretenden Lasten erforderlich.

Die insbesondere bei **erdberührten Terrassen** häufig anzutreffende Bauweise, Plattenbeläge ohne Randabgrenzung unmittelbar an die Rasenflächen anzuschließen, entspricht nicht den allgemein anerkannten Regeln der Technik. In diesen Fällen wird die Randeinfassung oft durch eine Betonanrampung an den Plattenbelag gebildet, die anschließend mit der Grasnarbe überdeckt wird. Bei üblichen Plattendicken zwischen 4 und 8 cm beträgt somit die Dicke der Vegetationsschicht für den angrenzenden Rasen im besten Fall zwischen 1 und 4 cm. Nach DIN 18915 „Vegetationstechnik im Landschaftsbau – Bodenarbeiten“ (2002), Abschnitt 7.7.1, ist für Rasenbepflanzungen jedoch eine Auftragsdicke von 10 bis 20 cm erforderlich. Dies ist durch eine Betonanrampung mit Überdeckung von 1 bis 4 cm nicht gewährleistet.

In der Praxis ist diese Ausführung, Beläge ausschließlich mit Betonkeilen, die dann meist nicht einmal auf einem ordnungsgemäßen Bankett aufliegen, vielfach vorzufinden, obwohl sie mangelhaft ist. Diese Bauweise führt regelmäßig dazu, dass die Rasenflächen, die auf solchen Betonkeilen angelegt sind, im Sommer ausbrennen und einen unschönen Anblick bieten. Ursächlich hierfür ist die Unkenntnis vegetationstechnischer Zusammenhänge.

Praxistipp

Soll ein optisch übergangsloser Anschluss des Pflasterbelags an die Rasenfläche erzielt werden, kommt nur in Betracht, die Belagsflächen mit Winkelprofilen so abzugrenzen, dass kein Beton mehr im Bereich der Mindestauftragsdicke der Vegetationsschicht eingebaut werden muss.

2.7 Absturzsicherungen

Michael Siegwart

2.7.1 Planerische Grundlagen

Die vordere Begrenzung von Balkonen, Loggien und Dachterrassen muss über eine Absturzsicherung (Umwehrung) verfügen, wenn eine Mindesthöhe überschritten ist. Bei Umwehrungen handelt es sich um **Geländer** oder **Brüstungen.** Brüstungen bilden im Gegensatz zu leichten, unterbrochenen Geländern eine geschlossene, massive Wandscheibe.

Der Begriff **Umwehrung** ist aus dem Bauordnungsrecht (den Landesbauordnungen). Umwehrungen sind Bauteile, die das Abstürzen von Personen von höher liegenden Flächen (z. B. Balkone und Dachterrassen) auf tiefer liegende Flächen verhindern. Das Anordnen von Umwehrungen stellt die Verkehrssicherheit von Balkonen, Loggien und Dachterrassen sowie der darunter liegenden Flächen her.

An Geländer und Brüstungen als Absturzsicherung werden sicherheitstechnische bzw. baurechtliche Anforderungen gestellt. Sie müssen aber auch ästhetischen Ansprüchen genügen. Im modernen Wohnungsbau mit großen Balkonen und Dachterrassen spielen Geländer und Brüstungen mit ihrem hohen Flächenanteil als äußerer sichtbarer Abschluss der Fassade eine maßgebliche Rolle für die architektonische Gestaltung der Außenfassade.

Auch aus anderen normativen Anforderungen, z. B. an den Wärmeschutz (siehe Kapitel 3.1) von Balkonen, Loggien und Dachterrassen, ergeben sich immer wieder kritische Detailfragen, die bei der Planung von Geländern und Brüstungen zu berücksichtigen sind.

Während in den vergangenen Jahrzehnten bevorzugt gemauerte oder betonierte Brüstungen, Fertigteilbrüstungen sowie Stahlgeländer verbaut wurden, werden seit einigen Jahren auch Absturzsicherungen aus Glas (Glasbrüstungen) verwendet (siehe Kapitel 2.7.6).

Die **Entwässerung** erfolgt meist über einen Fallrohrstrang, an den Balkone, Loggien und Dachterrassen angeschlossen werden. Da Geländer offen sind, kann auf eine Notentwässerung verzichtet werden, wenn der vordere Abschluss an der Flächenkante tiefer liegt als der tiefste Punkt der Abdichtung (meist sind das die Türschwellen).

Bei Dachterrassen von Staffelgeschossen werden meist geschlossene Brüstungen ausgeführt. Die Oberkante dieser Brüstungen wird in der überwiegenden Anzahl der Fälle als Natursteinabdeckung oder mit einem Blech hergestellt (siehe Kapitel 2.7.8).

Normen, Regelwerke und Rechtsvorschriften

Absturzsicherungen sind nach den eingeführten Technischen Baubestimmungen zu bemessen. Hier sind insbesondere die folgenden Normen zu nennen:

- Normenreihe **DIN EN 1991** „Eurocode 1: Einwirkungen auf Tragwerke" (2010),
- Normenreihe **DIN EN 1992** „Eurocode 2: Bemessung und Konstruktion von Stahlbeton- und Spannbetontragwerken" (2010 bis 2013),
- Normenreihe **DIN EN 1993** „Eurocode 3: Bemessung und Konstruktion von Stahlbauten" (2010),
- Normenreihe **DIN EN 1995** „Eurocode 5: Bemessung und Konstruktion von Holzbauten" (2010),
- Normenreihe **DIN EN 1996** „Eurocode 6: Bemessung und Konstruktion von Mauerwerksbauten" (2010 bis 2013),
- **DIN 18008-1** „Glas im Bauwesen – Bemessungs- und Konstruktionsregeln – Teil 1: Begriffe und allgemeine Grundlagen" (2010),
- **DIN 18008-2** „Glas im Bauwesen – Bemessungs- und Konstruktionsregeln – Teil 2: Linienförmig gelagerte Verglasungen" (2010),
- **DIN 18008-3** „Glas im Bauwesen – Bemessungs- und Konstruktionsregeln – Teil 3: Punktförmig gelagerte Verglasungen" (2013) und
- **DIN 18008-4** „Glas im Bauwesen – Bemessungs- und Konstruktionsregeln – Teil 4: Zusatzanforderungen an absturzsichernde Verglasungen" (2013).

Die gewählten Bauweisen müssen derzeit entweder geregelt sein oder über eine abZ, ein abP oder eine Zustimmung im Einzelfall verfügen (siehe Kapitel 2.1.3).

Zur konstruktiven Ausbildung gelten die jeweiligen **Landesbauordnungen.** Detailregelungen finden sich in Ausführungs-/Durchführungsverordnungen zu den Landesbauordnungen und werden ggf. in dazu herausgegebenen Kommentaren näher ausgelegt. Hilfsweise werden zudem die konstruktiven Regeln der **DIN 18065** „Gebäudetreppen – Begriffe, Messregeln, Hauptmaße" (2015) herangezogen, die ebenfalls in den Ländern bauaufsichtlich eingeführt ist.

In gestalterischer Hinsicht können **Bebauungspläne** oder **Gestaltungssatzungen** relevant sein. Die Anforderungen müssen im Rahmen der Baugenehmigung geklärt werden. Im Kenntnisgabeverfahren bei kleineren Bauvorhaben sollten die Regelungen im Bebauungsplan auf kritische Inhalte überprüft werden.

Weiterhin sind die Normen und Regelwerke zur Bauwerks- bzw. Dachabdichtung (siehe Kapitel 2.3 und 2.4) und zur Entwässerung (siehe Kapitel 2.5) für die Gestaltung von Absturzsicherungen heranzuziehen. Diese Regeln können zur Anordnung von Durchdringungen führen, beeinflussen die gestalterische Ausbildung des Balkonabschlusses, z. B. durch eine vorgesetzte Rinne oder das Führen von Fallrohren, und machen z. B. Angaben zur Ausführung von Brüstungsabdeckungen.

Ab und zu wird die Ansicht vertreten, die genannten Normen, Regelwerke und Rechtsvorschriften seien bei Balkongeländern im Geschosswohnungsbau (da zu einer Wohnung gehörig) oder auch bei Ein- und Zweifamilienhäusern nicht zwingend anzuwenden. Diese Ansicht greift jedoch zu kurz, da Eigentümer auch von Wohnungen und Gebäuden der Klasse 1 und 2 (siehe Kapitel 2.2.2) eine Verkehrssicherungspflicht haben (z. B. gemäß § 16 Landesbauordnung Baden-Württemberg [LBO]). Deshalb müssen auch Geländer in Wohnungen und in Ein- und Zweifamilienhäusern mindestens einen Handlauf und einen Kniestab aufweisen (Stein, 2012). Bei Geländern von Balkonen, die zu Wohnungen gehören, ist dies aber zu wenig. Diese Geländer müssen gemäß § 16 Abs. 1 LBO so ausgestaltet sein, dass Kleinkinder nicht hindurchfallen können (siehe Tabelle 2.15).

2.7.2 Allgemeine Anforderungen an Absturzsicherungen

Absturzsicherungen müssen ästhetisch, standsicher, gebrauchstauglich und dauerhaft sein. Wie diese allgemeinen Anforderungen umgesetzt werden können, wird nachfolgend beispielhaft aufgeführt.

Die Anforderungen an die **Ästhetik** sind architektonischen Modeerscheinungen unterworfen, wie z. B. die heute häufige Verwendung von Glas oder in den 1970er- und 1980er-Jahren von Pflanzkästen aus Beton zeigt. Es bleibt abzuwarten, ob die Forderungen zur Aufnahme von Fassadenbegrünungen in manchen Landesbauordnungen zu einer Renaissance der Brüstungen mit Pflanzkästen führen werden. Derzeit ist dies noch nicht zu beobachten.

Die Anforderungen an die **Standsicherheit** von Absturzsicherungen ergeben sich aus deren Funktion. Standsicher bedeutet, dass das Bauteil einschließlich der Befestigung mit in den eingeführten Technischen Baubestimmungen der jeweiligen Landesbauordnung zugelassenen Rechenverfahren nachgewiesen ist und genügende Tragwerksreserven hat. Der statische Nachweis ist für die Standsicherheit und die Gebrauchstauglichkeit (Durchbiegung, Schwingungsverhalten, siehe Kapitel 2.7.5) zu führen.

Für die Befestigung von Geländern dürfen nur zugelassene Verbindungsmittel verwendet werden (siehe Kapitel 2.7.4.1). Gemauerte Brüstungen sind so zu erstellen, dass sie auch horizontalen Lasten standhalten (siehe Kapitel 2.7.4.2). Brüstungen aus Glas sind in den meisten Bundesländern nach DIN 18008-4 zu bemessen (siehe Kapitel 2.7.6).

Aus Gründen der **Gebrauchstauglichkeit** sind an Absturzsicherungen folgende Anforderungen zu stellen:

- Verhinderung von Verletzungen, insbesondere bei Kleinkindern, bei denen eine Verletzungsgefahr beim Hindurchstecken des Kopfes oder Oberkörpers (Gefahr des Einklemmens) oder durch scharfkantige Bauteile (Gefahr von Schnittverletzungen) besteht, und nicht zuletzt
- Erzeugen eines Sicherheitsgefühls bei den Nutzern.

Kontaktflächen, die der üblichen Nutzung ausgesetzt sind, sind so zu fertigen, dass keine Verletzungsgefahr besteht. Dies ist z. B. bei allen Oberflächen der Fall, die von Kindern ohne Hilfsmittel angefasst werden können oder die regelmäßig gereinigt werden, also auch bei Geländern aus Metall oder Holz. Im Einzugsbereich, der von Kindern ohne Hilfsmittel erreicht werden kann (bis ca. 1,70 m Höhe), sind scharfe Kanten, Grate usw. an diesen Geländern zu vermeiden bzw. entsprechend zu überarbeiten.

Brüstungen von Staffelgeschossen liegen meist über bewohnten und beheizten Räumen, sodass hier Anforderungen an den Mindestwärmeschutz und den Trittschallschutz der darunter liegenden Geschosse einzuhalten sind (siehe Kapitel 3.1 und 3.2).

Das oberste Ziel ist, sichere Geländer und Brüstungen zu erstellen. Bauaufsichtlich werden mit den Anforderungen an Absturzsicherungen folgende **Zielsetzungen** verfolgt:

- Verhinderung des Absturzes von Personen (Überwegfallen, hierzu darf sich der Körperschwerpunkt von Menschen nicht über die Absturzsicherung hinaus verlagern [vgl. Schlotterbeck et al., 2011, S. 35 ff.], oder Hindurchfallen) sowie
- Verhinderung des Überkletterns (insbesondere bei Kleinkindern).

Um den Absturz von Personen zu verhindern, sind Horizontallasten bei der Bemessung zu berücksichtigen. Weiterhin müssen manche Absturzsicherungen in der Lage sein, Montagelasten aufzunehmen. Auch zukünftige Bedürfnisse sollten antizipiert werden, z. B. sollte bei den Brüstungs- und Geländerhöhen beachtet werden, dass Menschen immer größer werden.

2.7.3 Höhe von Absturzsicherungen

Wenn Brüstungs- und Geländerhöhen zu bewerten sind, stellt sich regelmäßig die Frage, ab welcher Höhe die Brüstung oder das Geländer zu messen ist, insbesondere wenn Teile der Brüstung begeh- oder besteigbar sind.

Die Höhe einer Brüstung oder eines Geländers wird von der Oberfläche des Fußbodens (der Standfläche) bis zur Oberkante der Brüstung bzw. des Geländers gemessen, bei Fenstern bis zur Oberkante des feststehenden Fensterrahmens.

Die schweizerische Beratungsstelle für Unfallverhütung hat die „Fachbroschüre Geländer und Brüstungen“ (2012) herausgegeben, deren Inhalt sich teilweise auf deutsche Verhältnisse übertragen lässt. Die nachfolgenden Erläuterungen beziehen deshalb zum Vergleich auch schweizerische Regelungen mit ein.

In der Schweiz wird differenziert zwischen:

- begehbar,
- besteigbar und
- bekletterbar.

Auftrittsflächen von einer Breite ≥ 12 cm werden dabei als begehbar beurteilt; geringere Auftrittsflächen werden noch als besteigbar beurteilt (Abb. 2.41).

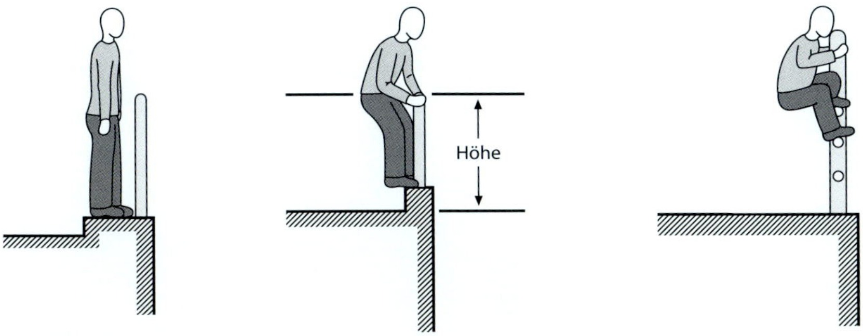

Abb. 2.41: Unterschied zwischen begehbar, besteigbar und bekletterbar (Quelle: Fachbroschüre Geländer und Brüstungen [2012], S. 3)

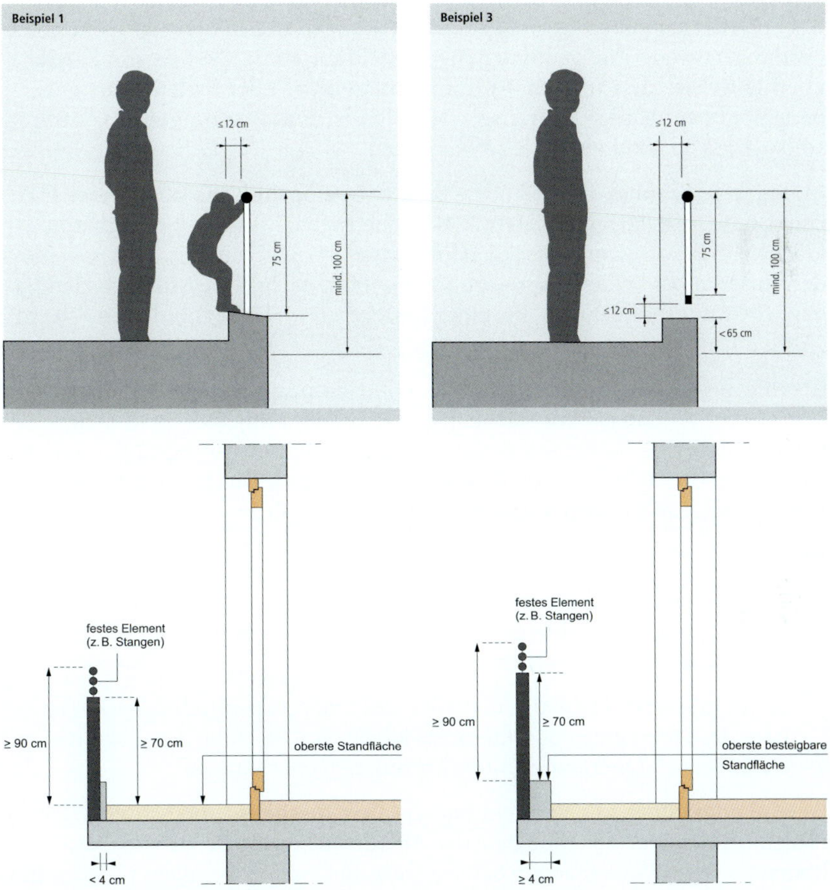

Abb. 2.42: Regelungen in der Schweiz (oben) und in Hamburg (unten) zum Umgang mit Geländer- und Brüstungshöhen (Quellen: Fachbroschüre Geländer und Brüstungen [2012], S. 5; Anforderungen an Umwehrungen und Brüstungen [2013], S. 5)

Abb. 2.43: Trittfläche bei einem Balkongeländer

Als bekletterbar gelten Geländer und Brüstungen in den meisten Landesbauordnungen, wenn ihre geometrische Ausbildung so ist, dass sie von Kindern überklettert werden können. In Kommentaren zur LBO Baden-Württemberg gibt es eindeutige Hinweise, wie Geländer und Brüstungen auszuführen sind, damit sie nicht als bekletterbar gelten.

In der Schweiz muss die Geländer- bzw. **Brüstungshöhe** ab begehbarer Fläche (Breite ≥ 12 cm) mindestens 100 cm betragen. Bei einer besteigbaren Fläche (Breite < 12 cm) muss die Höhe mindestens 75 cm betragen. Geländer dürfen nicht bekletterbar sein. In Hamburg beträgt die Mindestgeländer- bzw. Brüstungshöhe 90 cm, bei einer besteigbaren Fläche mindestens 70 cm (Abb. 2.42).

In einigen Landesbauordnungen (z. B. von Hamburg) gelten waagerechte Vorsprünge ≥ 4 cm als Trittfläche. Das Vorhandensein einer Trittfläche bewirkt, dass sich die erforderlichen Geländer- bzw. Brüstungshöhen um die Höhe der Trittfläche erhöhen. In den meisten Bundesländern fehlt eine Bestimmung, ab wann eine Fläche als Trittfläche gilt.

Beispiel

> Das Geländer in Abb. 2.43 ist innen an der Attika befestigt. Die Breite des L-förmig ausgebildeten Untergurts beträgt 4 cm und kann damit als Trittfläche bewertet werden.
>
> Somit müsste in Hamburg die Höhe des Obergurts mindestens 70 cm über der Oberkante des Untergurts betragen. Die Höhe des gesamten Geländers ab Oberkante Untergurt muss 90 cm betragen.

Es wird empfohlen, zur Vermeidung von Unsicherheits- und Schwindelgefühlen bei den Nutzern die Höhe der Absturzsicherung bei großen Absturzhöhen zu vergrößern (Fachbroschüre Geländer und Brüstungen [2012]). In Kommentaren zu einigen Landesbauordnungen wird angeregt, nicht nur die Mindestbauhöhe von 90 cm einzuhalten, sondern direkt mindestens 100 cm hohe Geländer oder Brüstungen einzuplanen. Bei Arbeitsstätten ist eine Höhe von 100 cm erforderlich. Nach allen Landesbauordnungen ist die Höhe auf 110 cm zu vergrößern, wenn die Absturzhöhe, gemessen ab der Absturzkante, 12 m erreicht.

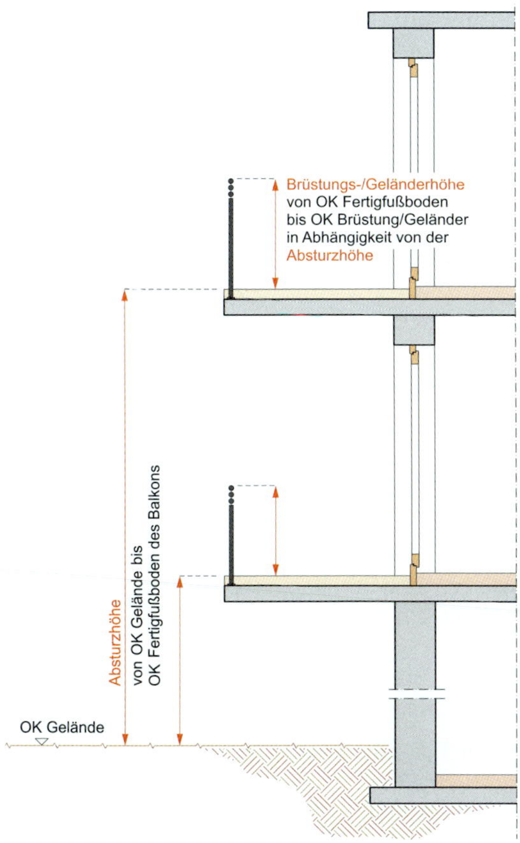

Abb. 2.44: Die Brüstungs- und Geländerhöhen sind in Abhängigkeit von den Absturzhöhen zu bemessen.

Die **Absturzhöhe** ist der Höhenunterschied zwischen einer Absturzkante und der nächsten tiefer gelegenen, ausreichend breiten und tragfähigen Fläche (BGV C 22 „Unfallverhütungsvorschrift Bauarbeiten", 2010). Die Absturzhöhe wird von der Oberkante der jeweiligen Geh- bzw. Standflächen gemessen. Die Oberkante der Brüstung oder des Geländers ist somit nicht die Absturzkante, sondern die darunter liegende höchste Stand- bzw. besteigbare Fläche (Abb. 2.44).

Die Praxis zeigt, dass Geländer mit einer Höhe von 90 cm oft als zu tief empfunden werden und insbesondere bei höher liegenden Balkonen und größeren Menschen kein Sicherheitsgefühl vermitteln. Bei 1 m Absturzhöhe ist diese Geländerhöhe meist kein Problem, bei Absturzhöhen ab 4 bis 5 m kann das aber bereits anders aussehen.

Es ist zwar kein Fall bekannt, bei dem eine Geländerhöhe von 90 cm als mangelhaft eingestuft wurde, sofern die Höhe baurechtlich zulässig war. Dies könnte sich aber durchaus ergeben, wenn die Gebrauchstauglichkeit in Bezug auf das Sicherheitsempfinden der Nutzer bei einem Geländer mit einer Höhe von 90 cm in mittlerer Absturzhöhe von z. B. 6 m deutlich geringer ist als bei einem höheren Geländer.

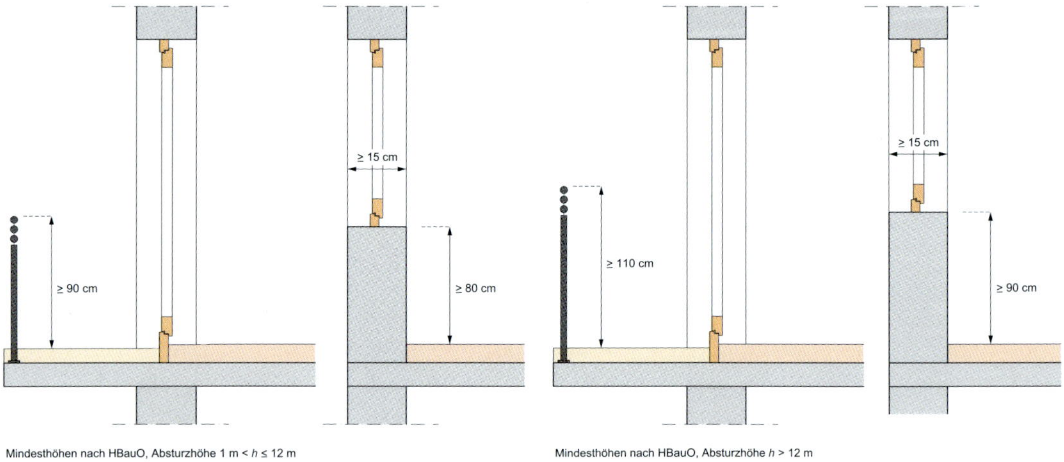

Abb. 2.45: Mindesthöhen von Brüstungen und Geländern in Abhängigkeit von Absturzhöhen; eine Reduktion der Brüstungshöhe ist bei breiten Brüstungen (je nach Bundesland zwischen 15 und 20 cm) zulässig.

Insofern ist dringend zu empfehlen, auch bei Absturzhöhen von unter 12 m Geländerhöhen von mindestens 100 cm zu planen und auszuführen. In diesem Zusammenhang ist auch die (zulässige) Reduktion der Höhe einer Brüstung auf 80 cm zu hinterfragen, wenn die Brüstungsbreite 15 cm oder mehr (je nach Landesbauordnung) beträgt.

Eine gute Zusammenfassung zum Stand der Regelungen bietet der „Standpunkt Brüstungs- und Geländerhöhen" (2010). Eine grafische Darstellung der allgemeinen Anforderungen ist in Abb. 2.45 gezeigt.

Die Regelungen der einzelnen Bundesländer, der DIN 18065 und der ASR A2.1 „Schutz vor Absturz und herabfallenden Gegenständen, Betreten von Gefahrenbereichen" (2012) zu notwendigen Geländer- und Brüstungshöhen sowie zu Abständen, Zwischenräumen und Bekletterbarkeit sind in Tabelle 2.15 zusammengefasst. Die Tabelle kann allerdings nur als Hilfe dienen, auf welche Regelungen und Gesetze zurückzugreifen ist. Es muss bei jeder Planung individuell geprüft werden, ob die Regelungen noch aktuell sind.

2.7.4 Festigkeit und Standsicherheit von Absturzsicherungen

Bei Brüstungen und Geländern handelt es sich um tragende Bauteile und sicherheitsrelevante Bauteile im Sinne der Landesbauordnungen. Wenn sie versagen, besteht Gefahr für Leib und Leben und die Gefahr, dass ein wesentlicher wirtschaftlicher Schaden eintreten kann.

Für tragende Bauteile ist immer ein Standsicherheitsnachweis zu führen. Dabei sind maßgebliche **Lasten** (Horizontal- und Vertikallasten) zu überlagern. Welche Lasten und Lastkombinationen dabei anzusetzen sind, ist den jeweiligen bauaufsichtlich eingeführten Normen (z. B. DIN EN 1991-1-1 oder DIN 18008-4) zu entnehmen.

Tabelle 2.15: Regelungen der Bundesländer, der DIN 18065 und der ASR A2.1 (2012) von Geländer- und Brüstungshöhen, Abständen, Zwischenräumen und Bekletterbarkeit

Rechtsvorschrift, Norm, Regelwerk	**Geländer-/Brüstungshöhe bei Absturzhöhe x mindestens**		**Abstände**		**waagerechte Zwischenräume**	**Bekletterbarkeit**
			max. Abstand von Geländer-/Brüstungsteilen in einer Richtung	**max. waagerechter Abstand des Geländers/der Brüstung von der zu sichernden Fläche**	**max. Höhe über der zu sichernden Fläche**	**Vermeidung der Klettermöglichkeit für Kinder**
Baden-Württemberg Landesbauordnung für Baden-Württemberg (LBO) vom 5. März 2010, zuletzt geändert am 11. November 2014 § 16 Abs. 3 LBO Allgemeine Ausführungsverordnung des Ministeriums für Verkehr und Infrastruktur zur Landesbauordnung (LBOAVO) vom 5. Februar 2010, Stand: 11. November 2014 § 3 LBOAVO	bei ≥ 1 m 90 cm Empfehlung: ≥ 100 cm	bei > 12 m 110 cm	12 cm	6 cm	2 cm bis 60 cm über Fläche	ja
Bayern Bayerische Bauordnung (BayBO) vom 14. August 2007, zuletzt geändert am 24. Juli 2015 Art. 36 BayBO	bei ≥ 0,5 m Umwehrung					ja
Berlin Bauordnung für Berlin (BauO Bln) vom 29. September 2005, zuletzt geändert am 29. Juni 2011 § 38 BauO Bln	bei ≥ 1 m 90 cm	bei > 12 m 110 cm	12 cm	4 cm		
Brandenburg Brandenburgische Bauordnung (BbgBO) vom 1. Juli 2016 § 38 BbgBO Verwaltungsvorschrift zur Brandenburgischen Bauordnung (VVBbgBO) vom 18. Februar 2009 § 33 VVBbgBO	bei ≥ 1 m 90 cm	bei > 12 m 110 cm	12 cm	6 cm		ja (Leiterwirkung)

Tabelle 2.15 (Fortsetzung): Regelungen der Bundesländer, der DIN 18065 und der ASR A2.1 (2012) von Geländer- und Brüstungshöhen, Abständen, Zwischenräumen und Bekletterbarkeit

Rechtsvorschrift, Norm, Regelwerk	Geländer-/Brüstungshöhe bei Absturzhöhe x mindestens		Abstände		waagerechte Zwischenräume	Bekletterbarkeit
			max. Abstand von Geländer-/Brüstungsteilen in einer Richtung	max. waagerechter Abstand des Geländers/der Brüstung von der zu sichernden Fläche	max. Höhe über der zu sichernden Fläche	Vermeidung der Klettermöglichkeit für Kinder
Bremen Bremische Landesbauordnung vom 6. Oktober 2009, zuletzt geändert am 27. Mai 2014 § 33 Bremische Landesbauordnung	bei ≥ 1 m 90 cm	bei > 12 m 110 cm	12 cm			ja (Überklettern)
Hamburg Hamburgische Bauordnung (HBauO) vom 14. Dezember 2005, zuletzt geändert am 17. Februar 2016 § 36 HBauO	bei ≥ 1 m 90 cm	bei > 12 m 110 cm	12 cm	6 cm	4 cm bis 70 cm über Fläche	ja
Hessen Hessische Bauordnung (HBO) vom 15. Januar 2011, zuletzt geändert am 30. November 2015 § 35 HBO Handlungsempfehlungen zum Vollzug der HBO 2011 (HE-HBO) vom 22. Januar 2004, Stand: 1. Oktober 2014	bei ≥ 1 m 90 cm	bei > 12 m 110 cm	12 cm	4 cm	< 1,5 cm (und ≤ 2,5 cm Breite)	ja
Mecklenburg-Vorpommern Landesbauordnung Mecklenburg-Vorpommern (LBauO M-V) vom 15. Oktober 2015, zuletzt berichtigt am 20. Januar 2016 § 38 LBauO M-V Handlungsempfehlungen zum Vollzug der Landesbauordnung Mecklenburg-Vorpommern 2006 (HE LBauO M-V), Stand: Februar 2013	bei ≥ 1 m 90 cm	bei > 12 m 110 cm				
Niedersachsen Niedersächsische Bauordnung (NBauO) vom 3. April 2012, zuletzt geändert am 23. Juli 2014 Allgemeine Durchführungsverordnung zur Niedersächsischen Bauordnung (DVNBauO) vom 11. März 1987, Stand: 26. September 2012 § 4 DVNBauO	bei ≥ 1 m 90 cm	bei > 12 m 110 cm	12 cm	6 cm		ja (Überklettern)

Tabelle 2.15 (Fortsetzung): Regelungen der Bundesländer, der DIN 18065 und der ASR A2.1 (2012) von Geländer- und Brüstungshöhen, Abständen, Zwischenräumen und Bekletterbarkeit

Nordrhein-Westfalen Bauordnung für das Land Nordrhein-Westfalen (BauO NRW) vom 1. März 2000, zuletzt geändert am 20. Mai 2014 § 41 BauO NRW	bei ≥ 1 m 90 cm	bei > 12 m 110 cm				
Rheinland-Pfalz Landesbauordnung Rheinland-Pfalz (LBauO) vom 24. November 1998, zuletzt geändert am 15. Juni 2015 § 38 LBauO	bei ≥ 1 m 90 cm	bei > 12 m 110 cm				
Saarland Landesbauordnung (LBO) vom 18. Februar 2004, zuletzt geändert am 15. Juli 2015 § 38 LBO	bei ≥ 1 m 90 cm	bei > 12 m 110 cm	12 cm	4 cm		ja (Überklettern)
Sachsen Sächsische Bauordnung (SächsBO) vom 28. Mai 2004, zuletzt geändert am 16. Dezember 2015 § 38 SächsBO	bei ≥ 1 m 90 cm	bei > 12 m 110 cm				
Sachsen-Anhalt Bauordnung des Landes Sachsen-Anhalt (BauO LSA) vom 10. September 2013, zuletzt geändert am 17. Juni 2014 § 37 BauO LSA	bei ≥ 1 m 90 cm	bei > 12 m 110 cm				
Schleswig-Holstein Landesbauordnung für das Land Schleswig-Holstein (LBO) vom 22. Januar 2009, zuletzt geändert am 16. März 2015 § 39 LBO	bei ≥ 1 m 90 cm	bei > 12 m 110 cm				
Thüringen Thüringer Bauordnung (ThürBO) vom 13. März 2014, zuletzt geändert am 22. März 2016 § 38 ThürBO	bei ≥ 1 m 90 cm	bei > 12 m 110 cm				
DIN 18065	bei ≥ 1 m 90 cm	bei > 12 m 110 cm	12 cm[1)]	6 cm		ja (Überklettererschwernis bis 70 cm Höhe)[1)]
ASR A2.1 (2012)	mindestens 100 cm					

1) keine Anforderungen innerhalb von Wohnungen und in Wohngebäuden mit bis zu 2 Wohnungen

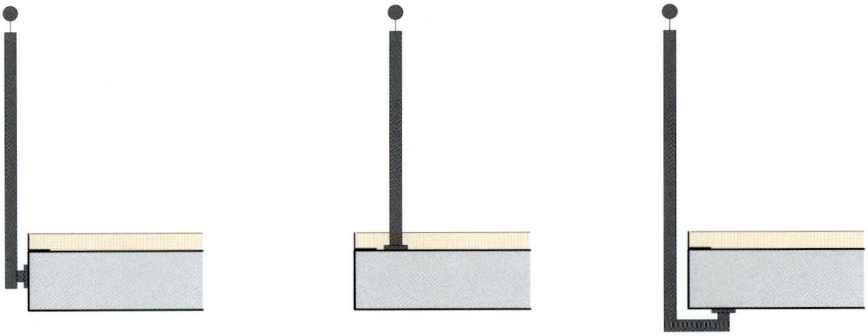

Befestigung 1 seitlich — Befestigung 2 von oben — Befestigung 3 von unten

Abb. 2.46: Grundsätzliche Möglichkeiten zur Geländerbefestigung

Unter Umständen sind noch Montagelasten zu berücksichtigen, die beim Reinigen oder Anleitern entstehen können. Ein spezieller Fall ist die Bemessung von Brüstungen und Geländern für Anpralllasten von Pkw, die notwendig wird, wenn mit einem Pkw direkt in Wohnungen aller Geschosse eines Mehrfamilienhauses gefahren werden kann (car-lofts).

Oftmals wird übersehen, dass auch für Füllungen von Brüstungen und Geländern Horizontalkräfte (aus Wind) anzusetzen sind. Deshalb sind auch Geländerausfachungen statisch zu bemessen.

Nachfolgend werden kritische Punkte bei der Planung und Bemessung von Brüstungen und Geländern genannt, die erfahrungsgemäß öfter zu Beanstandungen führen.

2.7.4.1 Geländerbefestigung

Geländer können seitlich, von oben oder von unten an Balkonplatten, Platten von Loggien oder auf Dachterrassen befestigt werden (Abb. 2.46).

Befestigungsmittel

In der überwiegenden Anzahl der Fälle erfolgt die Befestigung von Geländerpfosten oder -holmen mittels **Dübeln** in Boden und Wänden. Dübel sind dem ungeregelten Bereich zugeordnet. Der Verwendungsnachweis als Bauprodukt wird entweder über eine abZ oder über eine europäisch technische Zulassung (ETA) erbracht.

Beim Nachweis von Befestigungen auf Stahlbetonplatten sind die maßgeblichen Dübelabstände (Randabstände) einzuhalten, die der jeweiligen Zulassung zu entnehmen sind. Die Befestigungsabstände in Zulassungen sind von der Höhe der Spreizkräfte abhängig. Bei Balkonen, Loggien und Dachterrassen, bei denen die Geländer so weit vorne wie möglich montiert werden sollen, werden deshalb Dübel verwendet, die geringe Spreizkräfte ausüben. Das sind in der Regel Hinterschnitt- und Verbunddübel.

Abb. 2.47: Immer wieder werden Geländer mit Hutmuttern befestigt, obwohl diese Muttern zumeist nicht zulassungskonform sind.

Praxistipp

Bei der Dübelmontage sind die Randabstände und Befestigungslängen gemäß Zulassung zu beachten.

Bei der Montage ist darauf zu achten, dass das Lochspiel zwischen Durchgangsloch des Anbauteils und Dübel nicht zu groß ist und dass das Anbauteil vollflächig am Verankerungsgrund aufliegt. Ansonsten kann eine unplanmäßige Biegebeanspruchung auftreten, die zu einer deutlichen Abminderung der Traglast der Befestigung führen würde. Durch die Ausbildung einer Konsole kann dies vermieden werden.

Zur Befestigung im Außenbereich sind Dübel aus nicht rostendem Stahl geeignet. Alternativ können Kunststoffdübel mit galvanisch verzinkten Schrauben verwendet werden, wenn diese durch einen Anstrich vor Korrosion geschützt sind (Handbuch Dübeltechnik, 2013).

Gerne werden die Kopfplatten von Geländerpfosten mit **Hutmuttern** auf einer Gewindestange befestigt (in jedem zweiten bis dritten Bauvorhaben, siehe Abb. 2.47). Befestigungen mit Hutmuttern sind jedoch meist nicht Bestandteil der Zulassung der Dübelbefestigung und somit nicht zulässig. Zulässig sind nur die zum System gehörenden Gewindestangen und Muttern, die in der jeweiligen Zulassung angegeben sind. Dies liegt daran, dass es möglich ist, mit diesen Muttern ein definiertes Anzugsmoment aufzubringen, mit Hutmuttern hingegen nicht.

Praxistipp

Hutmuttern sollten zur Befestigung von Geländern nicht verwendet werden, es sei denn, die Verwendung ist ausdrücklich in der Zulassung des Dübels geregelt.

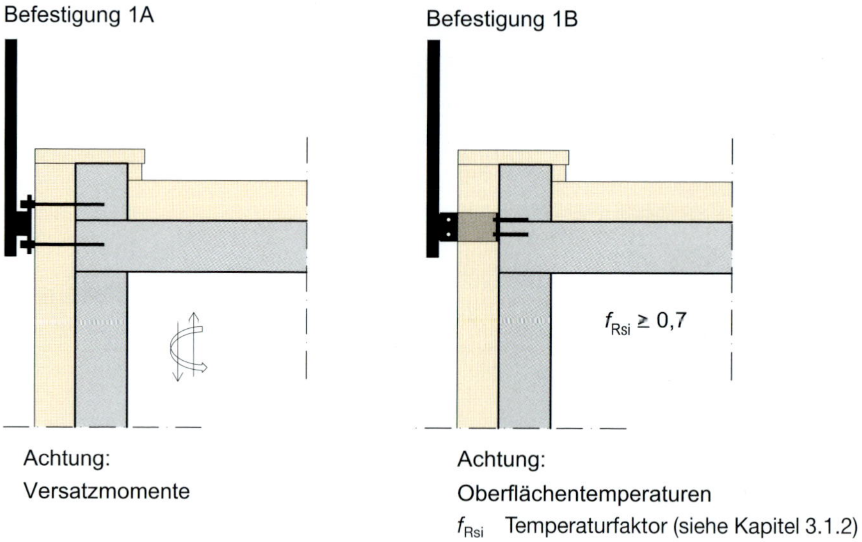

Abb. 2.48: Geländerbefestigung seitlich über Dübel mit Distanzhülsen (Befestigung 1A) und seitlich über Haltewinkel (Befestigung 1B)

Befestigung bei Fassaden mit Wärmedämm-Verbundsystemen

Viele Fassaden, insbesondere im Geschosswohnungsbau, werden mit Wärmedämm-Verbundsystemen (WDVS) ausgeführt. Werden Pfosten über Kopfplatten an einer Fassade mit WDVS befestigt, so ist die **Last** (Zug, Druck und Versatzmomente) theoretisch über die Kopfplatte und über das WDVS in den Untergrund einzuleiten.

WDVS aus expandiertem Polystyrol (EPS) sind hierzu nicht ausreichend druckfest. WDVS sind zudem statisch nicht tragfähig. Deshalb werden Anbauteile bei Fassaden mit WDVS oft über Distanzhülsen, Unterkonstruktionen aus Holz bzw. Kunststoff oder gekonterte Gewindestangen am Tragwerk des Gebäudes verankert (Abb. 2.48, Befestigung 1A). Es werden auch L- oder T-förmige Konsolen zur Befestigung verwendet (Abb. 2.48, Befestigung 1B).

Diese Befestigungen sind nicht nur statisch zu bemessen. Die Konstruktionen sollten zudem auch in **bauphysikalischer** Hinsicht (Oberflächentemperaturen) überprüft werden. Weiterhin gilt es, die Balkonentwässerung, z. B. bei Vorsatzrinnen, und das Erscheinungsbild der Fassade (Ablaufspuren) zu berücksichtigen.

Die Befestigung **1A** hat zwei **Nachteile:**

- Distanzhülsen haben einen geringen inneren Hebelarm. Dadurch entsteht ein Versatzmoment und am Dübel eine Zugkraft, die die Tragfähigkeit des Untergrundes übersteigen kann.
- Es kommt zu einer Wärmebrückenbildung.

Bei System 1B werden zwar die Versatzmomente über die Konsole eingeleitet, dafür ist die Wärmebrückenwirkung jedoch stärker als bei System 1A und sollte auf jeden Fall bauphysikalisch bemessen werden. Wenn Geländer

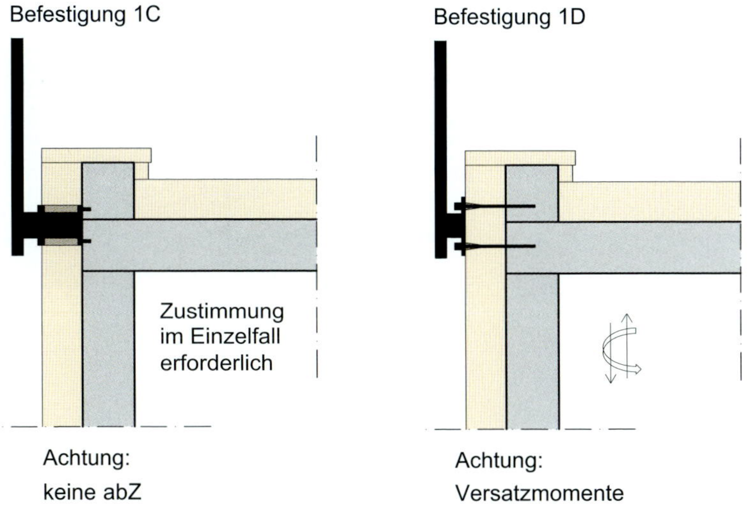

Abb. 2.49: Seitliche Geländerbefestigung mit System-Konsole (Befestigung 1C) und mit thermisch getrennten Dübeln (Befestigung 1D)

als Vorsatzgeländer in WDVS montiert werden, kann alternativ zu Befestigung 1A und 1B auf System-Konsolen zurückgegriffen werden (Abb. 2.49, Befestigung 1C). Die derzeit auf dem Markt befindlichen WDVS-System-Konsolen haben jedoch keine abZ. Deshalb ist bei der Verwendung solcher Bauteile eine Zustimmung im Einzelfall nötig.

Daneben besteht die Möglichkeit, Konsolen auf dem WDVS zu befestigen, wenn dafür geeignete Dübelsysteme zur Anwendung kommen (Abb. 2.49, Befestigung 1D). Namhafte Unternehmen bieten hierfür **thermisch getrennte** Dübel an. Mit zunehmender Stärke des WDVS reduzieren sich allerdings die zulässigen Querlasten pro Dübel, bei einer Erhöhung der Dämmstärke von 6 auf 20 cm um den Faktor 10.

Es sind Schäden bekannt, die dadurch verursacht wurden, dass das maximale Anzugsmoment des am Dübelkopf sitzenden, thermisch wirksamen Kunststoffkonus überschritten wurde. Die Montage erfolgte dabei nicht durch einen Metallbauer, sondern durch einen Stuckateur, der keinen Drehmomentschlüssel hatte und die bereits montierten Geländer demontiert hatte, um den Oberputz auftragen zu können. Die Montage muss also durch Fachpersonal erfolgen.

Praxistipp

Bei der Verwendung von Dübeln im WDVS verringert sich die Tragfähigkeit aufgrund von Versatzmomenten mit zunehmender Stärke des WDVS.

Thermisch getrennte Systemdübel sind mit einem Drehmomentschlüssel anzuziehen, da sie durch Überdrehen beschädigt werden können und damit die Standsicherheit gefährdet ist.

Abb. 2.50: Schadenanfällige Ausführung im Neubau: Durchführung der Pfosten von oben durch ein Warmdach; fehlender Kantenschutz des Glases der Kategorie C nach DIN 18008-4 (siehe Kapitel 2.7.6)

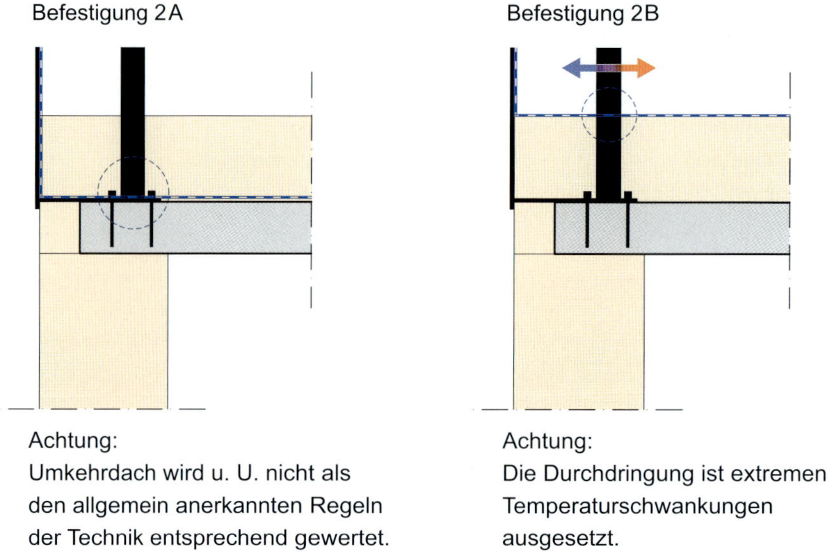

Abb. 2.51: Geländerbefestigung von oben in einem Umkehrdach (Befestigung 2A) und von oben in einem Warmdach (Befestigung 2B)

Befestigung von oben

Bei der Befestigung der Geländerpfosten von oben ist der Durchgang durch die Abdichtungs- bzw. bei Dachterrassen durch die Dämmebene hinsichtlich der Dauerhaftigkeit kritisch (Abb. 2.50).

Umkehrdächer mit einer gegenüber Warmdächern umgekehrten Anordnung von Abdichtung und Dämmschicht (Abdichtung direkt auf der tragenden Konstruktion, Dämmschicht auf der Abdichtung) werden zum Teil als nicht den allgemein anerkannten Regeln der Technik entsprechend beurteilt. Dies ist der Tatsache geschuldet, dass sich ein gewisser Wasseranstau in der Dämmschicht über der Abdichtung nicht vermeiden lässt. Dort kann es zu einer Biofilmbildung kommen, mit der auch eine Geruchsbelästigung einhergehen könnte. Außerdem ist bei einem Wasseranstau die Lebensdauer der Abdichtung reduziert.

Andererseits ist die Abdichtung vor allen anderen schädlichen Einflüssen, wie UV-Strahlung und Temperaturdehnung, Hagelschlag usw., weitgehend geschützt. Auch der Anschluss der Abdichtung an die Geländerpfosten unterliegt bei einem Umkehrdach (Abb. 2.51, Befestigung 2A) im Gegensatz zum Anschluss bei einem Warmdach (Abb. 2.51, Befestigung 2B) sehr geringen thermischen und mechanischen Beanspruchungen. Zudem ist der Anschluss bei einem Umkehrdach durch einen hohen Aufbau geschützt.

Unter dem Strich liegen in der Ausbildung eines Umkehrdaches technisch meist eher mehr Vor- als Nachteile. Es ist trotzdem zu empfehlen, die Ausführung eines Umkehrdaches jeweils explizit mit den Bauherren zu vereinbaren und über die technischen Besonderheiten aufzuklären.

Befestigung von unten

Die Montage von Geländern von unten ist nicht üblich und wird nur in Ausnahmefällen ausgeführt, wenn z. B. bei einer Sanierung die Plattenstärke zu gering ist, um eine Befestigung am Kopf vorzunehmen.

2.7.4.2 Standsicherheit von Brüstungen aus Mauerwerk

Brüstungen aus Mauerwerk müssen horizontale Kräfte (mindestens Windkräfte) aufnehmen. Gleichzeitig fehlt die Auflast auf dem Mauerwerk. Das Mauerwerk kann nur sehr begrenzt Biegezug aus Horizontalkräften aufnehmen. Deshalb müssen Brüstungen aus Mauerwerk konstruktiv durch Ringbalken und -anker in das Tragwerk eingebunden sein.

Beispiel

> Bei der Brüstung aus Mauerwerk in Abb. 2.52 wurde zwar ein Ringbalken eingeplant und ausgeführt, jedoch wurde übersehen, dass auch Ringbalken im Bauwerk verankert sein müssen, um horizontale Kräfte zu übertragen. Für eine statische Funktion hätten die Mauerwerkspfosten der Brüstung als Betonbrüstung ausgeführt werden müssen. Dies wäre wahrscheinlich am wenigsten aufwendig gewesen. Alternativ hätte der Ringbalken (wenn er dann noch als solcher zu bezeichnen ist) mit Zugstangen in der Deckenscheibe verankert werden können.

Ringbalken und Ringanker sind stabförmige Bauteile, die der Aufnahme von Aussteifungskräften und Horizontallasten dienen. Um eine Rissbildung zwischen Mauerwerk und Betonbauteil zu reduzieren, können sie mit ausbetonierten und bewehrten Mauerwerksschalen hergestellt werden. Alternativ können Schalen aus Polystyrol verwendet werden (vgl. Kalksandstein Planungshandbuch, 2012).

Ringanker verbinden tragende Wände, nehmen Randzugkräfte auf und leiten die angreifenden Aussteifungskräfte weiter. Gleichzeitig erhöhen sie die Stabilität von auf Scheibenschub beanspruchten Wänden mit großen Öffnungen. Ringanker sind also im Wesentlichen Zugglieder.

Ringbalken sind nötig, wenn Horizontallasten senkrecht zur Wandebene (z. B. aus Wind) einwirken und eine kontinuierliche Lagerung am Wandkopf (z. B. durch Deckenscheiben) nicht vorhanden ist. Dann nehmen sie die Horizontallasten auf und bieten eine horizontale Halterung am Wandkopf, z. B. bei Ausfachungsflächen. Sie können auch die Funktion von Ringankern zur Ableitung von Aussteifungskräften übernehmen, sind jedoch überwiegend auf Biegung und weniger auf Zug beansprucht.

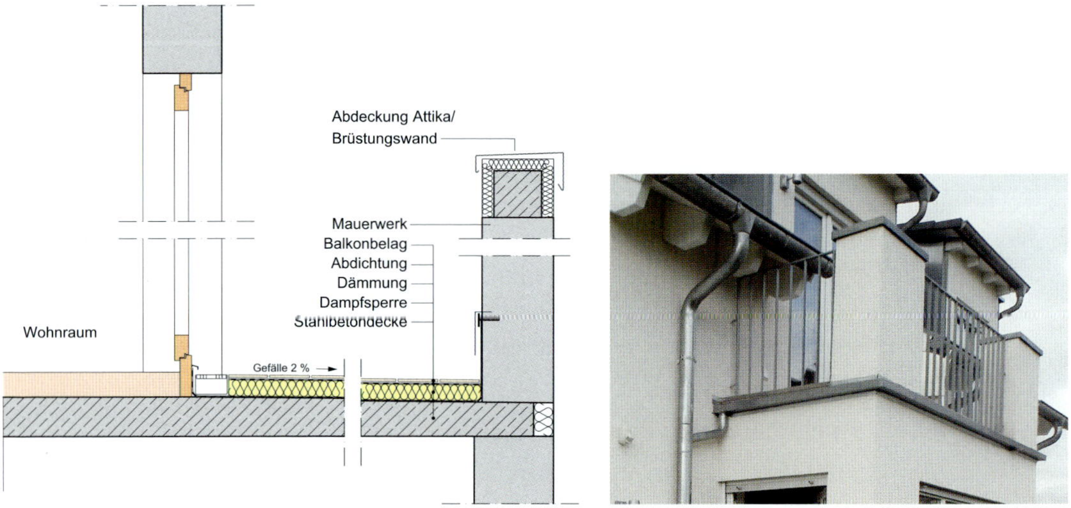

Abb. 2.52: Ringbalken ohne Funktion: Die gezeigte Brüstung aus Mauerwerk weist einen Ringbalken aus bewehrtem Beton auf. Die Brüstung ist allerdings durch Geländer unterbrochen.

Um Wärmebrücken zu vermeiden, ist auf eine Dämmung der Ringbalken und -anker zu achten. Ringbalken sind für die auf sie entfallenden Windlastanteile sowie zur Berücksichtigung von Lotabweichungen auf eine Horizontallast von $^{1}/_{100}$ der Vertikallast zu bemessen. Sie müssen derart biegesteif bemessen werden, dass im auszusteifenden Mauerwerk keine unzulässigen Durchbiegungen und Rissbildungen auftreten. Die Weiterleitung der Auflagerkräfte der Ringbalken in die aussteifenden Wände ist statisch nachzuweisen. Bei Ringbalken auf Brüstungsmauerwerk sollte zudem aus konstruktiven Gründen an den offenen Enden ein Zugstab gesetzt werden, um Rissbildungen zu verhindern.

Praxistipp

Bei Brüstungen aus Mauerwerk müssen die Brüstungen mit Ringbalken und -ankern versehen werden, um horizontale Lasten abzuleiten. Dabei ist die Auswirkung von Wärmebrücken zu beachten.

2.7.5 Gebrauchstauglichkeit von Geländern aus Stahl

Bei Geländern aus Stahl ist die Gebrauchstauglichkeit besonders zu berücksichtigen. Ein Geländer ist u. a. gebrauchstauglich, wenn es dem Nutzer ein sicheres Gefühl vermittelt. Dies stellt sich ein, wenn die Durchbiegung begrenzt ist und Schwingungen nicht übermäßig auftreten.

Nach DIN EN 1990 „Eurocode: Grundlagen der Tragwerksplanung“ (2010) kann die Gebrauchstauglichkeit z. B. mit Steifigkeitskriterien, wie Verformungsbegrenzungen oder Grenzen für Schwingungen, ausgedrückt werden. Weitere Einwirkungen auf die Gebrauchstauglichkeit, wie Schiefstellungskriterien, können durch eine Begrenzung seitlicher Verschiebungen erfasst werden.

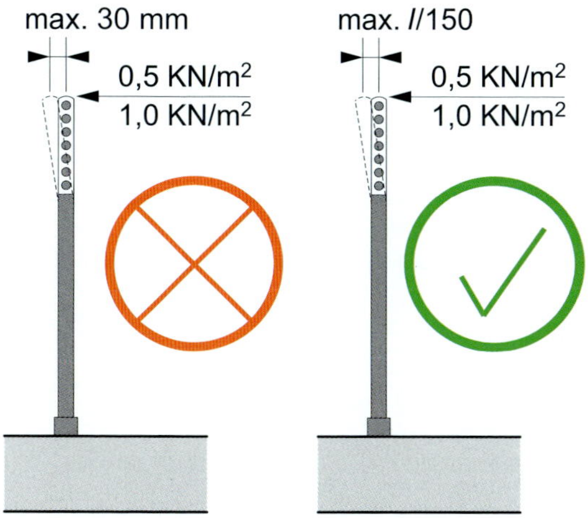

Abb. 2.53: Die Geländerpfostenauslenkung (Durchbiegung) unter Last darf maximal $^1/_{150}$ der Länge bzw. Höhe des Geländerpfostens betragen (l/150), um den Gebrauchstauglichkeitsanforderungen zu genügen.

Für jedes Projekt sollten die Gebrauchstauglichkeitskriterien entsprechend den Nutzungsanforderungen festgelegt und mit dem Bauherrn vereinbart werden. Ist nichts vereinbart, was durchaus üblich ist, greift § 633 BGB (Eignung für die nach dem Vertrag vorausgesetzte Verwendung und übliche Beschaffenheit, siehe Kapitel 2.1.1). Das bedeutet konkret für Geländer aus Stahl Folgendes: Bei der Bemessung von Geländern wird gemeinhin davon ausgegangen, dass Geländerpfosten nicht mehr als 30 mm unter Last (Bemessungslast) auslenken dürfen. Diese Forderung ist hergeleitet aus der DIN EN ISO 14122-3 „Sicherheit von Maschinen – Ortsfeste Zugänge zu maschinellen Anlagen – Teil 3: Treppen, Treppenleitern und Geländer" (2002). Geländer, die auf diese Art bemessen wurden, mögen zwar standsicher sein, jedoch geben sie beim Anfassen spürbar nach und schwingen. Bei Zugängen zu ortsfesten Maschinen ist das auch nicht weiter problematisch, bei einem Balkongeländer hingegen schon.

Eine andere Norm, die explizit für die Bemessung von Geländern ausgelegt ist, existiert nicht. Auch in der Ausführungsnorm für Stahlbauten DIN EN 1090-2 ist kein Grenzwert für die zulässige Auslenkung (Durchbiegung) genannt. Aus der für den Wohnungsbau maßgeblichen eingeführten Technischen Baubestimmung DIN EN 1993-1-1 lässt sich eine **maximal zulässige Durchbiegung** am oberen Ende von Stützen in Höhe von $^1/_{150}$ der Stützenlänge l (l/150) herleiten (Abb. 2.53). Bei einer Gesamtpfostenhöhe von 1.200 mm bedeutet dies eine Begrenzung der Durchbiegung auf 8 mm unter der Bemessungslast. Geländer mit dieser im Vergleich zu 30 mm sehr geringen Durchbiegung schwingen weniger, da die Steifigkeit höher ist, und fühlen sich fest an.

Es bleibt festzuhalten, dass die horizontale Durchbiegung eines ca. 1 m hohen Geländers von 30 mm nicht aus den eingeführten Technischen Baubestimmungen abgeleitet werden kann. Eine derart hohe Durchbiegung beeinträchtigt sehr wahrscheinlich die Gebrauchstauglichkeit und müsste unter dem Hinweis auf die Auswirkungen (z. B. Unsicherheitsgefühl) gesondert vertraglich vereinbart werden, um nicht im Nachhinein als Mangel bewertet zu werden.

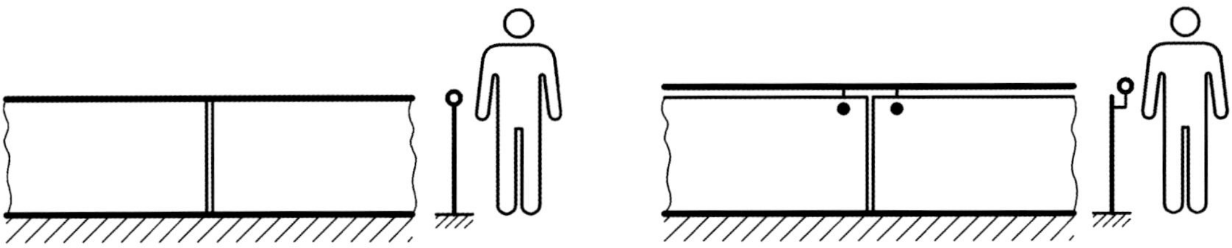

Abb. 2.54: Kategorie B (lastabtragend) bei Geländern und Brüstungen mit Glas-Elementen (Quelle: DIN 18008-4, Bild 1)

Praxistipp

Für Geländer ist eine Statik erforderlich. Diese umfasst den Standsicherheitsnachweis für:

- die Befestigung,
- die Kopfplatte,
- Schweißnähte sowie
- Holme, Handlauf und Ausfachungen.

Für eine Vorbemessung von Holm und Handlauf sowie von Lasten kann auf Hilfsmittel, z. B. das Excel-Tool „Geländerknecht", zurückgegriffen werden.

Es ist ein Gebrauchstauglichkeitsnachweis für die Durchbiegung zu führen (Durchbiegung unter Bemessungslast $\leq l/150$).

2.7.6 Geländer und Brüstungen mit Glas-Elementen

Werden bei Bauvorhaben die Absturzsicherungen als Geländer oder Brüstungen mit Glas-Elementen ausgeführt, so sind einige Punkte besonders zu beachten, damit die Standsicherheit gegeben ist. Maßgeblich für die Anwendung von Glas bei Absturzsicherungen ist die Normenreihe DIN 18008. Neben DIN 18008-2 und -3 für linien- bzw. punktförmig gelagerte Verglasungen ist DIN 18008-4 mit den Zusatzanforderungen an absturzsichernde Verglasungen im Bereich von Brüstungen und Geländern von Bedeutung.

Bei Geländern und Brüstungen mit Glas-Elementen können die **Bauarten** in die Kategorien B und C nach der Normenreihe DIN 18008 eingeteilt werden (Abb. 2.54 und 2.55):

- Kategorie B sind unten eingespannte Glasbrüstungen. Das Glas selbst muss horizontale Lasten auch von Personen und Anpralllasten aufnehmen. Die einzelnen Scheiben sind durch einen durchgehenden Handlauf verbunden. Der Handlauf kann auf der oberen Scheibenkante aufsitzen oder an den Scheiben durch Tellerhalter befestigt sein (punktgehaltener Handlauf).
- Kategorie C sind Verglasungen, die keine horizontalen Nutzlasten, aber Windlasten abtragen müssen. Die Kategorie C ist nochmals untergliedert in
  - C1: Geländerausfachungen,
  - C2: Verglasungen unterhalb eines lastabtragenden Querriegels,
  - C3: Verglasungen mit vorgesetztem lastabtragendem Holm.

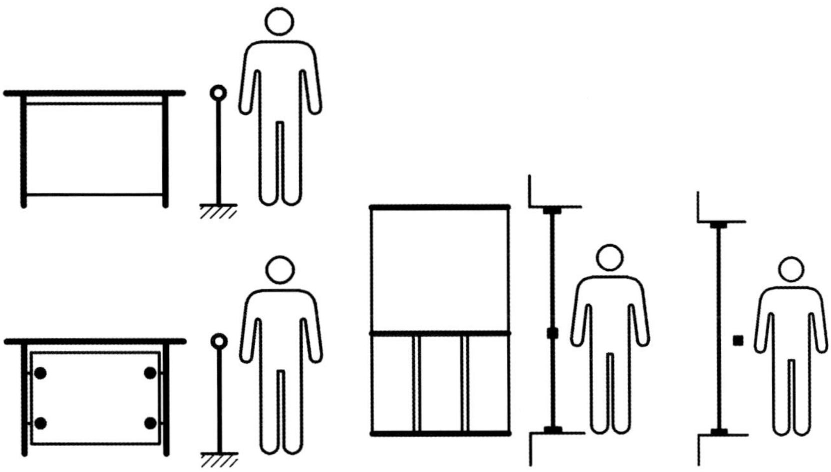

Abb. 2.55: Kategorie C (ausfachend) bei Geländern und Brüstungen mit Glas-Elementen (Quelle: DIN 18008-4, Bild 1)

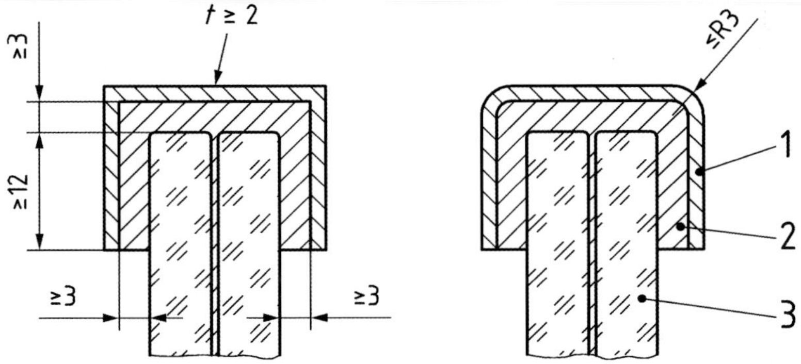

1 Kantenschutz
2 dauerelastischer Dichtstoff
3 Glas

t Stärke
R Radius
Angaben in Millimeter

Abb. 2.56: Kantenschutz für Glas-Elemente (Quelle: DIN 18008-4, Bild F.1)

Geländer und Brüstungen der Kategorie B und C benötigen einen **Schutz** aller **Kanten**

- entweder durch einen aufgesetzten Handlauf oder
- durch einen maximalen Abstand zu angrenzenden Bauteilen von 30 mm oder
- durch eine Anordnung entsprechender Kantenschutzprofile.

Wenn eine Glaskante in Kategorie C mehr als 30 mm von einem angrenzenden Bauteil entfernt ist, muss ein Kantenschutz angebracht werden, ansonsten nicht (Abb. 2.56). Ein angrenzendes Bauteil ist auch eine benachbarte Scheibe.

Alternativ zur Anordnung von Kantenschutzprofilen kann in Kategorie B der Nachweis der Tragfähigkeit durch die Berücksichtigung von Zerstö-

Abb. 2.57: Bei diesem französischen Balkon der Kategorie B mit Verbundsicherheitsglas fehlt der auf Oberseite nötige Kantenschutz.

rungszuständen im Standsicherheitsnachweis erbracht werden. Dabei ist die Einwirkungsrichtung des Anpralls zu beachten.

Die Anordnung eines Kantenschutzes steht oft im Widerspruch zu den Wünschen des Architekten nach ungehinderter Sicht (vgl. Abb. 2.57).

Für Absturzsicherungen bei Balkonen, Loggien und Dachterrassen muss Sicherheitsglas verwendet werden. Floatglas ist nicht geeignet. Es gibt unterschiedliche Arten von **Sicherheitsgläsern:**

- Einscheibensicherheitsglas (ESG),
- Verbundsicherheitsglas (VSG) und
- teilvorgespanntes Glas (TVG).

Für Absturzsicherungen kommt nur **VSG** infrage. Dieses Sicherheitsglas zeichnet sich dadurch aus, dass 2 Scheiben mit einer organischen Zwischenfolie verbunden sind. Für den Überkopfbereich sind zwischenzeitlich auch mit Gießharzen verbundene VSG bauaufsichtlich zugelassen.

Die kennzeichnende Eigenschaft von VSG ist, dass der Bruch einer oder beider Scheiben nicht zum unmittelbaren Verlust der Tragfähigkeit des Elements führt. Bei einem Bruch müssen die Glasstücke fest an der Zwischenfolie haften. Es dürfen keine scharfkantigen, großen und damit gefährlichen Glasbruchstücke von der Folie abfallen.

Wenn die Zwischenfolie aus Polyvinylbutyral (PVB) besteht und der Glasaufbau bzw. die Mindestdicken nach DIN 18008-4, Tabelle B.1, eingehalten sind, ist davon auszugehen, dass es sich um ein genormtes Bauprodukt handelt und kein weiterer Verwendungsnachweis mehr erforderlich ist. Für Gießharze, Ethylen-Vinylacetat (EVA) sowie für Sentryglas (SG) ist jedoch eine abZ bzw. eine Zustimmung im Einzelfall erforderlich.

Werden PVB-Folien verwendet, so ist zu beachten, dass diese Folien feuchtigkeitsempfindlich sind und sich unter der Einwirkung von Feuchtigkeit auflösen. Damit verliert das VSG seine Wirkung.

Auch **gebogene Gläser** kommen mitunter bei Bauvorhaben zum Einsatz (Abb. 2.58). Die Normenreihe DIN 18008 gilt jedoch für gebogenes Glas nicht. Gebogenes Glas ist somit ein ungeregeltes Produkt, für dessen An-

Abb. 2.58: Verglasungen der Kategorie B aus gebogenem Glas benötigen eine Zustimmung im Einzelfall.

wendung als Absturzsicherung eine Zustimmung im Einzelfall einzuholen ist. Das Verhalten im Versagensfall wird über Pendelschlagversuche nachgewiesen.

Die Gläser für Geländer und Brüstungen können behandelt sein. Übliche **Glasbehandlungen** sind:

- farbige Folie,
- Farbe,
- Beschichtung,
- Ätzung,
- Sandstrahlen und
- Siebdruck.

Bei einer Ätzung ist zwar keine Festigkeitsreduktion zu befürchten, jedoch handelt es sich um ein ungeregeltes Verfahren. Geätzte Gläser sind somit ungeregelte Bauprodukte und dürfen als Absturzsicherung nicht verwendet werden (auch nicht als Füllung).

Das Siebdruckverfahren kann Festigkeitsreduktionen um bis zu 40 % bewirken. Somit sind Gläser, die mit Siebdruck behandelt wurden, entweder entsprechend dicker zu bemessen oder dürfen nicht verwendet werden.

Sandstrahlen führt bei ESG-Scheiben zu einer Festigkeitsreduktion um bis zu 50 % und auch bei sandgestrahlten Scheiben handelt es sich um ungeregelte Produkte. Sie dürfen deshalb als Absturzsicherung von Balkonen, Loggien und Dachterrassen nicht verwendet werden.

Gerne werden für Glasfüllungen punktförmig gehaltene Verglasungen verwendet. In diesem Fall ist eine Statik nicht nur für die Holme und Halter, sondern auch für die Verglasung selbst zu erstellen. Die Glasdicken müssen statisch nachgewiesen werden. Eine abZ ersetzt den statischen Nachweis nicht. Derzeit sind nur für wenige Systeme Typenstatiken erhältlich.

Werden linienförmig gehaltene Verglasungen eingebaut (DIN 18008-2), muss der Glaseinstand mindestens 10 mm betragen. Das Glas ist mindestens an zwei gegenüberliegenden Seiten beidseitig (Druck und Zug) zu lagern (alle Scheiben) und die Durchbiegung der Unterkonstruktion muss kleiner als $l = {}^{1}/_{200}$ sein.

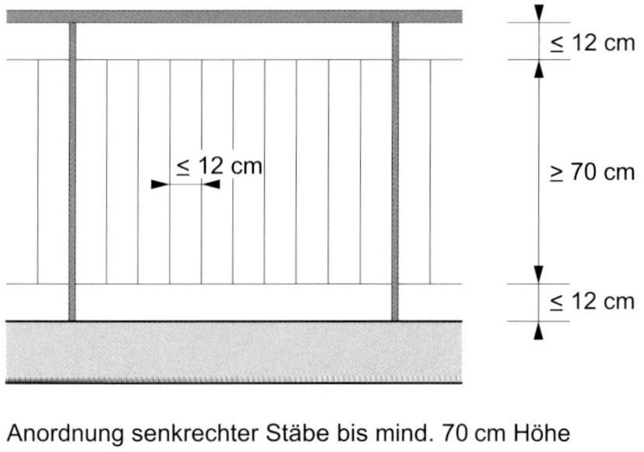

Abb. 2.59: Der Abstand vertikal angeordneter Stäbe von ≤ 12 cm ist nach allen Landesbauordnungen einzuhalten; die Höhe des Brüstungs- oder Geländerelementes kann variieren.

2.7.7 Überklettererschwernis und Schutz darunter liegender Flächen

Überklettererschwernis

Geländer und Brüstungen von Wohngebäuden, in denen Kinder im Vorschulalter bzw. Kinder unter 6 Jahren regelmäßig Zutritt haben, müssen so ausgebildet werden, dass das Überklettern nicht möglich ist. Für Gebäude der Gebäudeklasse 1 und 2 (siehe Kapitel 2.2.2) gelten diese Anforderungen nicht. Es wird davon ausgegangen, dass jeder Nutzer bzw. Eigentümer dort eigenverantwortlich für eine Überklettererschwernis sorgt (vgl. Stein, 2012). Zur Berücksichtigung der Vermeidung einer Klettermöglichkeit für Kinder in den einzelnen Bundesländern siehe Tabelle 2.15.

Bei **vertikal** angeordneten Brüstungs- und Geländerelementen ist nach allen Landesbauordnungen ein Abstand zwischen den einzelnen Elementen (z. B. Stäben) von ≤ 12 cm einzuhalten (vgl. Abb. 2.59). Die Anforderungen der Landesbauordnungen sind somit schärfer als die Anforderungen der ASR A2.1 (2012), wo ein Abstand von ≤ 18 cm gefordert wird.

Brüstungs- und Geländerelemente dürfen grundsätzlich auch **horizontal** angeordnet werden. In Baden-Württemberg ist dann ein Abstand von ≤ 2 cm zwischen den Elementen auf den unteren 60 cm einzuhalten. Der Abstand zum nächsten horizontal angeordneten Element oberhalb von 60 cm und von der Oberkante des Belages bis zur Unterkante des ersten Elementes darf maximal 12 cm betragen. In Hamburg ist hingegen ein Abstand zwischen den waagerechten Elementen von ≤ 4 cm auf den unteren 70 cm einzuhalten.

In der Schweiz werden im Vergleich zu Baden-Württemberg noch schärfere Anforderungen gestellt (Fachbroschüre Geländer und Brüstungen [2012]). Der Einsatz horizontaler Brüstungs- und Geländerelemente ist auf die unteren 75 cm begrenzt. Im unteren Drittel sind maximal 1 cm Abstand, im mittleren Drittel maximal 2 cm Abstand und im oberen Drittel maximal 3 cm Abstand der Elemente zulässig. Dies lässt sich damit begründen, dass Kleinkinder auch Öffnungen mit geringer Höhe als Steighilfe benutzen können (Abb. 2.60).

In der Schweiz wird zudem von der Anordnung eines nach **innen gezogenen Handlaufs** abgeraten, da dieser zum Überklettern einlade (Fachbroschüre Geländer und Brüstungen [2012]); siehe Abb. 2.61). Dies steht im

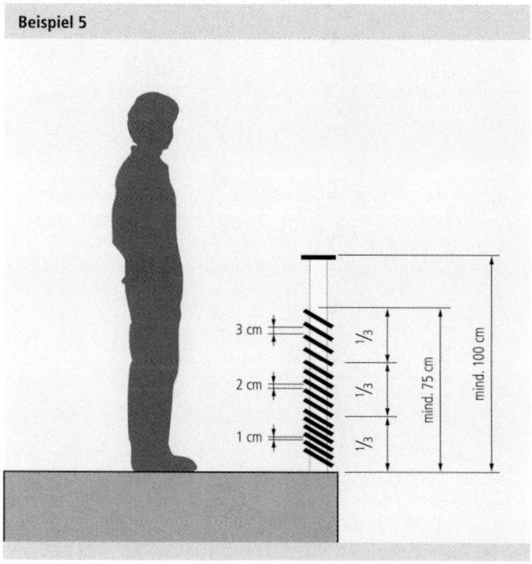

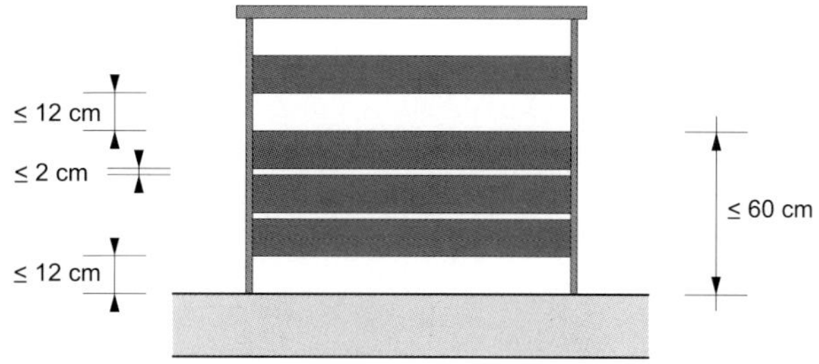

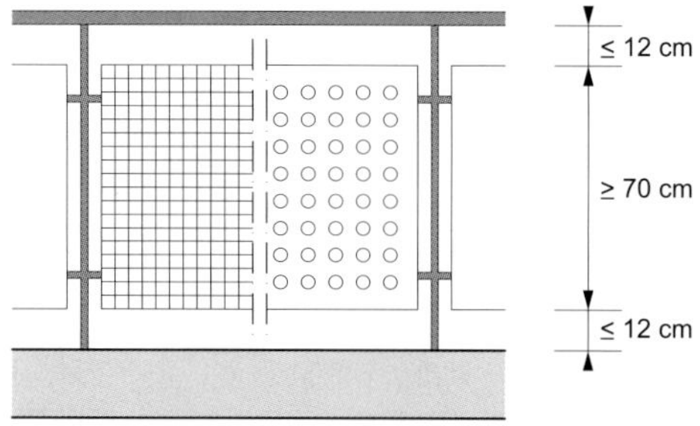

Abstand der Gitterstäbe (horizontal, vertikal) ≤ 4 cm
Lochblech: Löcher ø ≤ 4 cm

Abb. 2.60: Regelungen in der Schweiz (links), in Baden-Württemberg (rechts oben) und in Hamburg (rechts unten), die das Anordnen horizontaler Brüstungs- und Geländerelemente erlauben (Quellen: Fachbroschüre Geländer und Brüstungen [2012], S. 6; Anforderungen an Umwehrungen und Brüstungen [2013], S. 8)

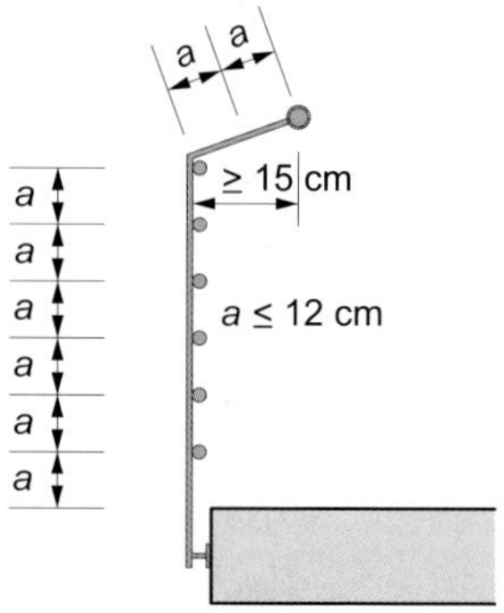

Anordnung eines um mind. 15 cm nach innen gezogenen Handlaufs

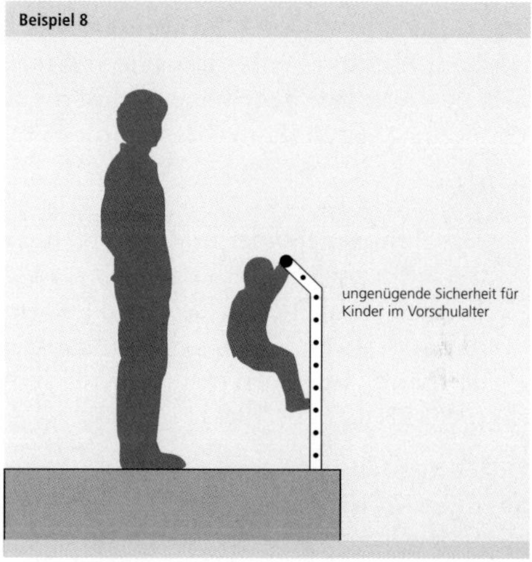

Abb. 2.61: Während in Hamburg ein nach innen gezogener Handlauf als Überklettererschwernis angesehen wird und dazu führt, dass horizontale Stäbe im Geländer oder in der Brüstung erlaubt sind (links), wird in der Schweiz ein nach innen gezogener Handlauf nicht als wirksame Überklettererschwernis angesehen (rechts). (Quellen: Anforderungen an Umwehrungen und Brüstungen [2013], S. 9; Fachbroschüre Geländer und Brüstungen [2012], S. 5)

Widerspruch zu den rechtlichen Anforderungen und zur gelebten Praxis in Deutschland, wonach nach innen gezogene Handläufe als Überklettererschwernis angesehen werden, die das Anbringen horizontaler Brüstungs- und Geländerelemente erlaubt. In Hamburg müssen nach innen gezogene Handläufe einen Versatz von ≥ 15 cm aufweisen (Abb. 2.61).

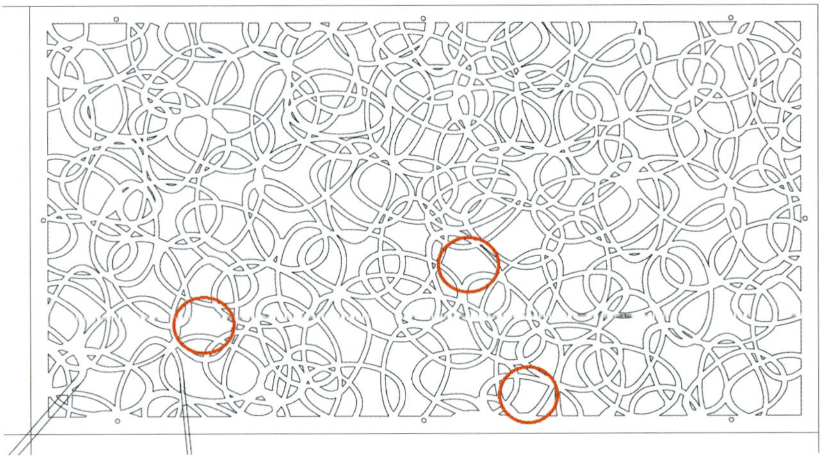

Abb. 2.62: Rankengeländer mit unregelmäßigen Öffnungen

Werden Brüstungs- oder Geländerelemente mit **unregelmäßigen Öffnungen** verwendet, die zum Überklettern verleiten könnten, sind die einzelnen Öffnungen so klein zu halten, dass sie von einem Kreis mit 12 cm Durchmesser noch eingefasst werden (Baden-Württemberg; Stein, 2012). In Hamburg dürfen Stab- und Ornamentteile nur so ausgeführt werden, dass diese nicht als Trittsprossen oder Trittflächen gebraucht werden können. Hier wird ein Abstand der Ornamente von mehr als 4 cm als kritisch angesehen. Fehlen eindeutige Regelungen, so ist die Zulässigkeit derartiger Elemente mit der jeweiligen Baurechtsbehörde vorab abzustimmen.

Beispiel

Das Rankengeländer in Abb. 2.62 mit unregelmäßigen Öffnungen hält die Forderung nach Öffnungen ≤ 12 cm in Baden-Württemberg ein (rote Kreise). Zusätzlich erschwert die Form der Ranken den Einstieg und damit das Überklettern der Brüstung. In Hamburg könnte die Geländergestaltung hingegen nicht zulässig sein, da der Abstand der Ornamente mehr als 4 cm beträgt.

Gegebenenfalls sind Sonderbauvorschriften und sonstige Regelwerke zu beachten. In Kindertagesstätten ist z. B. vorgesehen, dass Brüstungen und Geländer kindersicher gestaltet sein müssen und nicht zum Rutschen, Klettern, Aufsitzen oder Ablegen von Gegenständen verleiten (DGUV Regel 102-002 „Kindertageseinrichtungen“ [2009]). Hierzu ist z. B. die Öffnungsweite auf weniger als 11 cm zu begrenzen. Das Aufsitzen und Ablegen von Gegenständen soll durch eine Reduktion der nutzbaren Breite verhindert werden. Leiterähnliche Gestaltungselemente sollen vermieden werden; eine zulässige Höhe ist nicht genannt.

Schutz darunter liegender Flächen

Um Verletzungsgefahren zu vermeiden, darf zwischen den Brüstungen bzw. Geländern und den zu sichernden Flächen der waagerechte Abstand, durch den Gegenstände fallen können, in den einzelnen Bundesländern eine maximale Breite gemäß Tabelle 2.15 nicht überschreiten. In Kindertagesstätten ist

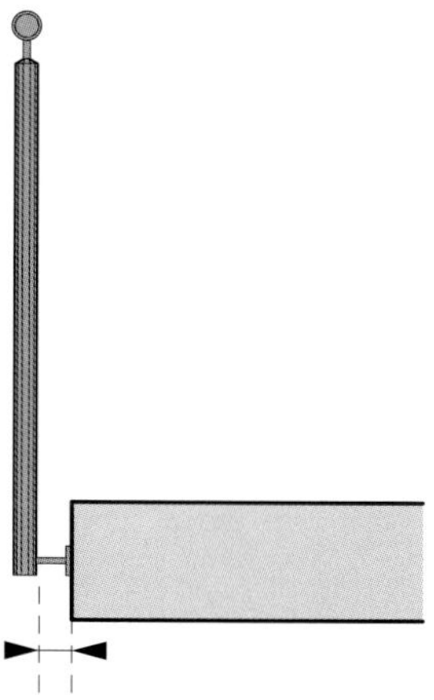

Abb. 2.63: Abstand zwischen vorgesetztem Geländer oder vorgesetzter Brüstung und Absturzkante

der Abstand auf maximal 4 cm zu reduzieren (Abb. 2.63). Gegebenenfalls sind Sonderbauvorschriften zu beachten.

2.7.8 Oberer Abschluss von Brüstungen aus Mauerwerk und Beton

Mauerkronen sind vor der Witterung durch einen geeigneten Abschluss zu schützen. Dies kann konstruktiv z. B. durch eine Blechabdeckung (Attikablech) oder durch eine Mauerabdeckung aus Naturstein gelöst werden.

Während die Blechabdeckung bereits eine Abdichtung ist, ist bei Abdeckungen aus Naturstein regelmäßig eine Abdichtung (z. B. aus Flüssigkunststoff) aufzubringen, um zu verhindern, dass Wasser in die Fassade eindringt. Fehlt eine Abdichtung, so wird die darunter liegende Konstruktion geschädigt (siehe Abb. 2.64).

Aus den Detailvorschlägen der Flachdachrichtlinie (2011) ergibt sich, dass **Blechabdeckungen** eine Neigung nach innen aufweisen müssen. Die Blechabdeckung ist entweder zu hinterlüften oder luftdicht auf dem Untergrund aufzukleben, sodass entstehendes Tauwasser schadlos wieder austreten bzw. kein Tauwasser entstehen kann. Eine fehlende Hinterlüftung einer Blechabdeckung würde, sofern Tauwasser anfällt, zur Bildung von Weißrost und zum vorzeitigen Versagen der Blechabdeckung führen.

Praxistipp

Es empfiehlt sich, auch auf der Innenseite von Brüstungen den spritzwasserbeaufschlagten Bereich nicht mit Putz, sondern z. B. mit einem Blech zu gestalten, da dieses leicht gereinigt werden kann.

Bei Blechabdeckungen sind die jeweiligen Abstände für einen Dehnungsausgleich einzuhalten, da es sonst zu Schäden kommt. Die Befestigung muss verdeckt erfolgen (mit Haften). Die Anschlüsse an aufgehende Wände müssen gemäß den Klempnerfachregeln (2016) zweiteilig sein: Die Blechabdeckung wird an der aufgehenden Wand aufgekantet und die dahinter

Abb. 2.64: Massive Schäden durch fehlende Abdichtung unterhalb der Abdeckung einer gemauerten Brüstung: Wasser läuft über Fugen und poröse Abdeckungen in das Mauerwerk und führt zu Ausblühungen, Abplatzungen und Vermoosungen.

liegende Fuge mit Kompriband abgedichtet. Ein zweites Blech wird darüber geführt, um den Anschluss dauerhaft vor der Witterung zu schützen (siehe Abb. 2.67).

Beispiel

Die Blechabdeckung in Abb. 2.65 wurde zwar aufgekantet, das Nachfolgegewerk (Stuckateur) hat das Blech jedoch eingeputzt. Für diesen Bereich gibt es spezielle Aufsteckprofile, die in den Putz integriert werden.

Der Anschluss in Abb. 2.65 ohne Aufsteckprofil ist nicht dauerhaft und noch nicht einmal kurzzeitig funktionstauglich. Durch die Temperaturdehnung des Blechs kommt es bereits meist nach einer Saison zum Abriss am Fassadenanschluss.

Auch **Abdeckungen aus Naturstein** sollten eine Neigung nach innen aufweisen. In der „Richtlinie Anschlüsse an Fenster und Rollläden bei Putz, Wärmedämm-Verbundsystem und Trockenbau" (2010) werden für Natursteinfensterbänke 4 % vorgeschlagen. Bei rauen Fensterbankoberflächen sollte die Neigung noch erhöht werden. Das Ziel der Neigung sowohl bei Blechabdeckungen als auch bei Abdeckungen aus Naturstein ist eine zügige Ableitung von Wasser von der jeweiligen Oberfläche. Die Neigung soll nach innen gerichtet sein, damit so wenig Wasser wie möglich an der Fassade abtropft, zu Wasserablaufspuren führt und mit zur Veralgung beiträgt (Abb. 2.66).

Durchdringungen durch die Abdeckung von oben, beispielsweise durch Geländerergänzungen, sollten vermieden werden, da jede Durchdringung eine Schwachstelle in der Abdichtung darstellt, die oft weniger dauerhaft ist als eine ungestörte Flächenabdichtung.

Bei der Planung sollte auch darauf geachtet werden, dass die Konstruktion nicht zu einem **gefährlichen Nutzerverhalten** ermutigen kann. Um zu verhindern, dass breite Brüstungen dazu verleiten, Gegenstände darauf

Abb. 2.65: Eingeputzte Blechabdeckung

Abb. 2.66: Blechabdeckung mit Neigung nach außen: Je nach Ausrichtung der Fassade kann dies zu Verschmutzungen und Ablaufspuren führen. Durchdringungen sollten vermieden werden, da dies Schwachpunkte in der Abdichtung sind.

Abb. 2.67: Zweiteiliger Anschluss einer Blechabdeckung an die aufgehende Wand; Blumenkübel auf der Abdeckung mit zu geringer Neigung

Abb. 2.68: Breite Natursteinabdeckung einer Dachterrasse mit zu geringer Neigung nach innen

abzustellen (wie z. B. Blumenkübel), von denen beim Herabfallen eine große Verletzungsgefahr ausgeht, sollte die Neigung bei breiten Brüstungsabdeckungen deutlich mehr als 4 % betragen.

Beispiele

Die Blechabdeckung in Abb. 2.67 wurde korrekt mit einem zweiteiligen Anschluss an die aufgehende Wand angeschlossen. Die geringe Neigung nach innen verleitet jedoch zum Abstellen von Gegenständen.

Die ca. 40 cm breite Natursteinabdeckung einer Dachterrasse im 4. Obergeschoss in Abb. 2.68 weist eine sehr geringe Neigung nach

Abb. 2.69: Fehlende Tropfkante führt zu einer Vermoosung der darunter liegenden Fläche.

innen von ca. 1 % auf. Die Ausführung lädt förmlich dazu ein, Gegenstände darauf abzustellen. Ob im Schadenfall ein Nutzer oder der Planer (zumindest teilweise) verantwortlich gemacht werden würde, lässt sich nicht sagen. Durch eine größere Neigung hätte die potenzielle Gefahrensituation aber entschärft werden können.

Bei Brüstungsabdeckungen ist darauf zu achten, dass höhenabhängige Überstände der **Tropfkanten** über die Fassade eingehalten werden (Abb. 2.69). Nach IFBS 8.01 „Richtlinie für die Planung und Ausführung von Dach-, Wand- und Deckenkonstruktionen aus Metallprofiltafeln" (2009) müssen folgende Abstände der Tropfkanten zur Fassade beachtet werden:

- 20 mm bis 8 m über Gelände,
- 30 mm von 8 bis 20 m über Gelände und
- 40 mm ab 20 m über Gelände.

Bei Kupfer können noch größere Tropfkantenabstände erforderlich sein. Die Abstände sind innen (meist 20 mm) und außen einzuhalten.

Beispiel

Der in Abb. 2.69 gezeigte Lichtschacht ist zwar keine Brüstung, zeigt jedoch eindrucksvoll, was passieren kann, wenn auf der Oberseite eines Bauteilabschlusses keine Tropfkanten ausgebildet werden. Auf Beton und auch auf verputzten Fassaden kommt es in Abhängigkeit von der Witterung zu Algenwachstum, wenn die Tropfkante nicht ausreichend weit übersteht oder, wie in diesem Fall, ganz fehlt.

Abb. 2.70: Bei diesem Bestandsbalkon einer Villa aus den 1950er-Jahren ist die Brüstungshöhe nach heutigen Anforderungen zu niedrig.

Bei den **Ringankern** bzw. **Ringbalken,** mit denen Brüstungsmauerwerk zur Aufnahme von horizontalen Lasten abschließen muss (siehe Kapitel 2.7.4.2), handelt es sich um Betonbauteile, die der Witterung ausgesetzt werden dürfen. Prinzipiell gelten für die Ausführung von Ringankern und -balken die gleichen Anforderungen wie für Natursteinabdeckungen. Keinesfalls sollten Ringanker und -balken fassadenbündig betoniert werden, wenn geplant ist, diese nicht abzudecken (Verschmutzung der Fassade durch Ablaufspuren wäre die Folge). Zudem ist darauf zu achten, dass in regelmäßigen Abständen Fugen zur Aufnahme von Schwindverkürzungen vorgesehen werden. Ansonsten stellen sich u. U. unregelmäßige Risse ein, die nachträglich dauerhaft abgedichtet werden müssten, da Beton nur dort dicht ist, wo er keine Risse hat. Weiterhin würde in diesem Fall eine Überarbeitung der Oberfläche erforderlich werden, da ein Bauteil mit einem hohen optischen Gestaltungswert (Fassade) betroffen wäre.

In der Praxis führt dies dazu, dass kaum sichtbare Ringanker als oberster Brüstungsabschluss ausgeführt werden. Es ist einfacher und bautechnisch weniger fehleranfällig, wenn die Brüstung aus Beton abgedeckt und überputzt wird.

2.7.9 Absturzsicherungen bei der Balkonsanierung

Meist werden Balkone saniert, wenn der Balkonbelag sich ablöst und/oder die Abdichtung des Balkons defekt ist. Eine Sanierung nach den heutigen allgemein anerkannten Regeln der Technik führt häufig dazu, dass der Belagsaufbau höher wird als der Bestandsbelagsaufbau. Bei Bauten aus der Jahrhundertwende des vorigen Jahrhunderts, die oft denkmalgeschützt sind, sowie bei Gebäuden bis Mitte des vorigen Jahrhunderts kommt hinzu, dass bereits im Bestand die heute erforderlichen Geländer- oder Brüstungshöhen nicht eingehalten sind (Abb. 2.70). Diese würden dann durch einen modernen Belagsaufbau noch weiter reduziert. Daher bieten sich bei diesen Gebäuden dünnschichtige Abdichtungen auf Flüssigkunststoffbasis an. Dafür ist die Verträglichkeit mit dem Untergrund zu prüfen und zu klären, ob es von unten kommende Einwirkungen gibt, die andere Abdichtungen erforderlich machen. Bestehende Geländer können in eine Flüssigkunststoffabdichtung eingebunden werden.

Für den Einzelfall bleibt es jedoch in Abstimmung mit den Eigentümern und den zuständigen Baubehörden zu klären, ob Höhenergänzungen erforderlich, erlaubt oder gewünscht sind.

Beispiel

> Der Balkon in Abb. 2.70 verfügt über keine Abdichtung, die nach den heute geltenden Anforderungen als funktionstüchtig bezeichnet werden kann. Weiterhin ist auch keine Abdichtung unterhalb der Brüstungsabdeckung vorhanden.
>
> Im Zuge der Sanierung muss deshalb der bestehende Fliesenbelag komplett abgenommen werden. Eine Notentwässerung ist zusätzlich zur vorhandenen Entwässerung durch die geschlossene Brüstung zu führen. Die Krone der Brüstung muss abgedichtet und dann erst abgedeckt werden. Die zu niedrige Brüstungshöhe ist so zu ergänzen, dass sie den aktuellen baurechtlichen Anforderungen genügt.

Bestehen keine Auflagen aus dem Denkmalschutz, ist bei der Sanierung eines Balkons selbstverständlich darauf zu achten, dass die aktuell gültigen Anforderungen des Landesbaurechts eingehalten werden. Dabei ist die korrekte Höhe der Brüstung oder des Geländers nur ein Aspekt. Je nach Zustand der Brüstung oder des Geländers muss auch überprüft werden, ob deren oder dessen Standsicherheit (wenn nicht die des gesamten Balkons) noch gegeben ist und wie eine Ergänzung in das statische System eingebunden werden kann.

Eine Sanierung, die sich nicht an den aktuell gültigen Anforderungen des Landesbaurechts orientiert, muss mit den Bauherren gesondert vertraglich vereinbart werden und diese müssen explizit über die Risiken aufgeklärt werden.

Beispiel

> Der Balkon in Abb. 2.71 mit Betonfertigteilbrüstungen aus den 1970er-Jahren hatte erste Anzeichen von Korrosion gezeigt und wurde daraufhin saniert. An anderen Balkonen des gleichen Objektes war zudem die Abdichtung defekt. Im ursprünglichen Zustand erfolgte die Entwässerung des Balkons frei über die breiten Fugen zwischen den Fertigteilen.
>
> Im Zuge der Sanierung wurde eine Abdichtung im Verbund mit einem Fliesenbelag aufgebracht und diese an den Rändern wannenförmig hochgezogen. Um weiterhin eine Entwässerung der Balkone zu gewährleisten, wurde durch die Stirnseite der Brüstung eine freie Entwässerung angelegt.
>
> Unterhalb der Balkone befindet sich ein Hof mit Zugang zu Garagen. Es liegen mehrere Balkone übereinander. Nach der Sanierung erfolgt zwar nach wie vor eine freie Entwässerung über den Rand. Jedoch werden jetzt durch die Entwässerung Dritte beeinträchtigt, worin das Risiko dieser nicht an den aktuell gültigen Anforderungen orientierten Sanierung liegt.

Abb. 2.71: Entwässerung eines sanierten Balkons mit geschlossenem Randfries nur über eine Bohrung; durch diese Entwässerung werden Dritte beeinträchtigt.

Die Sanierung führte weiterhin dazu, dass die ehemals vorhandenen vier Abläufe über vier große Fugen mit dem Randfries verschlossen wurden und nun nur noch eine Entwässerung über die Bohrung vorhanden ist. Die Balkone verfügen somit nicht mehr über eine notwendige Notentwässerung.

2.8 Dauerhaftigkeit

Axel Einemann

2.8.1 Planerische Grundlagen

Im Allgemeinen müssen Bauwerke standsicher, gebrauchstauglich und dauerhaft konstruiert und hergestellt werden. Die Nachweise, die für neue Bauwerke nach den neuen Bemessungsvorschriften (Normenreihen DIN EN 1991 bis 1996 und 1999) zu erbringen sind, zielen unmittelbar auf die Sicherstellung dieser Eigenschaften ab.

Für den Nachweis der **Standsicherheit** wird ein Versagen des Baukörpers und ein daraus resultierender Schaden für den Menschen auf eine Wahrscheinlichkeit begrenzt. Nach den Ansätzen der DIN EN 1990, Anhang C, lässt sich die Versagenswahrscheinlichkeit für die Ursache Bauwerksversagen zu 1,0 · 10–7 errechnen (Voigt, 2016). Aus diesem Grund werden bei der Bemessung der Standsicherheit sowohl die Einwirkungen als auch die Materialeigenschaften mit Sicherheitsfaktoren von größer als 1,0 versehen, die den Einfluss der Streuung der einzelnen Faktoren über die Tragkapazität der Bauwerke berücksichtigen und im Bemessungsverfahren abbilden.

Mit dem Nachweis der **Gebrauchstauglichkeit** soll die geplante Nutzungsfunktion des Bauwerkes ohne Einschränkung des Wohlbefindens der Nutzer sichergestellt werden. Zu dieser Sicherstellung gehören u. a. die Begrenzung der Spannungen und Rissbreiten sowie der Durchbiegungen in Stahlbeton und der Verformungen im Stahl- und Holzbau.

Die Einhaltung der Konstruktionsregeln für die **Dauerhaftigkeit** soll die Gebrauchstauglichkeit innerhalb der vorgesehenen Nutzungsdauer ohne größeren Kostenaufwand gewährleisten. Zu diesen Konstruktionsregeln gehören u. a. die Einhaltung der Betondeckung und der erforderlichen Festigkeitsklasse bzw. Expositionsklasse sowie der Korrosionsschutzmaßnahmen im Stahlbetonbau oder die Wahl der geeigneten Materialien in Bezug auf die Widerstandsfähigkeit des Holzes im Holzbau.

Dabei ist zu berücksichtigen, dass die zu erwartende Nutzungsdauer des jeweiligen Bauteils eine **Instandhaltung** nach DIN 31051 „Grundlagen der Instandhaltung“ (2012) voraussetzt. Wird diese Instandhaltung nicht durchgeführt, verkürzt sich die zu erwartende Nutzungsdauer entsprechend, denn Bauteile, die der Witterung ausgesetzt sind, bedürfen regelmäßiger Pflege. Die Pflegeintervalle sind abhängig von den örtlichen Gegebenheiten, wie z. B. der Bewitterung und des Bewuchses.

In dem Infoblatt Nr. 4.2 „Lebensdauer von Bauteilen und Bauteilschichten“ (2006) wird für frei bewitterte Betonkonstruktionen die zu erwartende Lebensdauer von 60 bis 180 Jahren mit einer mittleren Lebensdauer von 70 Jahren angegeben. Dies entspricht nicht den Angaben der DIN EN 1990, Abschnitt 2.3, Tabelle 2.1, die für Konstruktionen aus WU-Beton eine zu erwartende Nutzungsdauer von 50 Jahren ansetzt. Die kürzere Nutzungsdauer lässt sich dadurch erklären, dass in DIN EN 1990 davon ausgegangen wird, dass in diesem Zeitraum keine wesentlichen Instandsetzungsmaßnahmen erfolgen. Die im Infoblatt Nr. 4.2 (2006) angegebene Lebensdauer setzt voraus, dass die Betonkonstruktion mindestens einmal in ihrem Lebenszeitraum instand gesetzt wird.

Grundsätzlich sind Holzkonstruktionen, bezogen auf ihre zu erwartende Nutzungsdauer, deutlich häufiger instand zu setzen als Stahl- oder Betonkonstruktionen (Pfeiffer/Arlt, 2005).

Die Dauerhaftigkeit von Balkon-, Loggia-, Dachterrassen- und Terrassenbauteilen, die mit den üblichen Baustoffen zu erreichen ist, ist in Tabelle 2.16 zusammenfassend dargestellt.

Die Herstellerangaben der einzelnen Baustoffhersteller gehen von weit höheren zu erwartenden Nutzungsdauern aus als die Angaben, die von Sachverständigen bestätigt werden (siehe Ritter, 2011, Abschnitt 7.3, S. 109). Die Angaben in der Literatur sind in der Regel auch höher anzusetzen als die von Sachverständigen (Ritter, 2011). Somit ist davon auszugehen, dass die in Tabelle 2.16 gegenübergestellten Nutzungs- bzw. Lebensdauern aus der Literatur in der Praxis durch sachverständige Einschätzungen geringer ausfallen können. Facility-Management-Firmen stufen die zu erwartende Nutzungsdauer zum Teil noch geringer ein als Sachverständige (Ritter, 2011). Dies mag daraus herrühren, dass die Sachverständigen einen tatsächlichen Schaden erst später feststellen und beurteilen als eine Facility-Management-Firma.

Normen und Regelwerke

In Tabelle 2.17 werden einzelnen Baustoffen Normen und Regelwerke zugeordnet, die unmittelbar einen Zusammenhang mit der Dauerhaftigkeit des jeweiligen Baustoffes haben.

Tabelle 2.16: Nutzungs- bzw. Lebensdauer von Balkon-, Loggia-, Dachterrassen- und Terrassenbauteilen nach dem „Nutzungsdauerkatalog baulicher Anlagen und Anlagenteile" (2006), dem Infoblatt Nr. 4.2 (2006), dem BTE-Arbeitsblatt „Lebensdauer von Bauteilen und Bauteilschichten" (o. J.) und Pfeiffer/Arlt, 2005

Baustoff	Nutzungsdauer-katalog Nutzungsdauer in Jahren	Infoblatt Nr. 4.2 Lebensdauer in Jahren (Mittelwert)	BTE-Arbeitsblatt Lebensdauer in Jahren (Mittelwert)	Pfeiffer/Arlt Lebensdauer in Jahren (Mittelwert)[1)]
Beton, frei bewittert	50–80	70	80	70 (1)
Beton, geschützt	–	100	–	–
Stahl, außen	–	60	70	60
Stahl, gestrichen	30–50	–	–	–
Stahl, verzinkt	40–60	–	–	–
Weichholz (Treppe)	–	45	40	45 (5)
Hartholz (Treppe)	–	70	–	70 (5)
Holz (Balkon)	30–50	–	–	–

1) Die Ziffern in Klammern stellen die Anzahl der erforderlichen Instandsetzungsmaßnahmen zur Gewährleistung der angegebenen Nutzungsdauer dar.

Tabelle 2.17: Für die Dauerhaftigkeit von Baustoffen für Balkone, Loggien, Dachterrassen und Terrassen wesentliche Normen und Regelwerke

Baustoff	Norm	Regelwerk
Stahl und Metallbau	DIN EN ISO 12944-2 „Beschichtungsstoffe – Korrosionsschutz von Stahlbauten durch Beschichtungssysteme – Teil 2: Einteilung der Umgebungsbedingungen" (1998) DIN EN ISO 12944-3 „Beschichtungsstoffe – Korrosionsschutz von Stahlbauten durch Beschichtungssysteme – Teil 3: Grundregeln zur Gestaltung" (1998) DIN EN ISO 1461 „Durch Feuerverzinken auf Stahl aufgebrachte Zinküberzüge (Stückverzinken) – Anforderungen und Prüfungen" (2009) DIN EN ISO 14713-1 „Zinküberzüge – Leitfäden und Empfehlungen zum Schutz von Eisen- und Stahlkonstruktionen vor Korrosion – Teil 1: Allgemeine Konstruktionsgrundsätze und Korrosionsbeständigkeit" (2010) Normenreihe DIN EN 1993 „Eurocode 3: Bemessung und Konstruktion von Stahlbauten" (2010) DIN 18807-3 „Trapezprofile im Hochbau; Stahltrapezprofile; Festigkeitsnachweis und konstruktive Ausbildung" (1987)	Fachregelwerk Metallbauerhandwerk (2015)

Tabelle 2.17 (Fortsetzung): Für die Dauerhaftigkeit von Baustoffen für Balkone, Loggien, Dachterrassen und Terrassen wesentliche Normen und Regelwerke

Baustoff	Norm	Regelwerk
Aluminium	Normenreihe DIN EN 1999 „Eurocode 9: Bemessung und Konstruktion von Aluminiumtragwerken" (2010–2011) DIN 18807-9 „Trapezprofile im Hochbau – Teil 9: Aluminium-Trapezprofile und ihre Verbindungen; Anwendung und Konstruktion" (1998)	Fachregelwerk Metallbauerhandwerk (2015)
Beton	Normenreihe DIN EN 1992 „Eurocode 2: Bemessung und Konstruktion von Stahlbeton- und Spannbetontragwerken" (2010–2011)	Hefte des Deutschen Ausschusses für Stahlbeton e. V. Schriftenreihe der Bauberatung Zement des Bundesverbands der Deutschen Zementindustrie e. V. Merkblätter des Deutschen Beton- und Bautechnikvereins e. V. DAfStb-Richtlinie für Schutz und Instandsetzung von Betonbauteilen (2001)
Holzbau	DIN 68800-1 bis -4 „Holzschutz" (2011–2012) Normenreihe DIN EN 1995 „Eurocode 5: Bemessung und Konstruktion von Holzbauten" (2010)	Fachregel 02 „Balkone und Terrassen" (2007)

2.8.2 Holzkonstruktionen

Mit der Fachregel 02 „Balkone und Terrassen" (2014) im Entwurf wird nach der abschließenden Veröffentlichung ein umfangreiches Regelwerk zur Bemessung und Konstruktion von dauerhaften Holzbalkonen gegeben sein.

Die **Einflüsse von außen,** die auch eine unmittelbare Auswirkung auf die Dauerhaftigkeit der Konstruktion haben, sind im Wesentlichen:

- Sonnenlicht (UV-Strahlung),
- Regen,
- langjährige Bewitterung (Erosion),
- Verschmutzung durch Mikroorganismen und
- Feuchtigkeitsschwankungen.

Eine Holzkonstruktion wird vor allem durch Niederschläge und Sonneneinstrahlung beeinträchtigt, die zu einer Veränderung der Oberflächenstruktur und der Farbe des Holzes führen. Diese Veränderungen sind als zulässig einzustufen, wenn sie die Tragfähigkeit und die Gebrauchstauglichkeit nicht in einem unzuträglichen Maß beeinflussen, d. h., wenn die Standsicherheit nicht herabgesetzt wird. Daneben sind **typische Veränderungen** der Holzkonstruktion durch Witterungseinflüsse nach der Fachregel 02 „Balkone und Terrassen" (Entwurf, 2014) u. a.:

- Rissbildungen,
- Verdrehungen,
- Krümmungen,
- Ausharzung und
- Aufstehen von einzelnen Holzfasern.

In DIN EN 1995-1-1 werden Holzbauwerke in unterschiedliche **Nutzungsklassen** eingestuft. Dabei wird berücksichtigt, dass Hölzer, die aufgrund von Klimabedingungen höheren Feuchtigkeiten ausgesetzt sind, geringere Festigkeitseigenschaften aufweisen als beispielsweise dauerhaft trockenes Holz.

In DIN 68800-1 erfolgt eine Klassifizierung der einzelnen Holzbauteile einer Konstruktion entsprechend den Anforderungen an die Holzbauteile in **Gebrauchsklassen.** Hierbei fließt unmittelbar ein, in welcher Art und Weise die Holzkonstruktion einer Feuchtebeanspruchung ausgesetzt ist.

DIN 68800-1 sieht weiter die grundsätzliche Pflicht zur Anwendung des **baulichen Holzschutzes** vor. Das heißt, wenn irgendwie möglich, ist auf den Einsatz von chemischen Holzschutzmitteln zu verzichten. Beim baulichen Holzschutz ist es ein grundlegendes Ziel, das Niederschlagswasser von Holzbauteilen fernzuhalten oder durch ein schnelles Ablaufen und Abtrocknen sicherzustellen, dass die Durchfeuchtung herabgesetzt wird.

Sollte dennoch ein chemischer Holzschutz erforderlich sein, ist dieser in Abhängigkeit von der Gebrauchsklasse nach DIN 68800-3 auszuführen. Dabei ist zu beachten, dass dann eine entsprechende Kennzeichnung der Konstruktion zu erfolgen hat.

2.8.3 Betonkonstruktionen

Aufgrund der chemischen und physikalischen Witterungseinflüsse werden Nachweise zur Dauerhaftigkeit von Betonkonstruktionen in DIN 1045-1 „Tragwerke aus Beton, Stahlbeton und Spannbeton – Teil 1: Bemessung und Konstruktion“ (2008) bzw. in DIN EN 1992-1-1 benannt. Dabei sind die dort angegebenen Grenzwerte als verbindlich anzusehen. Es wird grundsätzlich unterschieden zwischen

- Angriffen des Betons durch Betonkorrosion und
- Angriffen der Bewehrung durch Bewehrungskorrosion.

Durch den verantwortlichen Tragwerksplaner erfolgt in Abstimmung mit dem Architekten eine Einstufung der Betonbauteile in die **Expositionsklassen** nach DIN EN 1992-1-1. Dabei wird im Bereich der Bewehrungskorrosion in die Umgebungsklassen X0 bis XS und im Bereich der Betonkorrosion in die Umweltklassen WO bis WS unterschieden (siehe Tabelle 2.18).

Tabelle 2.18: Klassifizierung von Betonbauteilen im Wohnungsbau (Quelle: Kampen et al., 2011, S. 9)

3.2 Wohnungsbau				Karbonatisierung				Chlorid			Chlorid Meer			Frost		Frost Taumittel		chem. Angriff			Verschleiß			Feuchtigkeitsklasse	Mindestdruckfestigkeitsklasse	Betondeckung	Überwachungsklasse
			XO	XC				XD			XS			XF		XF		XA			XM					c_{min} [mm]	ÜK
				1	2	3	4	1	2	3	1	2	3	1	3	2	4	1	2	3	1	2	3				
3.2.1	**Innenbauteile**																										
a)		unbewehrt	X																					WO	C8/10		1
b)		bewehrt		X																				WO	C16/20	10	1
3.2.2	**Bauteile im Freien**	**unbewehrt**																									
a)	Frost													X										WF	C25/30		1
b)	vertikal, Frost, Tausalzsprühnebel															X								WA	C25/30(LP) C35/45		2
c)	horizontal, Frost, Tausalz																X							WA	C30/37(LP)		2
3.2.3	**Bauteile im Freien**	**bewehrt**																									
a)	Frost						X							X										WF	C25/30	25	1
b)	vertikal, Frost, Tausalzsprühnebel						X	X								X								WA	C25/30(LP) C35/45	40	2
c)	horizontal, Frost, Tausalz						X			X							X							WA	C30/37(LP)	40	2

Tabelle 2.18 (Fortsetzung): Klassifizierung von Betonbauteilen im Wohnungsbau (Quelle: Kampen et al., 2011, S. 9)

3.2 Wohnungsbau			Karbonatisierung				Chlorid			Chlorid Meer			Frost		Frost Taumittel		chem. Angriff			Verschleiß			Feuchtigkeitsklasse	Mindestdruckfestigkeitsklasse	Betondeckung	Überwachungsklasse
		X0	XC				XD			XS			XF		XF		XA			XM					c_{min} [mm]	ÜK
			1	2	3	4	1	2	3	1	2	3	1	3	2	4	1	2	3	1	2	3				
3.2.4	**Bauteile mit Zugang der Außenluft** **unbewehrt**																									
a)	Frost												X										WF	C25/30		1
b)	vertikal, Frost, Tausalzsprühnebel														X								WA	C25/30(LP) C35/45		2
c)	horizontal, Frost, Tausalz															X							WA	C30/37 (LP)		2
3.2.5	**Bauteile mit Zugang der Außenluft** **bewehrt**																									
a)	ohne Frost				X																		W0	C20/25	20	1
b)	Frost				X								X										W0	C25/30	20	1
c)	vertikal, Frost, Tausalzsprühnebel				X		X								X								WA	C25/30(LP) C35/45	40	2
d)	horizontal, Frost, Tausalz				X				X														WA	C30/37(LP)	40	2
3.2.6	**Bauteile mit hohem Wassereindringwiderstand** **unbewehrt/bewehrt**		Expositionsklasse nach Beanspruchung festlegen																				WF	C25/30		2

Tabelle 2.19: Anforderungen an die Begrenzung der Rissbreite[1)] nach DIN 1045-1, Abschnitt 11.2, in Anlehnung an Kampen et al., 2011

äußerer Einfluss	**Expositionsklasse**	**Rechenwert der Rissbreite w_k in mm**
Karbonatisierung	XC1	0,4
Karbonatisierung	XC2, XC3, XC4	0,3
Chloride	XD1, XD2	0,3
Meerwasser	XS2	
Karbonatisierung	XC3	
Chloride	XD3	0,3[2)]

1) Diese Angaben gelten nicht für vorgespannte Stahlbetonbauteile (Spannbeton).
2) im Einzelfall besondere Maßnahmen

Zum Nachweis der Gebrauchstauglichkeit gehören folgende **Nachweise:**

- Begrenzung der Stahl- und Betonspannung,
- Begrenzung der Durchbiegung und
- Begrenzung der Rissbreite.

Die Anforderungen an die Begrenzung der Rissbreite in Abhängigkeit von den Expositionsklassen und den äußeren Einflüssen werden in Tabelle 2.19 dargestellt.

Es sei angemerkt, dass die in Tabelle 2.19 angegebenen Rissbreiten w_k **rechnerische Rissbreiten** sind, die von den vor Ort angetroffenen Rissbreiten abweichen können. Die zugehörigen statistischen Abweichungen sind daher zu berücksichtigen. So ist bei einer rechnerischen Rissbreite von $w_k = 0{,}3$ mm unter Berücksichtigung der statistischen Abweichung ein zulässiger Einzelwert der Rissbreite von 0,36 bis 0,42 mm am Bauteil möglich (Lohmeyer/Ebeling, 2013).

In Bezug auf Sichtbetoneigenschaften einer Balkonplatte oder auch von Balkonstützen können darüber hinausgehende Anforderungen an die zulässige Rissbreite vereinbart und erforderlich sein. Unter **optischen Gesichtspunkten** kann auch eine Rissbreite von 0,1 mm ein Mangel sein, wenn der Riss als störend empfunden wird und aufgrund seiner Lage sowie dunkel eingefärbter Rissufer deutlich wahrnehmbar ist.

Die Bedingungen hinsichtlich der Dauerhaftigkeit sowie auch des Erscheinungsbildes des Bauwerkes gelten zwar als erfüllt, wenn die Rissbreite auf den maximal zulässigen Rechenwert w_k in Abhängigkeit von der Expositionsklasse begrenzt wird. Der Bauherr kann jedoch erhöhte Anforderungen stellen und damit kleinere Rissbreiten oder den Nachweis der Dekompression unter anderen Bemessungsbedingungen verlangen, wenn Risse aus optischen Gründen stören (z. B. bei Sichtbeton) oder höhere Anforderungen an die Dichtheit gestellt werden sollen (DAfStb-Heft 600 „Erläuterungen zu DIN EN 1992-1-1 und DIN EN 1992-1-1/NA [Eurocode 2]“ [2012]).

2.8.4 Stahlkonstruktionen

Stahlbauten sind wirksam vor Korrosion zu schützen. Hierfür ist es notwendig, dass der Auftraggeber, der Planer und die ausführende Firma bzw. das aufsichtsführende Personal der Korrosionsschutzarbeiten dem Stand der Technik entsprechende Angaben über den Korrosionsschutz durch Beschichtungssysteme erhalten. Solche Angaben müssen möglichst vollständig sein. Außerdem müssen sie leicht und eindeutig zu verstehen sein, damit Schwierigkeiten und Missverständnisse zwischen den Vertragspartnern, die mit der Ausführung der Schutzmaßnahmen befasst sind, vermieden werden (siehe Einleitung der DIN EN ISO 12944-2). Die DIN EN ISO 12944-2 hat das Ziel, die für die Anwender gedachten allgemeinen Regeln so auszudrücken, dass eine Verständigung auf demselben Niveau möglich ist.

Für Balkonkonstruktionen ist im Regelfall die **atmosphärische Korrosion** maßgebend d. h. die Korrosion in der Erdatmosphäre bei Umgebungstemperatur (DIN EN ISO 8044 „Korrosion von Metallen und Legierungen – Grundbegriffe" [2015]). Die atmosphärische Korrosion ist ein Prozess, bei dem ein Feuchtigkeitsfilm auf der Metalloberfläche entsteht. Dieser Feuchtigkeitsfilm kann so dünn sein, dass er für das menschliche Auge unsichtbar ist.

Die **Korrosionsgeschwindigkeit** nimmt unter dem Einfluss verschiedener Faktoren zu, und zwar:

- mit steigender relativer Luftfeuchtigkeit,
- wenn sich Kondenswasser bildet (die Oberflächentemperatur liegt dann bei oder unter dem Taupunkt) und
- mit zunehmender Verunreinigung der Atmosphäre durch korrosive Stoffe, die mit der Stahloberfläche reagieren und/oder auf ihr Ablagerungen bilden können.

Nach DIN EN ISO 12944-2 besteht die Gefahr, dass kondensierendes Wasser eine besonders hohe Korrosionsbelastung darstellt, wenn die Temperatur der Stahloberfläche über mehrere Tage hinweg unter dem Taupunkt liegt, vor allem dann, wenn mit periodischen Wiederholungen zu rechnen ist.

Es ist zu beachten, dass eine nennenswerte Korrosion bereits dann auftritt, wenn die relative Luftfeuchtigkeit über 80 % beträgt und eine Temperatur von über 0 °C vorliegt. Wenn Verunreinigungen oder hygroskopische Salze vorhanden sind, findet eine Korrosion bereits bei einer niedrigeren Luftfeuchtigkeit statt.

Zusammenfassend ist festzuhalten, dass die atmosphärische Korrosion von der **Luftfeuchtigkeit** und der **Lufttemperatur** des herrschenden Klimas abhängt und daher im Wesentlichen von der Lage des Bauteils beeinflusst wird.

Die Korrosion im Wasser und im Erdreich soll hier nicht weiterführend behandelt werden, da sich Balkonkonstruktionen im Regelfall nicht dort befinden. Es sei nur darauf hingewiesen, dass insbesondere bei Füßen einer Balkonkonstruktion, die sich in einer Wasserwirkzone, d. h. z. B. in Flussnähe, befinden, eine verstärkte Korrosionsgefahr besteht. In diesem Fall sind entsprechende zusätzliche Korrosionsschutzmaßnahmen erforderlich. Die

Korrosionsbelastung im Erdreich hängt im Wesentlichen von dem Mineralgehalt des Bodens ab sowie von dessen organischen Bestandteilen und Wassergehalt. Die Korrosivität der Böden wird auch von ihrer Belüftung und dem damit verbundenen Sauerstoffgehalt beeinflusst.

In DIN EN ISO 12944-2 werden Korrosivitätskategorien nach Umgebungsbedingungen typisiert, nach denen eine Klassifizierung von Stahlbauteilen für die Wahl eines Korrosionsschutzes durch das Auftragen von Beschichtungssystemen zu erfolgen hat.

Als besondere Situation ist die Korrosion von **Hohlkästen** oder **Hohlbauteilen** zu betrachten. Dicht geschlossene, nicht zugängliche Hohlbauteile, die im Inneren keinerlei Korrosionsbelastung ausgesetzt sind, sind unkritisch. Bei der Gestaltung von dichten Hohlbauteilen und Hohlkästen ist insbesondere ihre Luftdichtheit sicherzustellen, d. h., durch Schraubstöße u. Ä. unterbrochene Schweißnähte sind zu vermeiden. Feuchtigkeit aus Regen- oder Kondenswasser, die in Hohlkästen oder Hohlbauteile gelangt und dort gespeichert wird, kann zu einer Korrosion führen. Daher sind hier geeignete Maßnahmen zu ergreifen und die Gestaltung der Konstruktion entsprechend den Anforderungen der DIN EN ISO 12944-3 ist zu berücksichtigen.

Die Form eines Bauwerkes ist gemäß DIN ISO 12944-3 so zu gestalten und zu beeinflussen, dass seine Korrosionsanfälligkeit gering ist. Stahlbauten sollten deshalb so konstruiert werden, dass Stellen, an denen Korrosion leicht entstehen und sich ausbreiten kann, vermieden werden. Weiterhin sollte die Konstruktion einfach sein und keine übermäßige Gliederung aufweisen.

Wenn Stahlbauteile von anderen Baustoffen, wie z. B. Mauerwerk oder Putz, berührt, eingebettet oder eingeschlossen werden und sie nicht mehr zugänglich sind, müssen Korrosionsschutzmaßnahmen über die Nutzungsdauer des Bauwerkes hinaus wirksam bleiben.

Ist für die Sicherstellung des Korrosionsschutzes ein **Feuerverzinken** vorgesehen, müssen die Bauteile entsprechend den Anforderungen der DIN ISO 1461 und der DIN ISO 14713-1 gestaltet sein. Bei Balkonkonstruktionen mit Stützen aus Hohlprofilen, die einem erhöhten Korrosionsrisiko ausgesetzt sind, kann der Korrosionsschutz durch ein Feuerverzinken der Hohlprofile erreicht werden. Dabei sind gemäß DIN EN ISO 14713-1, Abschnitt 6.3.2, die Überzugsdicken feuerverzinkter Hohlprofile innen und außen annähernd gleich.

Die erforderliche Schichtdicke für das Auftragen des Korrosionsschutzes aus Zink wird durch eine Einstufung in Korrosivitätskategorien festgelegt (DIN EN ISO 14713-1, Tabelle 1). Die Schutzdauer wird für unterschiedliche Zinküberzüge in unterschiedlichen Korrosivitätskategorien angegeben und in Bezug zur ersten Instandsetzung gesetzt (DIN EN ISO 14713-1, Tabelle 2). Je nach Klassifizierung wird eine Schutzdauer von 0 bis 2 Jahren bis hin zu mehr als 20 Jahren angegeben.

Bei der Wahl des Korrosionsschutzsystems sind die **Kontakte der Stahlbauteile,** beispielsweise mit dem Belagsholz einer Terrassenkonstruktion, zu berücksichtigen. Ein direkter Kontakt zwischen Zinküberzügen und Holz, das kurz zuvor mit einem angesäuerten Holzschutzmittel behandelt wurde, sollte auf jeden Fall vermieden werden. Nachdem das Holzschutzmittel getrocknet und gebunden ist, ist jedoch ein Kontakt möglich.

Praxistipp

Stark angesäuerte Hölzer, wie z. B. Eiche, Esskastanie, Westred-Cedar oder Douglasfichte, können zusammen mit Bauteilen, die einen Zinküberzug aufweisen, verwendet werden. Obwohl hier anfänglich eine Korrosion zu erwarten ist, besteht keine weitere Gefahr für die Dauerhaftigkeit. Es ist zu empfehlen, diese anfängliche Korrosion durch eine organische Beschichtung oder eine Trennlage zu vermeiden.

Die angemessene Dauerhaftigkeit des Tragwerkes gilt als sichergestellt, wenn neben den Anforderungen an die Grenzzustände der Tragfähigkeit auch die an die Gebrauchstauglichkeit erfüllt und die konstruktiven Regeln der DIN EN ISO 14713-1, Abschnitte 8 und 9, eingehalten werden.

Unter Hinweis auf DIN EN 1993-1-1, Abschnitt 2.1.3, einschließlich dem nationalen Anhang DIN EN 1993-1-1/A1 gilt es, abhängig von der Art der Einwirkung, die die Dauerhaftigkeit und Nutzungsdauer beeinflusst, bei Stahltragwerken eine **korrosionsgerechte Gestaltung** zu beachten, ggf. mit:

- geeignetem Schutz der Oberfläche (siehe DIN EN ISO 12944-3),
- Einsatz von wetterfestem Stahl,
- Einsatz von nicht rostendem Stahl (siehe DIN EN 1993-1-4),
- konstruktiver Gestaltung im Hinblick auf ausreichende Ermüdungssicherheit (siehe DIN EN 1993-1-9),
- Berücksichtigung der Auswirkungen von Verschleiß beim Entwurf,
- Bemessung für außergewöhnliche Einwirkungen (siehe DIN EN 1991-1-7) und
- Sicherstellung von Inspektions- und Wartungsmaßnahmen.

3 Bauphysikalische Aspekte der Planung

Balkone, Loggien, Dachterrassen und Terrassen liegen außerhalb der eigentlichen Wohnflächen. Die Anforderungen an die Bauphysik dieser Bauteile sind daher scheinbar gering. Sie haben jedoch einen unmittelbaren Übergang und damit eine Verbindung zum Gebäude. Dort treten dann auch Anforderungen an den Wärme- und Feuchte- sowie an den Schall- und Brandschutz auf.

Außerdem werden Balkone, Loggien, Dachterrassen und Terrassen nach der Wohnflächenverordnung der Länder vom 25. November 2003 anteilig der Wohnfläche zugeordnet. Insofern ist im Einzelfall zu beurteilen, welche bauphysikalischen Anforderungen an Wohnflächen auch für diese Bauteile zutreffen.

3.1 Anforderungen an den Wärme- und Feuchteschutz

Michael Silberhorn

Bei den Anforderungen an den Wärme- und Feuchteschutz ist grundsätzlich zwischen Balkonen und erdberührten Terrassen auf der einen und Dachterrassen, also Terrassen über Wohnräumen, auf der anderen Seite zu unterscheiden.

Dachterrassen

Dachterrassen bilden den oberen Abschluss von Räumen und/oder Gebäuden. Insofern sind zunächst in der Fläche und im Bereich der Anschlüsse die Anforderungen der geltenden Energieeinsparverordnung vom 24. Juli 2007 (EnEV 2014) und des Mindestwärmeschutzes einzuhalten. Die Anforderungen an den Mindestwärmeschutz werden beschrieben durch die DIN 4108-2 „Wärmeschutz und Energie-Einsparung in Gebäuden – Teil 2: Mindestanforderungen an den Wärmeschutz“ (2013). Die Anforderungen der EnEV 2014 haben grundsätzlich die Verminderung des Energieverbrauchs zum Ziel, während es beim Mindestwärmeschutz um die Sicherstellung eines behaglichen und hygienischen Raumklimas geht.

Die Behaglichkeit wird vor allem durch die Oberflächentemperatur der Außenwände gesteuert, die direkt von den Anforderungen an den Mindestwärmeschutz abhängen. Das hygienische Raumklima bezieht sich in erster Linie auf eine ausreichend hohe Oberflächentemperatur der Bauteile, um hohe Luftfeuchtigkeiten im Bereich der raumseitigen Bauteiloberflächen und damit Schimmelpilzbildung zu vermeiden.

Balkone und erdberührte Terrassen

Diese Bauteile haben im Hinblick auf den Energieverbrauch nur insofern Anforderungen zu erfüllen, als deren Anschlüsse an das Gebäude als linien- oder punktförmige Wärmebrücken bei der Berechnung des Energieverbrauchs zu berücksichtigen sind.

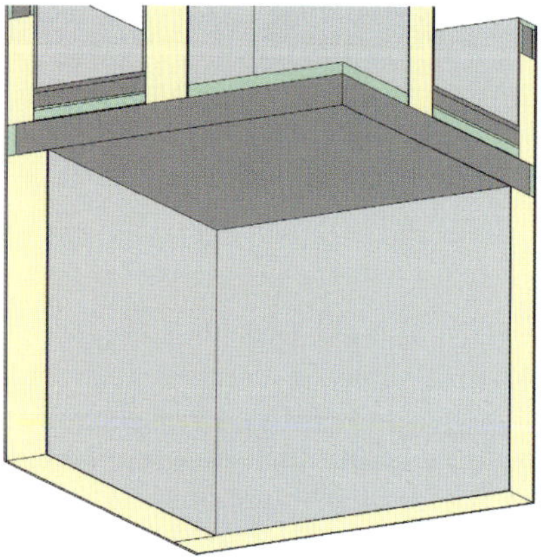

Abb. 3.1: Außenwandecke am Übergang der Decke zur Dachterrasse

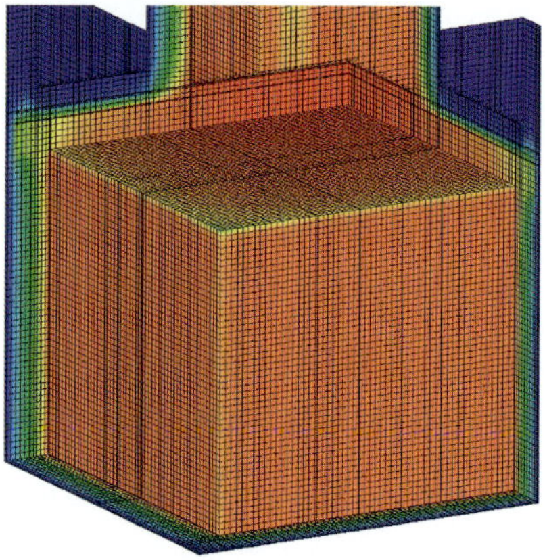

Abb. 3.2: Temperaturverlauf der Außenwandecke am Übergang der Decke zur Dachterrasse: In Blau ist deutlich die große abgekühlte Fläche der Brüstungswand zu sehen.

3.1.1 Wärmebrücken

Balkone und erdberührte Terrassen als nicht raumabschließende Bauteile ebenso wie Dachterrassen weisen Anschlussproblematiken durch Wärmebrücken auf, die sich negativ auf die Oberflächentemperatur der angrenzenden Bauteile und damit auf die Gefahr der Schimmelpilzbildung auswirken können.

Wärmebrücken bezeichnen Orte mit einem erhöhten Wärmeabfluss. Folgende Arten von Wärmebrücken werden unterschieden:

Geometrische Wärmebrücken

Geometrische Wärmebrücken entstehen dadurch, dass einer größeren (abgekühlten) **Außenoberfläche** eine kleinere (erwärmte) **Innenoberfläche** gegenübersteht. Durch den größeren Anteil der abgekühlten Außenoberfläche entsteht ein erhöhter Wärmeabfluss (Kühlrippenprinzip). Eine einfache und bekannte geometrische Wärmebrücke stellt die Außenwandecke dar.

Im Bereich von Balkonen, Loggien, Dachterrassen und Terrassen treten geometrische Wärmebrücken besonders bei Dachterrassen mit Brüstungswänden in Erscheinung, wo die Wärmebrücke der Außenwandecke am Übergang der Decke zur Dachterrasse ein thermisch sehr ungünstiges Detail darstellt (Abb. 3.1 und 3.2). Hier wird die Außenoberfläche durch die aufgehende Brüstungswand nochmals deutlich vergrößert, sodass dem relativ kleinen Eckbereich der Außenwandecke am Übergang zur Decke im Innenbereich eine sehr große äußere Abkühlungsfläche gegenübersteht (Silberhorn/Holler, 2016).

Materialbedingte Wärmebrücken

Materialbedingte Wärmebrücken entstehen dadurch, dass die wärmedämmende Hülle, die aufgrund ihres Aufbaus einen gewissen Wärmedämmwert aufweist, partiell durch Materialien mit einem geringeren Wärmedämmwert

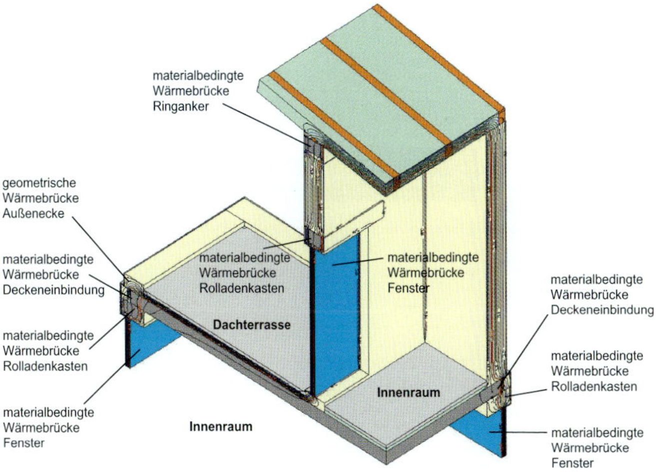

Abb. 3.3: Wärmebrückenarten mit Isothermenverlauf am Beispiel eines Staffelgeschosses mit Dachterrasse

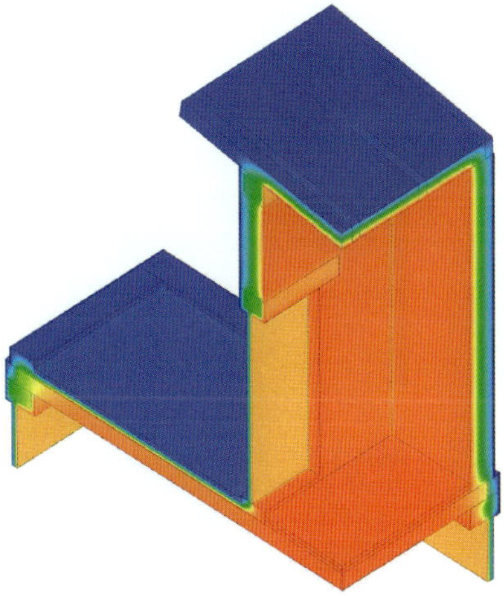

Abb. 3.4: Temperaturverlauf des Staffelgeschosses mit Dachterrasse: Die Temperatur steigt von Blau nach Rot an.

unterbrochen wird (Abb. 3.3 und 3.4). Im Bereich von Balkonen und Terrassen spielt hierbei vor allem der Anschluss des Balkons oder der Terrasse an das Gebäude (Deckeneinbindung) eine wichtige Rolle. An diesem Anschluss unterbricht die einbindende Balkonplatte die wärmedämmende Außenwand des Gebäudes. Zur **Minderung** der **Wärmebrückenwirkung** sind drei grundsätzlich unterschiedliche Ausführungen denkbar:

- thermische Trennung des Deckenübergangs,
- Führung der Wärmedämmung um die Balkonplatte herum und
- Trennung der Balkon-/Terrassenplatte vom Gebäude (Abstand).

3.1.2 Anforderungen an den Wärmeschutz im Bereich von Wärmebrücken

Die **Mindestanforderungen** an den Wärmeschutz im Bereich von Wärmebrücken werden in DIN 4108-2 definiert:

- Der Temperaturfaktor f_{Rsi} muss an der ungünstigsten Stelle mindestens 0,7 betragen.
- Unter den Randbedingungen der DIN 4108-2 ist eine raumseitige Oberflächentemperatur von mindestens 12,6 °C einzuhalten.

Der **Temperaturfaktor f_{Rsi}** ergibt sich nach DIN EN ISO 10211 „Wärmebrücken im Hochbau – Wärmeströme und Oberflächentemperaturen – Detaillierte Berechnungen“ (2008) zu:

$$f_{\mathrm{RSi}} = \frac{(\theta_{\mathrm{si}} - \theta_{\mathrm{e}})}{(\theta_{\mathrm{i}} - \theta_{\mathrm{e}})} \tag{3.1}$$

mit

f_{RSi} Temperaturfaktor
θ_{si} raumseitige Oberflächentemperatur in °C
θ_{e} Außenlufttemperatur in °C
θ_{i} Innenlufttemperatur in °C

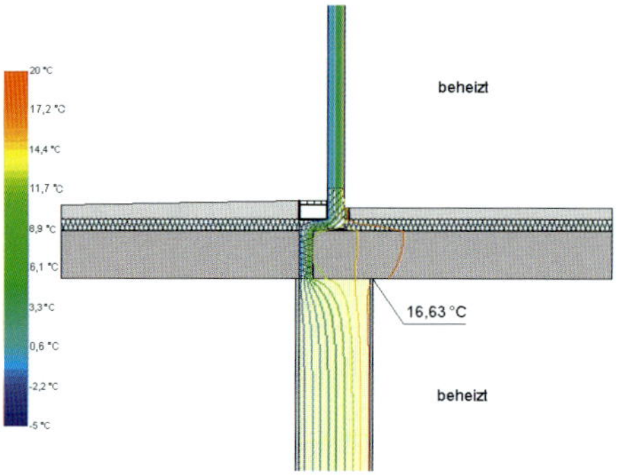

Abb. 3.5: Auskragende Balkonplatte (thermisch getrennt) mit Isothermenverlauf

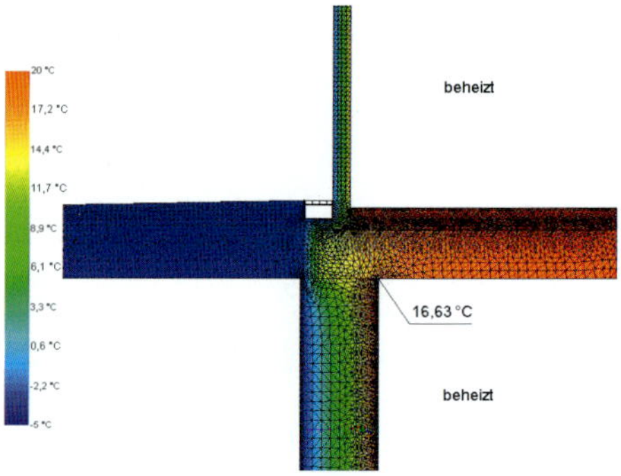

Abb. 3.6: Temperaturverlauf der auskragenden Balkonplatte (thermisch getrennt)

Nach DIN 4108-2 sind die folgenden **Randbedingungen** zur Berechnung anzusetzen:

- Innenlufttemperatur $\theta_i = 20$ °C,
- relative Luftfeuchtigkeit innen $i = 50$ %,
- Außenlufttemperatur $\theta_e = -5$ °C,
- Wärmeübergangswiderstand innen (beheizte Räume) $R_{si} = 0{,}25$ m$^2 \cdot$ K/W,
- Wärmeübergangswiderstand innen (unbeheizte Räume) $R_{si} = 0{,}17$ m$^2 \cdot$ K/W,
- Wärmeübergangswiderstand außen $R_{se} = 0{,}04$ m$^2 \cdot$ K/W.

Praxistipp

Die DIN 4108-2 führt aus, dass Ecken, die aus Kanten gebildet werden, für die zweidimensional ein Temperaturfaktor von mindestens 0,7 nachgewiesen ist und bei denen keine darüber hinausgehende Störung der Dämmebene vorhanden ist, als unbedenklich hinsichtlich Schimmelpilzbildung angesehen werden können und keines Nachweises bedürfen. Hier wird dennoch dazu geraten, immer einen Nachweis der dreidimensionalen Wärmebrücke durchzuführen. Die DIN 4108-2 stellt insofern lediglich die bauordnungsrechtlichen Mindestanforderungen dar. Dass diese Erleichterung eine allgemein anerkannte Regel der Technik ist, dürfte – zumindest beim Auftreten eines Schimmelpilzschadens – zweifelhaft sein. Aus bauphysikalischer Sicht ist die Erleichterung der DIN 4108-2, die faktisch eine Negierung der Existenz von dreidimensionalen Wärmebrücken darstellt, nicht richtig.

3.1.3 Berücksichtigung von Wärmebrücken bei beispielhaften Anschlusssituationen

Auskragende Balkonplatte

Bei einer auskragenden Balkonplatte handelt es sich um eine materialbedingte Wärmebrücke, bei der die wärmedämmende Außenwand (niedrige Wärmeleitfähigkeit) durch den gut wärmeleitenden Beton der Balkonplatte unterbrochen wird. Abb. 3.5 und 3.6 zeigen die heute übliche Ausführung mit einer thermischen Trennung der Betondecke im Bereich der Außenwand.

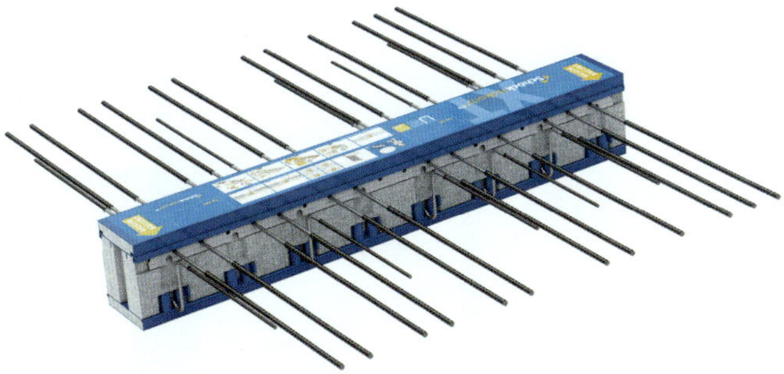

Abb. 3.7: Konstruktionsprinzip eines Isokorbs (Quelle: Schöck Bauteile GmbH)

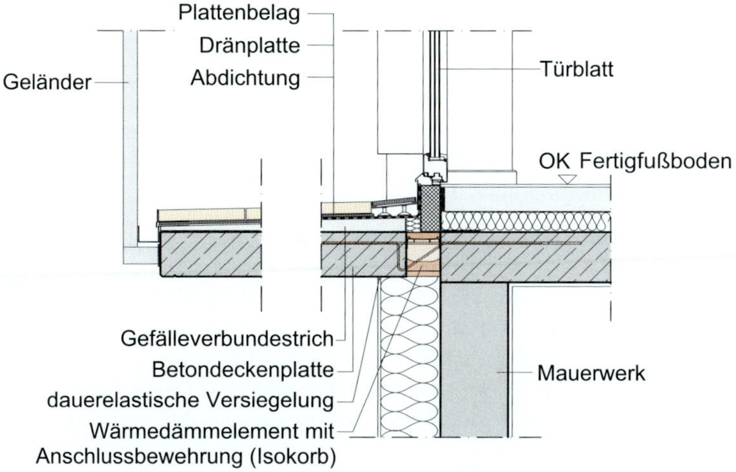

Abb. 3.8: Einbausituation eines Isokorbs bei einer auskragenden Balkonplatte

Da es statisch in der Regel günstig ist, die Betondecke als Mehrfeldträger nach außen durchlaufen zu lassen, wird die thermische Trennung baupraktisch häufig durch den Einbau sog. Isokörbe realisiert (Abb. 3.7 und 3.8). Bei einem Isokorb handelt es sich um einen Isolierkörper (meist aus Polystyrol), durch den die Anschlussbewehrung aus Edelstahl hindurchläuft. Durch Übergreifung dieser Anschlussbewehrung mit der Feldbewehrung aus der Geschossdecke entsteht ein statisch zusammenhängendes System mit einem verminderten Wärmedurchgang.

Deckenversprung

Um den Anforderungen an die Aufkantungshöhen von Abdichtungen zu genügen, ist es manchmal sinnvoll, die Balkonplatte oder die Decke der Dachterrasse nicht in einer Ebene mit der Geschossdecke herzustellen, sondern diese tiefer anzulegen (Abb. 3.9 und 3.10). Hierdurch wird auf der Balkon- oder Dachterrassenfläche die erforderliche Konstruktionshöhe für den Belagsaufbau geschaffen (siehe Kapitel 2.6).

Bei Konstruktionen, die nach dem Prinzip der thermischen Trennung geplant werden, muss die trennende Wärmedämmung über den Deckenversprung bis an die wärmedämmende Gebäudehülle herangeführt werden.

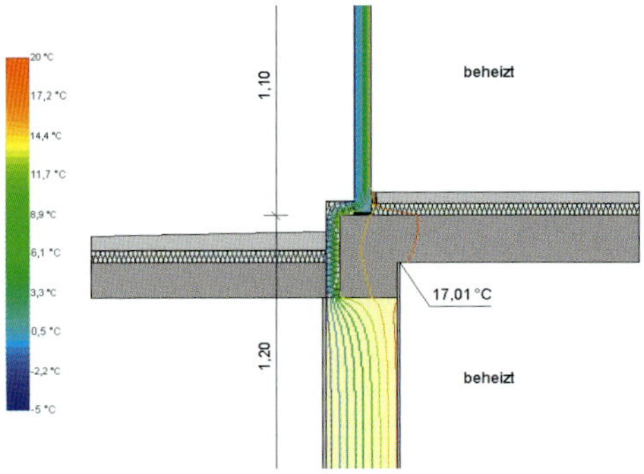

Abb. 3.9: Balkonanschluss mit Deckenversprung mit Isothermenverlauf (entspricht dem Beispiel in DIN 4108 Beiblatt 2)

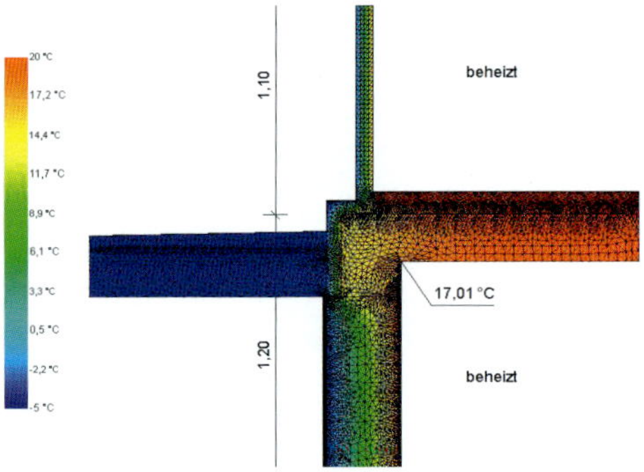

Abb. 3.10: Temperaturverlauf des Balkonanschlusses mit Deckenversprung

Bei Konstruktionen, bei denen die Außenbauteile vollständig in die Dämmung einbezogen werden (Dachterrassen, Balkone mit umlaufender Dämmung), muss die Dämmung auch den Deckenversprung mit umfassen.

Selbstverständlich kann auch eine andere Art und Lage der Dämmung gewählt werden. Im Bereich des Türanschlusses sind weitere konstruktive Besonderheiten (z. B. Schwellenanordnung, Entwässerungsrinnen, Gefälle usw.) zu beachten. Nach den Vorgaben der DIN 4108 Beiblatt 2 „Wärmeschutz und Energie-Einsparung in Gebäuden – Wärmebrücken – Planungs- und Ausführungsbeispiele“ (2006) gilt, dass bei von den dortigen Beispielen abweichenden Konstruktionen die Gleichwertigkeit in der Art nachzuweisen ist, dass die Wärmeverluste der alternativen Konstruktion nicht größer sind als bei der in DIN 4108 Beiblatt 2 beschriebenen Variante. Im Hinblick auf die Vermeidung des Risikos von Schimmelpilzbildungen sind die Anforderungen der DIN 4108-2 an den Wärmeschutz im Bereich von Wärmebrücken (siehe Kapitel 3.1.2) einzuhalten.

Dachterrasse mit Attika

Da bei Dachterrassen mit umlaufender Brüstungswand die abgekühlte äußere Oberfläche im Verhältnis zur erwärmten inneren Oberfläche überproportional groß ist (siehe Kapitel 3.1.1), sollte bei derartigen Konstruktionen immer eine dreidimensionale thermische Untersuchung durchgeführt werden.

Beispiel

Bei einer Dachterrasse mit Brüstungswand aus monolithischem Mauerwerk aus Porotonsteinen T 12 mit einer Wärmeleitfähigkeit $\lambda = 0{,}12$ W/(m · K) war die einbindende Betondecke in üblicher Weise stirnseitig mit 80 mm extrudiertem Polystyrol gedämmt (Abb. 3.11; Silberhorn/Holler, 2016). An der Innenseite der Außenwandecke wurden sehr tiefe Innenoberflächentemperaturen um knapp 9 °C festgestellt (Abb. 3.12).

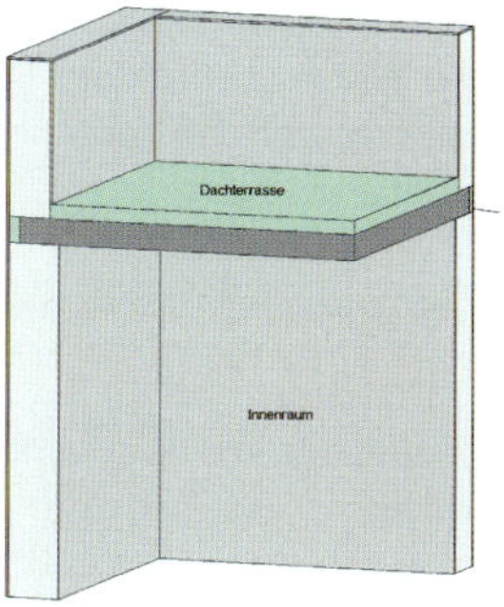

Abb. 3.11: Außenwandecke eines Innenraums unter einer Dachterrasse mit massiver monolithischer Brüstung und Stirnseitendämmung

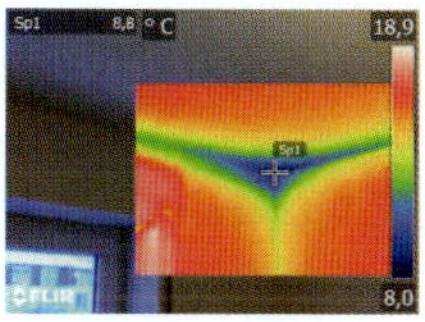

Abb. 3.12: Thermografieaufnahme der Außenwandecke im Beispiel (Quelle: Silberhorn/Holler, 2016, S. 30)

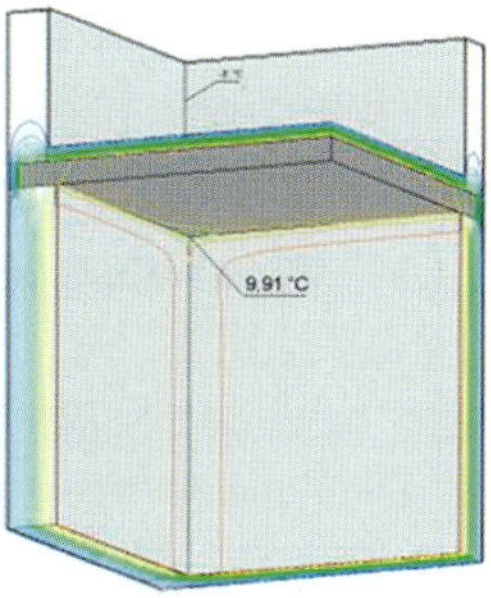

Abb. 3.13: Isothermenverlauf und Oberflächentemperatur unter Normklimabedingungen der Außenwandecke im Beispiel (Quelle: Silberhorn/Holler, 2016, S. 30)

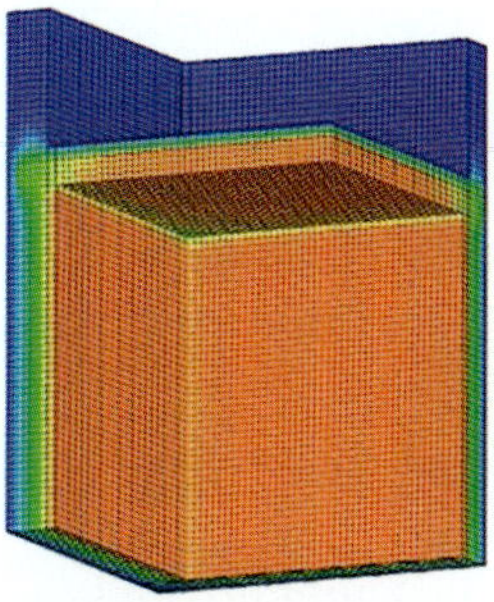

Abb. 3.14: Temperaturverlauf und Oberflächentemperatur unter Normklimabedingungen der Außenwandecke im Beispiel (Quelle: Silberhorn/Holler, 2016, S. 30)

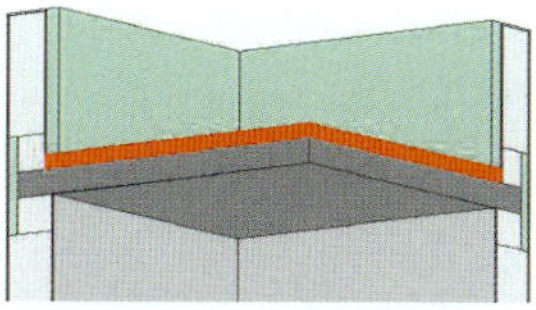

Abb. 3.15: Erforderliche Dämmung der Brüstungswand im Beispiel (Quelle: Silberhorn/Holler, 2016, S. 31)

Eine rechnerische Untersuchung unter den Normklimabedingungen (siehe Kapitel 3.1.2) ergab eine Oberflächentemperatur von 9,91 °C, die deutlich unter dem kritischen Grenzwert von 12,6 °C liegt (Abb. 3.13 und 3.14). Der Temperaturfaktor errechnete sich zu

$$f_{Rsi} = \frac{(9{,}91 - -5)}{(20 - -5)} = 0{,}6 < 0{,}7$$

Die Anforderungen der DIN 4108-2 wurden also deutlich verfehlt.

Eine Variantenbetrachtung ergab, dass die Anforderungen der DIN 4108-2 nur bei einer innenseitigen Dämmung der Brüstungswand und einer Verlängerung der Stirnseitendämmung um eine Steinreihe nach oben und unten mit f_{Rsi} = ca. 0,75 gerade eben erfüllt werden können (Abb. 3.15). Hierzu müssen Dämmstoffe der Wärmeleitgruppe 022 verwendet werden.

Bei der dargestellten Ist-Situation im Beispiel, in der die Anforderungen an Wärmebrücken nach den allgemein anerkannten Regeln der Technik klar verfehlt werden, handelt es sich um eine häufige und nahezu übliche Ausführungsvariante, der bislang zu wenig Beachtung geschenkt wird.

3.1.4 Wärmeschutz bei der Balkonsanierung

Bei der Sanierung von Gebäuden, insbesondere der energetischen Sanierung, stellt sich häufig die Frage, wie mit den Bestandsbalkonen umzugehen ist. Die Balkone wurden meist **ohne thermische Trennung** ausgeführt und durchdringen die Gebäudehülle, die wärmetechnisch ertüchtigt werden soll.

Oft kann die Frage bereits durch den **baulichen Zustand** beantwortet werden. Balkonplatten aus der Bauzeit um 1970 und früher, die bislang unzureichend abgedichtet waren, weisen häufig erhebliche Betonschäden durch Bewehrungskorrosion auf. Außerdem lässt sich nachträglich eine fachgerechte Abdichtung aufgrund der fehlenden Konstruktionshöhen vielfach nicht mehr herstellen. Schließlich ist auch der Platz für eine erforderliche Dämmung zumeist nicht vorhanden. Hinzu kommt, dass ohne thermische Trennung oder vollständige Umdämmung der Balkonplatten meist nicht die energetischen Gewinne realisiert werden können, die für eine maximale Ausschöpfung bestehender Fördertöpfe erforderlich sind. Aus diesen Gründen wird bei energetischen Sanierungen häufig die Entscheidung für einen Abriss der alten Balkonanlagen und eine Neuerrichtung von modernen vorgelagerten Balkonen getroffen.

In Fällen, in denen die vorgenannten Gesichtspunkte nicht zum Tragen kommen oder ein Abriss der Balkone aus anderen Gründen (z. B. Denkmalschutz) nicht vorgenommen werden soll, ist es erforderlich, im Einzelfall zu untersuchen, in welchem Umfang tatsächlich Dämmmaßnahmen auf der Balkondecke erforderlich sind. Nicht in jedem Fall muss die Balkonplatte vollständig mit Dämmmaterial umhüllt werden, um die Anforderungen der DIN 4108-2 an Wärmebrücken zu erfüllen.

Beispiel

> Abb. 3.16 zeigt eine typische Situation im Altbaubestand. Die Geschossdecke läuft ohne thermische Trennung durch und bildet außen die Balkonplatte. Nach einer energetischen Sanierung der Außenwände mit einem 16 cm dicken Wärmedämm-Verbundsystem (WDVS) ergibt sich, ohne Veränderung der Balkonplatte, eine deutlich höhere Oberflächentemperatur. Abb. 3.17 zeigt die maßgebliche Stelle im Bereich der Balkontür. Außerhalb des Türbereichs liegt die Oberflächentemperatur bereits deutlich oberhalb des kritischen Wertes von 12,6 °C (Abb. 3.18).

3.1.5 Alternative Berücksichtigung von Wärmebrücken

In Fällen, in denen eine wärmetechnische Optimierung der Wärmebrücken mit dem Ziel der Einhaltung der Anforderungen von DIN 4108-2 nicht möglich ist (z. B. Denkmalschutz, historische Gebäude, bauliche Situation), können alternative Verfahren in Betracht kommen. Bei diesen Verfahren wird nicht der erhöhte Wärmedurchgang begrenzt, sondern es werden entweder die Auswirkungen der niedrigen Oberflächentemperatur abgemindert

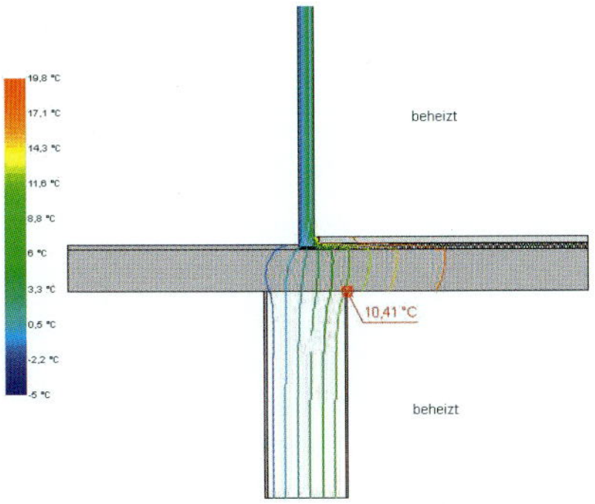

Abb. 3.16: Typische Balkonplatte im Altbaubestand ohne thermische Trennung; Oberflächentemperaturen im kritischen Bereich deutlich unter 12,6 °C

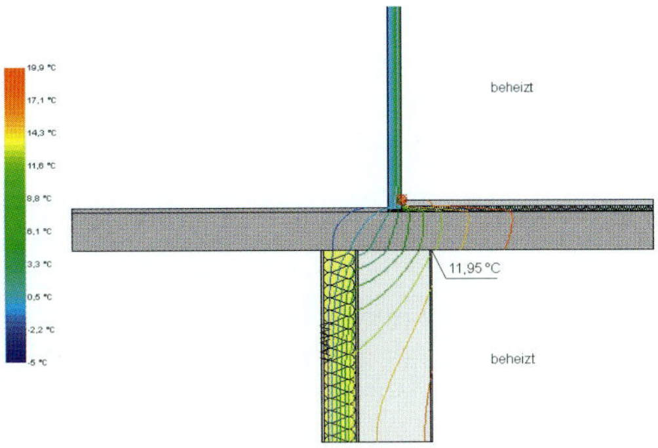

Abb. 3.17: Balkonplatte im Altbaubestand nach dem Anbringen eines 16 cm dicken WDVS an der Außenwand: Die Oberflächentemperatur im Bereich der Balkontür liegt nur noch gering unterhalb des kritischen Wertes von 12,6 °C.

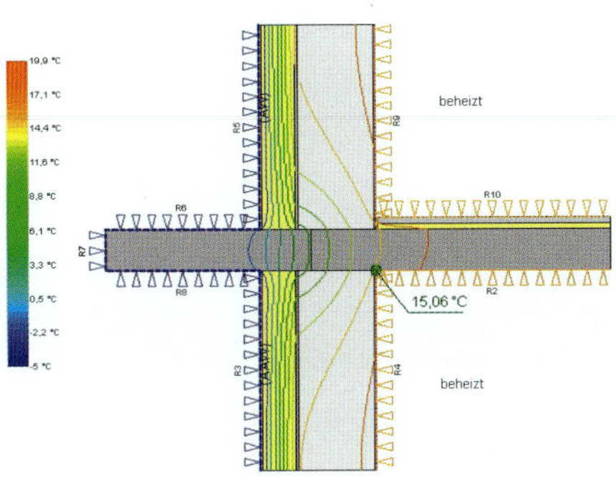

Abb. 3.18: Balkonplatte im Altbaubestand nach dem Anbringen eines 16 cm dicken WDVS an der Außenwand: Die Oberflächentemperatur im Wandbereich liegt deutlich oberhalb des kritischen Wertes von 12,6 °C.

R Randbedingung (Zur Simulation wird die auf das jeweilige Bauteil einwirkende Temperatur und der Wärmeübergangswiderstand als Randbedingung definiert.)

(Lüftung) oder die Oberflächentemperatur selbst wird angehoben (Bauteiltemperierung).

Über die Sicherstellung eines dauerhaften und ausreichenden **Grundluftwechsels** kann z. B. die relative Luftfeuchtigkeit im Raum abgesenkt werden. Hierdurch sinkt, bei gleichbleibend schlechtem Wärmeschutz, auch die relative Luftfeuchtigkeit an der Wärmebrücke ab, sodass der kritische Wert von 80 % vermieden werden kann. Zu beachten sind bei dieser Lösung einerseits mögliche bauordnungsrechtliche Vorgaben für den Mindestwärmeschutz, von denen ggf. eine Befreiung zu erwirken ist. Andererseits muss berücksichtigt werden, dass eine Absenkung der relativen Luftfeuchtigkeit unter 50 % gesundheitlich bedenklich sein könnte, auch wenn dazu keine verbindlichen Grenzwerte bekannt sind. Außerdem kann es bei Holzbauteilen (z. B. Parkettböden) zu deutlichen Fugenöffnungen aufgrund hoher Raumluftfeuchtigkeitsschwankungen kommen.

Eine andere Art der alternativen Berücksichtigung von zu großen Wärmebrücken ist die Installation einer sogenannten **Bauteiltemperierung.** Hierbei werden in lokal begrenzten Bereichen, die aufgrund der Wärmebrückenwirkung eine unzuträglich niedrige Oberflächentemperatur aufweisen, durch Anbringung einer Wandheizung/Wandtemperierung die Oberflächentemperaturen um das erforderliche Maß angehoben. Da es sich meist nur um lokal begrenzte, geringflächige Bereiche handelt, ist der Energieeinsatz hierfür gering.

Praxistipp

Schon aus Gründen der Energieeinsparung muss der erste Ansatz zur Vermeidung von Schimmelpilzbildung über einen ausreichenden *Wärmeschutz in Verbindung mit* einer hinreichenden *Lüftung* gehen. Dabei darf eine hinreichende *Lüftung* im Regelfall keine Verringerung eines ausreichenden Wärmeschutzes hervorrufen, genauso wie eine Erhöhung des Wärmedämmwertes nicht zu einer Verringerung des erforderlichen Luftwechsels führen darf.

Andererseits wird einer Begrenzung der Lüftungswärmeverluste in Zukunft sehr große Bedeutung zukommen. Da in den letzten Jahren eine sehr starke Verringerung der Transmissionswärmeverluste stattgefunden hat, bei nahezu gleichbleibenden Anforderungen an den Lüftungswärmeverlust, macht dieser heute einen wesentlich größeren Anteil am Gesamtwärmeverlust aus. Das Ziel einer immer größeren Energieeinsparung wird in Zukunft deshalb nur mit einer deutlichen Reduzierung der Lüftungswärmeverluste eingehalten werden können.

Aus diesem Grund können Maßnahmen zur Absenkung der relativen Luftfeuchtigkeit über eine erhöhte Lüftung nur mithilfe von Dauerlüftungssystemen ergriffen werden, bei denen relativ geringe Luftwechselraten über längere Zeiträume auftreten. Hierdurch wird die größtmögliche Wirkung bei verhältnismäßig geringen Lüftungswärmeverlusten erreicht. Allein über eine vom Nutzer vorzunehmende Fensterlüftung wird diese Absenkung der Raumluftfeuchtigkeit nicht erreichbar sein. Falls doch, wenigstens mit der Folge hoher Lüftungswärmeverluste.

3.1.6 Tauwasserbildung

Balkonplatten unterliegen, wie alle auskragenden Bauteile mit unterschiedlich orientierten Oberflächen, unterschiedlichen Erwärmungen und Abkühlungen. Hierdurch kann es zu einer Kondensatbildung an den Außenbauteilen und damit zu einer Schädigung der Bauteile kommen, z. B. durch Korrosion von Metallbauteilen oder Pilz- und Schädlingsbefall an Holzbauteilen.

Die hier verwendeten Materialien müssen daher, auch wenn sie weitgehend niederschlagsgeschützt sind, gegen die zu erwartenden Tauwasserbeanspruchungen resistent ausgebildet werden.

3.2 Anforderungen an den Schallschutz

Walter Herre, Michael Silberhorn

3.2.1 Balkone und erdberührte Terrassen

Grundsätzlich ist es derzeit in der Baupraxis nicht üblich, den Trittschall auf Balkonplatten zu begrenzen. Schallschutzanforderungen können jedoch in Betracht kommen, da

- der Balkon oder die Terrasse anteilig zur Wohnfläche gehört und für die Wohnfläche geltende Anforderungen an den Trittschallschutz auch an die Balkon- oder Terrassenfläche gestellt werden könnten,
- eine Trittschallübertragung in den eigenen Wohnraum hinein stattfinden könnte und
- eine Trittschallübertragung in einen fremden Wohnraum hinein erfolgen könnte.

Auf einer Balkonplatte erzeugter **Trittschall** setzt sich über angeschlossene Geschossdecken in die benachbarten und darunter liegenden Wohnungen fort. Andererseits kann es bei ungenügender akustischer Trennung der Bauteile auch zu einer Trittschallemission aus der Nachbarwohnung kommen, die über die Balkonplatte übertragen wird (Nebenwegsübertragung).

Je nach Belagsmaterialien können auch Schallemissionen durch **Niederschlagsanprall** auftreten, die von den Bewohnern als störend empfunden werden. Insbesondere bei metallischen Oberflächen kann es erforderlich oder hilfreich sein, sog. Anti-Dröhn-Schichten einzubauen. Bei Außenfensterbänken aus Metall hat sich dies bereits bewährt.

Letztlich können sich Balkone auch positiv auf den Schallschutz auswirken. Sie können einen wirksamen **Schallschirm gegen Außenlärm** darstellen, der in Baugebieten häufig durch Mehrfachreflexionen der schallharten Oberflächen abgestrahlt wird.

Praxistipp

In den derzeit gültigen Schallschutzanforderungen werden keine Festlegungen zum Trittschallschutz von Balkonen getroffen. Dennoch kann im Streitfall ggf. ein entsprechendes Schutzziel aus den für Wohnungstrenndecken geltenden Anforderungen hergeleitet werden. Aus diesem Grund wird empfohlen, auch Balkone schallschutztechnisch zu planen und die Mindestanforderungen für Decken zu Dachterrassen (siehe Kapitel 3.2.2) zu erfüllen. Etwaige Unterschreitungen sollten vertraglich wirksam vereinbart werden.

3.2.2 Dachterrassen

Beim Schallschutz von Dachterrassen als raumabschließende Bauteile müssen die Schallübertragung aus fremden Wohnbereichen sowie der Schutz gegen Außenlärm beachtet werden.

Im Hinblick auf die Schallübertragung aus fremden Wohnbereichen muss vor allem die **Trittschallübertragung** von Dachterrassenflächen in fremde Wohnbereiche berücksichtigt werden (Abb. 3.19). Nach DIN 4109 „Schallschutz im Hochbau; Anforderungen und Nachweise“ (1989) wird als öffentlich-rechtlicher Mindestschallschutz ein bewerteter Norm-Trittschallpegel für Decken über fremden Wohn- und Arbeitsbereichen von $L'_{n,w} = 53$ dB gefordert (DIN 4109, Tabelle 3, Zeile 6). Hierbei werden Decken unter Terrassen und Loggien über Aufenthaltsräumen explizit benannt. Anforderungen an den Luftschallschutz werden in DIN 4109 nicht gestellt.

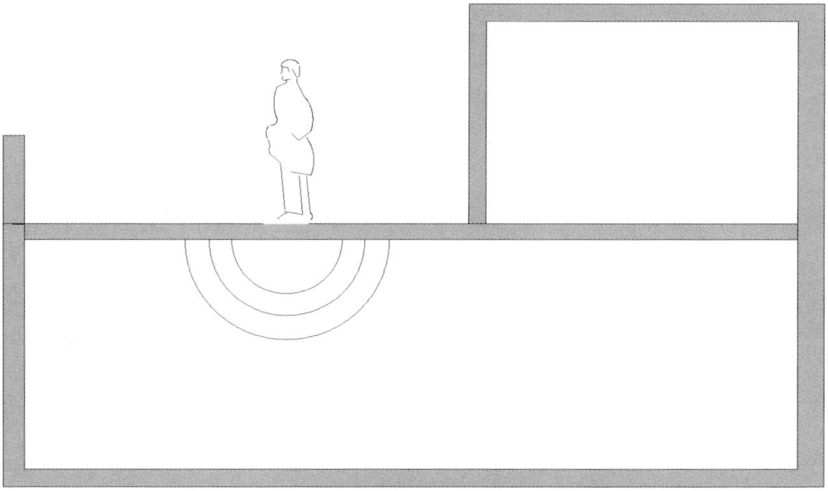

Abb. 3.19: Trittschallanregung auf einer Dachterrasse

In DIN 4109 Beiblatt 2 „Schallschutz im Hochbau; Hinweise für Planung und Ausführung; Vorschläge für einen erhöhten Schallschutz; Empfehlungen für den Schallschutz im eigenen Wohn- oder Arbeitsbereich" (1989) ist ein wesentlich besserer Trittschallschutz genannt. Auch hier sind Decken unter Terrassen explizit aufgeführt (DIN 4109 Beiblatt 2, Tabelle 2, Zeile 5). Danach wird ein bewerteter Norm-Trittschallpegel von $L'_{n,w} \leq 46$ dB empfohlen.

Bei DIN 4109 Beiblatt 2 handelt es sich zwar nur um Vorschläge für einen erhöhten Schallschutz ohne eine normative Bindungswirkung. Allerdings tendiert die Rechtsprechung in Bezug auf den geschuldeten Schallschutz sehr häufig dazu, die Vorschläge für den erhöhten Schallschutz als den vertraglich angesetzten Schallschutz anzusehen.

Praxistipp

Die Anforderungen der DIN 4109 stellen nur die bauaufsichtlich geforderten Mindestwerte dar. Der vertraglich geschuldete Schallschutz muss individuell anhand des Komforts des Gebäudes bemessen werden. Es empfiehlt sich daher, insbesondere bei einem Neubau den mit der Aufstellung der öffentlich-rechtlichen bauakustischen Nachweise beauftragten Ingenieur auch mit der Erstellung eines Schallschutzkonzeptes insgesamt zu beauftragen.

Die VDI 4100 „Schallschutz im Hochbau – Wohnungen – Beurteilung und Vorschläge für erhöhten Schallschutz" (2012) wurde von dem Normenausschuss Akustik, Lärmminderung und Schwingungstechnik (NALS) und dem VDI Verein Deutscher Ingenieure e. V. erarbeitet und basiert auf akustisch begründeten Werten. Sie empfiehlt auf der Grundlage eines Systems von mehreren **Schallschutzstufen** (SSt) die Einhaltung bestimmter bewerteter Standard-Trittschallpegel $L'_{n,T,w}$ (siehe Tabelle 3.1). Diese Werte gelten explizit auch für die Schallübertragung von Dachterrassen.

Tabelle 3.1: Anforderungen an den Trittschallschutz von Dachterrassen nach DIN 4109, DIN 4109 Beiblatt 2 und VDI 4100 (2012)

DIN 4109	**DIN 4109 Beiblatt 2**	**VDI 4100**[1)]	
bewerteter Norm-Trittschallpegel	**bewerteter Norm-Trittschallpegel**	**bewerteter Standard-Trittschallpegel**	**Schallschutzstufe**
$L'_{n,w} \leq 53$ dB	$L'_{n,w} \leq 46$ dB	$L'_{n,T,w} \leq 51$ dB $L'_{n,T,w} \leq 44$ dB $L'_{n,T,w} \leq 37$ dB	SSt I SSt II SSt III

1) Die Werte der VDI 4100 (2012) sind nachhallzeitbezogen und hängen von der Empfangsraumgröße ab, d. h., sie sind nicht direkt vergleichbar mit den Werten aus der DIN 4109.

Die SSt I ist gemäß VDI 4100 (2012) bei Wohnungen mit einem geringen Grundgeräuschpegel, bei dem Belästigungen in benachbarten Wohnräumen auf ein erträgliches Maß abgesenkt werden, d. h. bei (neu erstellten) Wohnungen zu erwarten, deren Ausstattung gegenüber einer einfachsten Ausführung angehoben ist. Die SSt II ist bei Wohnungen zu erwarten, die auch in ihrer sonstigen Ausführung durchschnittlichen Komfortansprüchen genügen. Die SSt III ist bei Wohnungen zu erwarten, die auch in ihrer sonstigen Ausführung, Ausstattung und Lage besonderen Komfortansprüchen genügen.

Praxistipp

Bei Dachterrassen im Geschosswohnungsbau sollte möglichst eine Planung auf dem Niveau des Vorschlages für den erhöhten Schallschutz gemäß DIN 4109 Beiblatt 2 erfolgen. Mindestens sollte der geplante Schallschutz mit dem Bauherrn abgestimmt und vereinbart werden. Es wird empfohlen, die VDI 4100 (2012) und die darin enthaltenen Schallschutzstufen in die Planungsüberlegungen mit einzubeziehen.

Die Beschwerden über einen unzureichenden Schallschutz von Dachterrassen nehmen derzeit zu. Dabei sind insbesondere große Dachterrassenflächen kritisch. Dies dürfte vor allem daran liegen, dass hier eine höhere Nutzungsfrequenz vorliegt. Um solche Beschwerden zu vermeiden und die sich aus DIN 4109, DIN 4109 Beiblatt 2 und VDI 4100 (2012) ergebenden Werte erreichen zu können, ist für Dachterrassen in Massivbauweise eine **weich federnde Dämmschicht,** also eine durchgehende Trittschalldämmung, erforderlich. Mit den üblichen Polystyrol-Dämmstoffen kann die notwendige Verbesserung des Norm-Trittschallpegels nicht erreicht werden. Letztlich gelten hier dieselben konstruktiven Regeln wie für Fußbodenaufbauten von Geschossdecken zwischen fremden Wohnungen und/oder Arbeitsräumen.

In Tabelle 3.2 sind die Trittschallpegelwerte für Massivdecken mit und ohne biegeweiche Unterdecken dargestellt. Hieraus ist zu ersehen, dass die o. g. geforderten Werte des Trittschallpegels ohne einen trittschallmindernden Terrassenaufbau nicht eingehalten werden können.

Tabelle 3.2: Äquivalente bewertete Norm-Trittschallpegel für Massivdecken nach DIN 4109 Beiblatt 1 „Schallschutz im Hochbau; Ausführungsbeispiele und Rechenverfahren" (1989), Tabelle 16

flächenbezogene Masse der Massivdecke in kg/m²	äquivalenter bewerteter Norm-Trittschallpegel $L'_{n,w,eq,R}$ in dB	
(einschließlich Verbundestrich, Estrich auf Trennschicht oder direkt aufgebrachtem Putz)	ohne biegeweiche Unterdecke	mit biegeweicher Unterdecke[1)]
135	86	75
160	85	74
190	84	74
225	82	73
270	79	73
320	77	72
380	74	71
450	71	69
530	69	67

1) Bei schwimmenden Estrichen mit mineralischen Bindemitteln müssen die Werte um 2 dB erhöht werden.

DIN 4109 Beiblatt 1, Tabelle 17, weist für Deckenauflagen nur Trittschallverbesserungsmaße für schwimmende Estriche, schwimmende Holzfußböden und weich federnde Bodenbeläge aus, nicht jedoch für kleinteilige Plattenbeläge, wie z. B. Betonplatten im Splittbett oder auf Stelzlagern. Für diese Aufbauten ist somit keine Bemessung gemäß DIN 4109 Beiblatt 1 möglich, weshalb sie nicht für eine Trittschallminderung heranzuziehen sind.

Praxistipp

Von diversen Herstellern von Dränagebahnen und von Gummigranulatbahnen wurden inzwischen bauakustische Prüfungen von häufig angewendeten Aufbauten durchgeführt. Auf diese kann für die Planung zurückgegriffen werden.

Beispiel

Für den Dachterrassenaufbau in Abb. 3.20 wurde bei einer Gütemessung am Bau ein Norm-Trittschallpegel von $L'_{n,w} = 40$ dB ermittelt (Abb. 3.21).

Anhand der Rechenverfahren der DIN 4109 Beiblatt 1 kann für die Decke mit einem Flächengewicht von 550 kg/m² ein äquivalenter bewerteter Norm-Trittschallpegel von $L'_{n,w,eq,R} = 69$ dB angesetzt werden (siehe Tabelle 3.2). Die Dämmung aus Polyisocyanurat (PIR) ist eine harte Dämmung mit einer hohen dynamischen Steifigkeit. Die Deckenauflage besteht aus kleinteiligen Betonplatten im Splittbett, ein Ansatz als

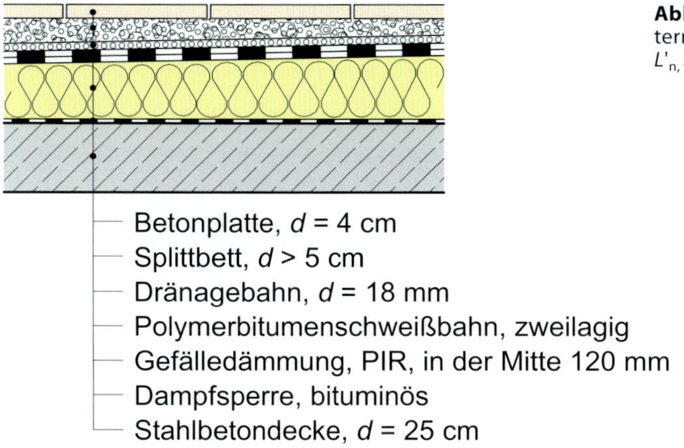

Abb. 3.20: Dachterrassenaufbau mit $L'_{n,w} = 40$ dB

schwimmender Boden gemäß DIN 4109 Beiblatt 1 ist also nicht möglich. Tatsächlich ist die einzige nennenswert trittschallmindernde Schicht bei diesem Aufbau die Dränagebahn.

Bei der Messung folgt der Kurvenverlauf sehr nahe der theoretischen Bezugskurve von Decken mit schwimmender Auflage nach DIN EN ISO 717-2 „Akustik – Bewertung der Schalldämmung in Gebäuden und von Bauteilen – Teil 2: Trittschalldämmung" (2013), d. h., der Dachterrassenaufbau mit der Dränagebahn weist eine Trittschallverbesserung gegenüber der Rohdecke von $\Delta L_w = 29$ dB auf (Abb. 3.21). Diese Trittschallverbesserung wird vor allem durch die sehr weich federnde Dränagebahn unter dem Splittbett hervorgerufen.

Bei einer geringeren Deckenstärke von 20 cm würde sich der bewertete Norm-Trittschallpegel um 2 dB erhöhen und läge dann mit $L'_{n,w} = 42$ dB weiterhin in einem guten Bereich deutlich unter den Anforderungen der DIN 4109 Beiblatt 2, die aktuell häufig als Beurteilungsmaßstab für bauakustische Fragen zugrunde gelegt werden.

3.2.3 Außenlärm

Der Beachtung des Außenlärmpegels kommt bei der Planung von Dachterrassen und Balkonen ebenfalls eine Bedeutung zu. Je nach vorhandenem Außenlärmpegel benötigen auch die Balkonflächen selbst Schallschutzmaßnahmen. Insbesondere in Bezug auf den Straßenlärm müssen hier entsprechende Planungsüberlegungen angestellt werden, damit die Balkonflächen auch in dem geplanten Maß genutzt werden können.

Vor allem bei Balkonen, die eine Orientierung zu viel befahrenen Straßen hin aufweisen, ist ein passiver Schallschutz erforderlich, z. B. in Form von umlaufenden Verglasungen. Genaue Angaben, ab welchem Lärmpegelbereich Schallschutzmaßnahmen vorgesehen werden sollten, lassen sich nicht machen. Es wird jedoch empfohlen, ab dem Lärmpegelbereich III gemäß DIN 4109, bei dem von einer ruhigen zu einer mittleren Sprechweise übergegangen werden muss, um noch verstanden zu werden, entsprechende Überlegungen in die Planungen mit einzubeziehen. Spätestens ab dem

Messung der Trittschalldämmung von Decken in Gebäuden	Anlage TS 1.1.

Antragsteller:

Bauvorhaben:

Prüfgegenstand: Exemplarisch : Decke Obergeschoß (Dachterrasse) Reihenhaus (Haus Nr. 7)

Aufbau des Prüfgegenstandes: Stahlbeton 25cm, Dampfsperre, Dämmung PIR einlagig i.M. 120mm, Abdichtung, Delta Terraxx Noppenbahn, Splitt 5cm, Bettonplatten 4cm

Volumen des Empfangsraums: V_E = 44.2 m³

- - - - Frequenzbereich entsprechend der Bezugskurve nach ISO 717-2

——— verschobene Bezugskurve nach ISO 717-2

Tag der Messung: 02.02.2016

Frequenz Hz	L'$_n$ Terz dB
50	51.2
63	53.1
80	52.7
100	47.4
125	46.1
160	45.8
200	41.0
250	43.6
315	42.4
400	43.8
500	38.9
630	38.3
800	35.8
1000	37.8
1250	31.4
1600	32.7
2000	≤ 22.6
2500	29.0
3150	28.8
4000	25.2
5000	≤ 20.8

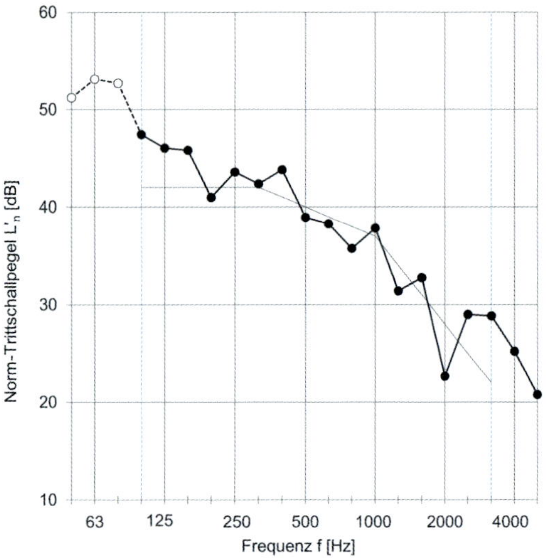

Bewertung nach ISO 717-2:

$L'_{n,w}(C_I)$ = 40 (-1) dB $C_{I,50\text{-}2500}$ = 4 dB

Die Ermittlung basiert auf Gebäude-Messungen, die in Terzbändern gewonnen wurden.

Projekt-Nr.: 90204	akumess Bauakustik & Bauphysik	Unterschrift:
Datum: 05.02.2016		

Abb. 3.21: Frequenzverlauf Norm-Trittschallmessung (Quelle: Akumess GmbH, Karlsruhe, VMPA-Messstelle)

Lärmpegelbereich V ist die Nutzung auf dem Balkon sehr stark eingeschränkt. Für eine Verständigung ist bei diesem Lärmpegelbereich bereits eine angehobene Sprechweise erforderlich.

Praxistipp

Bei der Festlegung der Orientierung von Balkonen sollten die Lärmpegelbereiche beachtet werden.

3.3 Anforderungen an den Brandschutz

Michael Silberhorn

An Terrassen werden hinsichtlich des Brandverhaltens keine besonderen Anforderungen gestellt. Auch für die tragenden und nicht tragenden Teile von Balkonen sind in der Musterbauordnung hinsichtlich des Brandverhaltens keine besonderen Vorschriften enthalten.

Balkone, Loggien und Dachterrassen, die Teile des **Rettungsweges** sind, müssen die allgemeinen Anforderungen an das Brandverhalten von Baustoffen und Bauteilen für Rettungswege nach den Landesbauordnungen erfüllen. In diesem Fall gelten für sie die gleichen Brandschutzanforderungen wie für die Decken des betreffenden Bauwerks.

Auskragende Balkone können, wenn sie mit einer entsprechenden Feuerwiderstandsdauer hergestellt werden, den Brandüberschlag in das darüber liegende Geschoss verhindern und so zum Brandschutz beitragen.

Abstandsflächen

Bei der Bemessung der Abstandsflächen zu anderen Gebäuden bleiben Balkone als vor die Außenwand vortretende Bauteile nach **§ 6 Abs. 6 MBO** außer Betracht, wenn sie insgesamt nicht mehr als ein Drittel der Breite der jeweiligen Außenwand in Anspruch nehmen, nicht mehr als 1,50 m vor diese Außenwand vortreten und mindestens 2,00 m von der gegenüberliegenden Nachbargrenze entfernt bleiben. Außerdem müssen bei Gebäuden, die an die Grundstücksgrenze gebaut werden, die Seitenwände von Vorbauten bei der Bemessung der Abstandsflächen nicht berücksichtigt werden. Seitliche Wände von Vorbauten müssen nach **§ 30 MBO** keine Gebäudeabschlusswände (Brandwände) aufweisen, wenn sie von dem Nachbargebäude oder der Nachbargrenze einen ihrer eigenen Ausladung entsprechenden Abstand einhalten. Der Abstand muss jedoch mindestens 1,00 m betragen. Balkone sind nach der Musterbauordnung auch direkt an der Grundstücksgrenze zum Nachbarn ohne Gebäudeabschlusswand möglich.

Es ist darauf hinzuweisen, dass diese Regelungen der Musterbauordnung nicht in allen Landesbauordnungen in gleichem Maße umgesetzt sind. Es bestehen also, wie so häufig, unterschiedliche Anforderungen in den einzelnen Bundesländern.

In **Berlin** sind in § 6 Abs. 6 Nr. 2 BauO Bln die folgenden Bedingungen für die Bemessung der Abstandsflächen bei Balkonen genannt:

- Beträgt die Breite des Balkons nicht mehr als ein Drittel der Breite der Außenwand und die Tiefe nicht mehr als 1,50 m vor der Außenwand, bleibt die Abstandsfläche des Balkons unberücksichtigt. Der Balkon kann nur in diesem Fall direkt an der seitlichen Grundstücksgrenze beginnen.

- Für Balkone, für die Abstandsflächen ermittelt werden müssen, sind diese auch an deren Schmalseiten einzuhalten.
- Von der gegenüberliegenden Nachbargrenze müssen Vorbauten generell mindestens 3,00 m entfernt sein.

In § 30 Abs. 10 BauO Bln finden sich analoge Regelungen zur Musterbauordnung: Die seitlichen Wände von Vorbauten müssen nicht als Gebäudeabschlusswände ausgebildet werden, wenn sie zu Nachbargebäuden oder zu der Nachbargrenze einen Mindestabstand in Höhe ihrer eigenen Ausladung, mindestens jedoch 1,00 m, einhalten.

Seitliche Wände von Vorbauten, die die Bedingungen des § 6 Abs. 6 Nr. 2 BauO Bln und des § 30 Abs. 10 BauO Bln nicht einhalten, sind also in Berlin als Brandwände bzw. Gebäudeabschlusswände herzustellen. Nach den Entscheidungshilfen der Berliner Bauaufsicht (2016) gilt die Brandschutzanforderung des § 30 Abs. 10 allerdings nicht für Balkone, da diese keine seitlichen Wände besitzen.

In der **Brandenburgischen Bauordnung** müssen die Abstandsflächen bei Balkonen, die nicht mehr als 5,00 m breit sind, insgesamt nicht mehr als ein Drittel der Breite der jeweiligen Außenwand in Anspruch nehmen, nicht mehr als 2,00 m hervortreten und mindestens 2,00 m von der gegenüberliegenden Nachbargrenze entfernt bleiben, nicht berücksichtigt werden. Diese Balkone können also ohne Gebäudeabschlusswand und seitlich direkt an der Grundstücksgrenze errichtet werden.

Brandwände

Die Brandgefährdung bei Balkonen und Loggien, z. B. durch Rauchen, offenes Feuer, Grillen, Möbel usw., ist die gleiche wie bei einer erdberührten Terrasse oder einer Dachterrasse. Eine Brandwand zum Nachbarn ist bei Terrassen oder Balkonen und Loggien – selbst bei einer Tiefe von über 1,50 m – nach der Musterbauordnung nicht notwendig. Bei Dachterrassen ist die maximale Anforderung die, dass die Brandwand 0,30 m über die Bedachung, also über die Oberkante der Dachterrasse, zu führen ist. Die Bedeutung von Brandlasten wird hier nicht berücksichtigt.

Werden Balkone über Brandwände hinweg geführt, müssen sie grundsätzlich aus nicht brennbaren Baustoffen bestehen.

Tragende Bauteile

Wenn Balkone weder Teil von Rettungswegen sind noch Aufenthaltsräume aufweisen, stellt die Musterbauordnung keine Anforderungen an die Feuerwiderstandsklasse auskragender Bauteile der Balkone. Diese Balkone sind zwar tragende, jedoch keine raumabschließende Bauteile zwischen Geschossen und haben somit nicht denselben Anforderungen wie Geschossdecken zu genügen. Insofern müssen für diese Balkone auch keine Anforderungen im Brandfall an die tragenden Pfeiler und Stützen gestellt werden. Balkone sind von den Anforderungen des § 27 MBO an tragende Wände und Stützen und des § 31 MBO an Decken ausgenommen.

3.4 Tageslichtversorgung
Michael Silberhorn

Balkonanlagen, die vor das Gebäude auskragen, stellen eine **Verschattung** der darunter liegenden Gebäudeteile dar, insbesondere der darunter liegenden Fensteröffnungen (Abb. 3.22). Eine Verschattung durch auskragende Balkonanlagen kann auch Auswirkungen auf die Nachbarbebauung haben. Hierdurch ergibt sich ein geringerer Einfall von Tageslicht (ausgedrückt durch den sog. Tageslichtquotienten). Eine geringere Tageslichtausbeute erhöht den Kunstlichtbedarf und somit den Energieverbrauch. Bei einer ungünstigen Anordnung von Balkonen kann dies zu erheblichen Auswirkungen auf den Energieverbrauch führen, die allerdings in der derzeit geltenden EnEV 2014 (noch) nicht berücksichtigt werden.

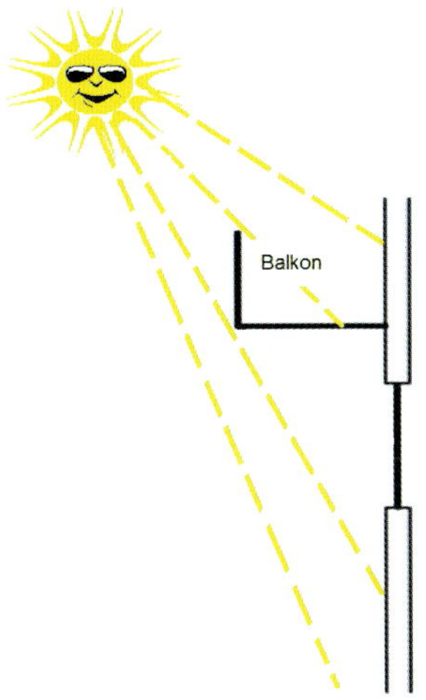

Abb. 3.22: Verschattung durch eine Balkonplatte

Praxistipp

Die Verschattung einer Mietwohnung durch einen darüber (nachträglich) angebrachten Balkon kann eine Mietminderung des beeinträchtigten Mieters zur Folge haben. Nach Angaben des Deutschen Mieterbunds (DMB) in Berlin ist eine Mietminderung von 10 % in solchen Fällen berechtigt. Der DMB beruft sich dabei auf ein Urteil des Amtsgerichts Hamburg-Wandsbek, Urteil vom 08.02.2002 – 716 a C 265/01. In diesem konkreten Fall wurde an der oberhalb der Mieterwohnung gelegenen Wohnung ein Balkon mit einer Länge von 7 m und einer Tiefe von 1,5 m angebracht. Der Balkon befand sich unmittelbar oberhalb der Fenster der darunter liegenden Wohnung der Kläger. Nach Entscheidung des Gerichts sei der Wohnwert in der unteren Wohnung durch den nachträglichen Balkonanbau spürbar beeinträchtigt worden.

4 Ausführungsdetails und Ausführungsmöglichkeiten

4.1 Abdichtungen

Wolfgang Storch

4.1.1 Untergründe und Dämmschichten

Untergründe, auf die bituminöse oder Kunststoffabdichtungen aufgebracht werden sollen, sind so vorzubereiten, dass die unteren Abdichtungsschichten nicht beschädigt werden können. Sie müssen an der Oberfläche frostfrei, fest und frei von Nestern und klaffenden Rissen sowie schädlichen Verunreinigungen sein. Bei aufgeklebten Abdichtungen müssen die Untergründe zusätzlich oberflächentrocken sein.

Insbesondere bei **Betonkonstruktionen** sind Betonnester, offene Fugen und Ausbrüche vor dem Aufbringen der ersten Abdichtungsschicht fachgerecht zu verschließen. Bei der Überbrückung von Bewegungsfugen sind die Abdichtungen über den Fugen in Abhängigkeit von den Fugenbewegungen nach DIN 18195-8 „Bauwerksabdichtungen – Teil 8: Abdichtungen über Bewegungsfugen" (2011), Abschnitt 7.3, zu verstärken.

Die Materialien der **Dämmschichten,** auf die Abdichtungen unmittelbar aufgebracht werden sollen, müssen für die jeweilige Nutzung geeignet sein. Sie dürfen keine schädlichen Einflüsse auf die Abdichtung haben und müssen den jeweiligen Belastungen aus der Nutzung der Balkon-, Loggia-, Dachterrassen- bzw. Terrassenflächen genügen, d. h., es müssen Dämmstoffe verwendet werden, die einer erhöhten Druckbelastung standhalten.

Für Balkone und Dachterrassen dürfen nur Dämmstoffe eingebaut werden, die bauaufsichtlich eingeführt sind oder über eine abZ verfügen (siehe Kapitel 2.1.3).

4.1.2 Balkone, Loggien und Dachterrassen

Abdichtungen von Balkonen werden den Abdichtungen für **mäßig beanspruchte** Flächen zugeordnet (siehe Kapitel 2.3.2). Dies hängt damit zusammen, dass unter nachträglich vorgelagerten und auskragenden Balkonen in der Regel kein Wohnraum liegt und sich auch keine sonstigen genutzten Räume befinden. Ausnahmen finden sich bei stufenförmigen Gebäudekonstruktionen oder Staffelgeschossen, wo Balkone, Loggien, Laubengänge oder Terrassen über Wohnräumen vorkommen. Deren Abdichtungen sind wegen des erhöhten Schadenrisikos durch die genutzten Räume unterhalb der abzudichtenden Fläche als Abdichtungen für **hoch beanspruchte** Flächen einzuordnen (siehe Kapitel 2.3.2). Zu den Abdichtungsstoffen im Einzelnen siehe Kapitel 2.3.3.

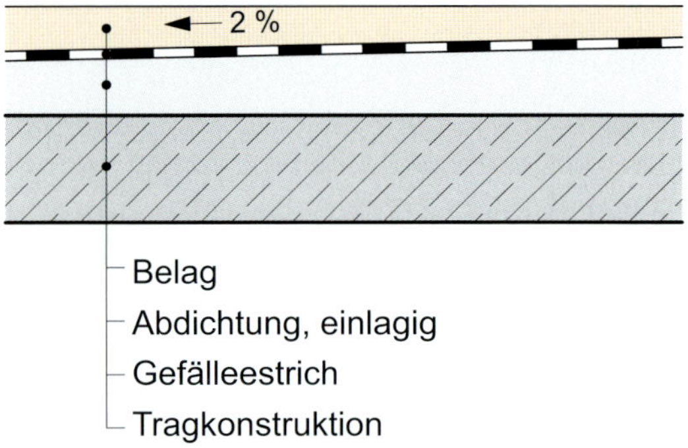

Abb. 4.1: Einlagige bituminöse Bahnenabdichtung für mäßige Beanspruchung einer massiven auskragenden Balkonplatte

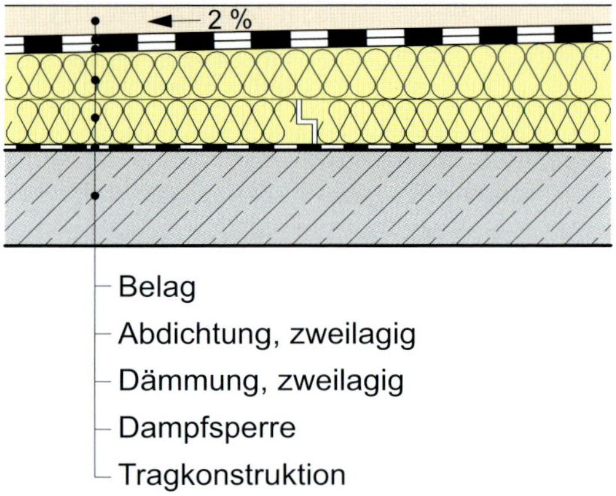

Abb. 4.2: Zweilagige bituminöse Bahnenabdichtung für hohe Beanspruchung einer massiven Balkonplatte über einer Wohneinheit mit Dämmung

4.1.2.1 Bituminöse Abdichtungen

Eine einlagige bituminöse Abdichtung ist bei mäßiger Beanspruchung als ausreichend anzusehen (Abb. 4.1). Wenn erforderlich, sind die Untergründe für die Herstellung der Abdichtungsschicht mit einem bituminösen Voranstrich zu behandeln.

Für eine einlagige bituminöse Abdichtung eignen sich Bitumen- oder Polymerbitumenbahnen mit oder ohne Gewebeeinlage, die im Bürstenstreich-, Gieß- oder Flämmverfahren mit Klebemassen bzw. bei Schweißbahnen im Schweißverfahren ohne zusätzliche Verwendung von Klebemassen aufzubringen sind.

Untergründe für kaltselbstklebende Bitumendichtungsbahnen sind mit einem kaltflüssigen Voranstrich zu versehen. Die Bahnen müssen punktweise oder vollflächig verklebt werden, Überdeckungen vollflächig.

Bei der Verarbeitung der unterschiedlichen Arten von Abdichtungsbahnen sind die jeweiligen Produktinformationen und Technischen Datenblätter der Materialhersteller zu beachten.

Bei Abdichtungen für hohe Beanspruchungen, die wegen eines erhöhten Schadenrisikos immer anzunehmen sind, wenn sich unterhalb der abzudichtenden Fläche ein genutzter Raum befindet, ist eine zweilagige bituminöse Abdichtung erforderlich (Abb. 4.2). Die Abdichtungen sind nach DIN 18195-2 „Bauwerksabdichtungen – Teil 2: Stoffe“ (2009), Tabelle 3, Zeilen 5 bis 10, herzustellen. Als obere Lage einer zweilagigen bituminösen Abdichtung ist immer eine Polymerbitumenbahn zu verwenden.

Bei zweilagigen bituminösen Abdichtungen sind beide Lagen vollflächig zu verschweißen. Die Bahnen sind parallel zueinander und nicht über Kreuz zu verlegen.

Eine **zweilagige bituminöse Bahnenabdichtung** könnte z. B. wie folgt aussehen:

- erste (untere) Lage aus G 200 DD Dachabdichtungsbahn mit Glasgewebeeinlage,
- zweite (obere) Lage aus PYE PV 200 DD Dachdichtungsbahn mit Polymervlieseinlage, Bahn aus Polymerbitumen mit thermoplastischen Elastomeren.

Bei Gefällen von unter 2 % sind beide Lagen mit Polymerbitumenbahnen auszuführen. Die Verlegung der Bitumenbahnen erfolgt mit den bekannten Technologien auf einen geeigneten und, wenn erforderlich, vorbehandelten Untergrund. Bei Gefällen von 2 % und mehr können als untere Lagen auch Bitumendachabdichtungsbahnen oder Bitumenschweißbahnen verwendet werden.

Eine Abdichtung mit kunststoffmodifizierten Bitumendickbeschichtungen ist bei mäßiger Beanspruchung möglich. Sie ist in 2 Arbeitsgängen aufzubringen und muss eine Trockenschichtdicke von mindestens 3 mm erreichen. Die Abdichtung muss auf dem Untergrund haften. Zur Sicherung der geforderten Trockenschichtdicke sollte zwischen den beiden Schichten eine Gewebeeinlage eingebaut werden. Darüber liegende Schutz- bzw. Belagsschichten dürfen erst aufgebaut werden, wenn eine ausreichende Trocknung der Abdichtung erfolgt ist.

4.1.2.2 Abdichtungen mit Kunststoffbahnen und Flüssigkunststoffen

Abdichtungen mit Kunststoffbahnen für hohe Beanspruchungen werden vorrangig als einlagige Bahnenabdichtungen mit Mindestdicken von 1,5 mm bei Polyisobutylen (PIB) und 2,0 mm bei Ethylencopolymerisat-Bitumen (ECB) ausgeführt.

Die **Verlegung** kann mit einer Verklebung oder lose erfolgen. Bei einer verklebten Verlegung werden bitumenverträgliche Kunststoffbahnen in Kombination mit Bitumendachabdichtungsbahnen bzw. Bitumenschweißbahnen oder auf entsprechende Kaschierungen einer Wärmedämmung im Bürstenstreich- oder Flämmverfahren aufgeklebt.

Bei loser Verlegung werden die Kunststoffbahnen zwischen 2 Schutzlagen eingebaut. Die untere Schutzlage können Vliese aus synthetischen Fasern bzw. Geotextilien aus Chemiefasern mit einem Flächengewicht von mindestens 300 g/m^2 und einer Dicke von mindestens 2 mm sein. Die obere Schutzlage kann u. a. aus Bautenschutzmatten oder -platten aus Gummi- oder Polyethylengranulat mit einer Dicke von mindestens 6 mm bestehen (Abb. 4.3).

Auch hier sind bei der Verarbeitung der unterschiedlichen Arten von Abdichtungsbahnen die jeweiligen Produktinformationen und Technischen Datenblätter der Materialhersteller zu beachten.

Bei der Verwendung von **Flüssigkunststoffen,** die häufig an komplizierten An- und Abschlüssen in Verbindung mit bahnenförmigen Abdichtungen eingesetzt werden, sind folgende Kriterien zu beachten (in Anlehnung an Oswald et al., 2015):

- Die Dicke der Flüssigkunststoffe sollte mindestens 2,0 mm betragen. Die Mindestdicke ist zu prüfen.

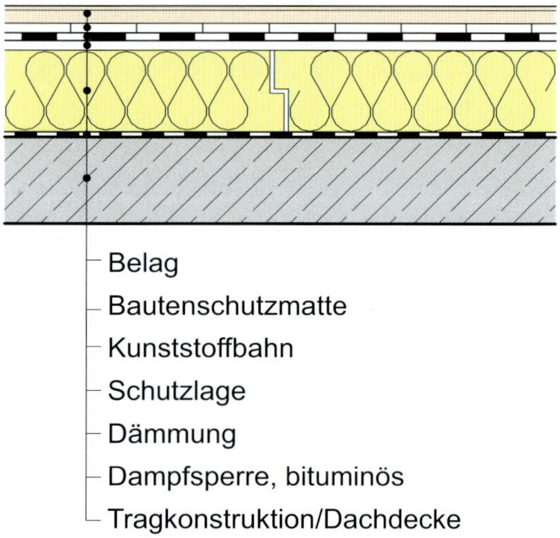

Abb. 4.3: Einlagige Abdichtung einer Dachterrasse mit Kunststoffbahnen

- Die Untergründe müssen trocken und frei von Fremdstoffen sein, die die Anhaftung der Flüssigkunststoffe gefährden.
- Vor dem Auftrag der Abdichtung ist eine Haftbrücke (Grundierung) aufzubringen.
- Die Anhaftung zwischen Flüssigkunststoffen und Untergründen ist sicherzustellen, Anhaftungsprüfungen werden empfohlen (z. B. Schälzugprüfungen von Hand).
- Lose Schieferpartikel sind mit starkem Abbürsten bzw. Abflämmen zu entfernen.
- Die ausführenden Handwerker müssen für das verwendete System geschult sein.

4.1.2.3 Abdichtungen im Verbund mit Fliesen und Platten

Insbesondere bei Balkonen werden Abdichtungen häufig im Verbund mit Fliesen und Platten hergestellt. Flüssig zu verarbeitende Abdichtungen im Verbund mit Fliesen- und Plattenbelägen (AIV) sind jedoch nur bei mäßiger Beanspruchung durch nicht drückendes Wasser im Außenbereich anzuwenden (nicht in DIN 18195-5 „Bauwerksabdichtungen – Teil 5: Abdichtungen gegen nichtdrückendes Wasser auf Deckenflächen und in Nassräumen, Bemessung und Ausführung“ [2011] geregelt, siehe Kapitel 2.3.3.4). Das heißt, Balkone und Dachterrassen über genutzten Räumen bedürfen bei diesen Abdichtungen in jedem Fall einer zusätzlichen Abdichtung nach DIN 18195-5.

Die Oberflächen der **Untergründe** für AIV müssen ausreichend ebenflächig, tragfähig und frei von durchgehenden Rissen sein. Risse in den Untergründen sind auf maximal 0,2 mm zu beschränken. Die Abdichtung ist in mindestens zwei Lagen aufzutragen. Vor dem Auftragen jeder weiteren Lage muss die darunter liegende Lage so weit abgetrocknet bzw. ausgehärtet sein, dass diese durch den nachfolgenden Arbeitsgang nicht beschädigt wird. Zu den Abdichtungsstoffen bei AIV siehe Kapitel 2.3.3.4.

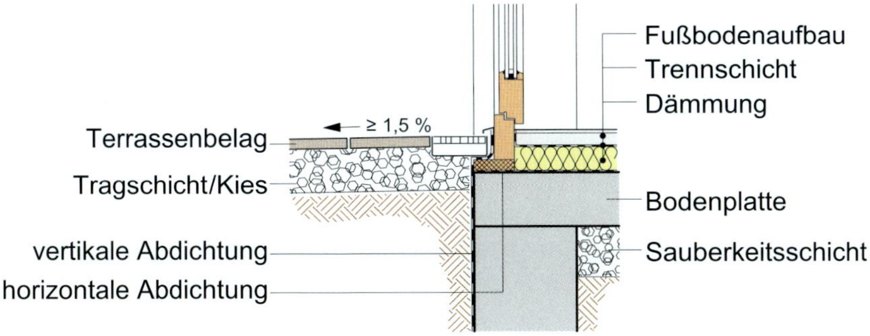

Abb. 4.4: Terrasse mit Anschluss an die Bodenplatte (in Anlehnung an Beinhauer, 2014, Skizze TB1.01)

Die **Mindesttrockenschichtdicken** betragen bei Kunststoff-Zement-Mörtel-Kombinationen (M) 2 mm und bei Reaktionsharzen (R) 1 mm. Fliesen und Platten sind in einem gesonderten Arbeitsgang zu verlegen.

4.1.3 Erdberührte Terrassen

Erdberührte Terrassen befinden sich in der Regel im Erdgeschoss der Gebäude, haben einen Anschluss an das Gebäude und stehen in Verbindung mit den angrenzenden Freiflächen des Grundstückes. Sie bestehen aus einem Erdkörper, einer Tragschicht und einem Belag. Die auf die horizontalen Belagsflächen der erdberührten Terrassen auftreffenden Niederschläge werden über Gefälleausbildungen der einzelnen Konstruktionsschichten auf das Grundstück geleitet. Die Schichten sind so auszubilden, dass das Niederschlagswasser schadenfrei vom Gebäude weg abgeleitet werden kann.

Eine Abdichtung an erdberührten Terrassen erfolgt demzufolge ausschließlich an den **Anschlüssen** zum Gebäude. Diese Abdichtungen sind identisch mit den vertikalen Gebäudeabdichtungen im erdberührten Bereich, die in Abhängigkeit von den Bodenbelastungen als Abdichtungen gegen Bodenfeuchte und nicht stauendes Sickerwasser nach DIN 18195-4 „Bauwerksabdichtungen – Teil 4: Abdichtung gegen Bodenfeuchte (Kapillarwasser, Haftwasser) und nichtstauendes Sickerwasser an Bodenplatten und Wänden, Bemessung und Ausführung“ (2011) oder gegen von außen drückendes Wasser und aufstauendes Sickerwasser nach DIN 18195-6 „Bauwerksabdichtungen – Teil 6: Abdichtungen gegen von außen drückendes Wasser und aufstauendes Sickerwasser, Bemessung und Ausführung“ (2011) auszubilden sind. Die Abdichtungen sind im Bereich der Terrassen mindestens 150 mm über den Belag hinaus hochzuführen (zu niedrigeren Aufkantungshöhen im Bereich von Türen siehe Kapitel 2.4.5).

In Abb. 4.4 wird der **Aufbau** einer erdberührten Terrasse im Anschluss an einen Wohnraum dargestellt, wie er häufig beim Bau von Einfamilienhäusern ausgeführt wird. Die Abdichtungen beschränken sich hier auf die vertikale Abdichtung im erdberührten Bereich des Gebäudes sowie die horizontale Abdichtung auf der Bodenplatte des Gebäudes.

4.1.4 Sonderkonstruktionen

Balkonplatten aus WU-Beton

Balkonplatten aus WU-Beton benötigen grundsätzlich keine zusätzlichen Abdichtungen nach DIN 18195-5, sofern sie sich nicht über genutzten Räumen befinden.

Beim Einbau von wasserundurchlässigen Bodenplatten aus Stahlbeton oberhalb von hochwertigen genutzten Räumen wird empfohlen, zumindest eine einlagige Abdichtung auf der Bodenplatte vorzusehen.

Holzbalkone

Holzbalkone werden häufiger bei Einfamilienhäusern als Einzelbalkone in offener Konstruktion, d. h. ohne geschlossene Balkonplatte, angebaut. Sie bedürfen einer Abdichtung am Wandanschluss und ggf. über den Holzbalken zum Schutz der Hölzer vor eindringenden Wässern. Zu beachten ist hier insbesondere die Fachregel 02 „Balkone und Terrassen" (2007).

Übereinanderliegende Holzbalkone sind nach der Fachregel 02 „Balkone und Terrassen" (2007) grundsätzlich als geschlossene Konstruktionen mit einem unterhalb des Belags angeordneten Unterboden und einer wasserableitenden Abdichtung auszuführen. Auch bei diesen Konstruktionen wird ein Mindestgefälle der Abdichtungsebene von 2 % gefordert.

4.2 An- und Abschlüsse

Walter Herre

Bei den nachfolgend beschriebenen An- und Abschlüssen handelt es sich um Konstruktionsprinzipien, die die grundsätzlichen Planungsoptionen darstellen sollen. Sie müssen je nach gewünschtem Belag und je nach Abdichtungssituation an die örtlichen Gegebenheiten angepasst werden.

4.2.1 Anschluss an Wände

Grundlegende Konstruktionsregeln

Dem Anschluss an Wände kommt insgesamt die Aufgabe zu, Schäden im Inneren des Gebäudes zu vermeiden. Die Anforderungen an den Anschluss unterscheiden sich nicht danach, ob sich der Anschluss formal im Bereich der DIN 18195-5 oder im normativ ungeregelten Bereich befindet. Die Einwirkungen auf den Anschluss sind in beiden Fällen dieselben und es ist in beiden Fällen mit Folgeschäden im Gebäudeinneren bei einem nicht fachgerechten Anschluss zu rechnen.

Die **Abdichtungshöhe** muss zur Einhaltung der Normen und Regelwerke mindestens 150 mm über der Oberkante des Belages betragen, je nach örtlicher Situation auch mehr (Abb. 4.5). Der obere Rand der Abdichtung ist regensicher auszuführen. Die Abdichtungsanschlüsse müssen bei nicht regensicheren Verkleidungen hinter der Verkleidung auf der aufgehenden Wand hochgeführt werden. Im Wandanschlussbereich sollte grundsätzlich ein Gefälle zur Vermeidung von Stauwasser vorgesehen werden.

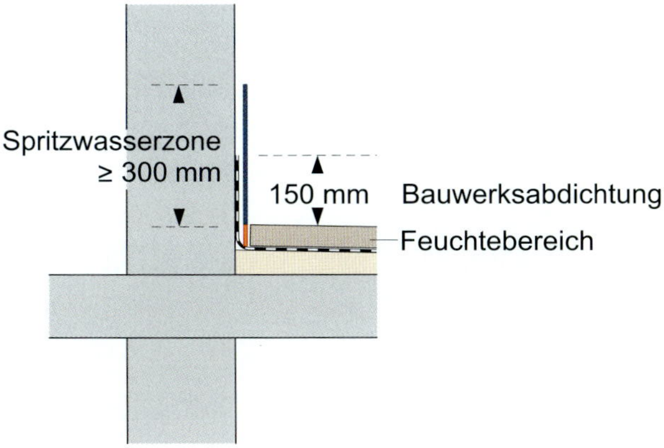

Abb. 4.5: Abdichtungsanschluss an Wände

Abb. 4.6: Sockelblech ohne ausreichende Hinterlaufsicherung

Werden die Abdichtungen auf **Putzschichten** hochgeführt, muss das Hinterlaufen der Abdichtung über die Putzschicht unterbunden werden. Dies macht eine Putztrennung, z. B. durch eingelassene Kappleisten, am oberen Rand der Abdichtung erforderlich. In Verbindung mit adhäsiven Abdichtungssystemen (z. B. Flüssigkunststoffabdichtungen) ist auch ein Putztrennschnitt möglich, der dann mit dem Abdichtungsstoff gefüllt wird.

Die Regensicherheit und der Schutz vor einem Hinterlaufen muss auch bei der Ausführung von Sockelfliesen oder ähnlichen Verkleidungen beachtet werden (Abb. 4.6).

Bahnenförmige Abdichtungsstoffe, wie z. B. Bitumenschweißbahnen oder Kunststoffbahnen, müssen **abrutschsicher** an dem aufgehenden Bauteil befestigt werden. Das Aufschweißen von Schweißbahnen auf den Untergrund ist aber noch keine Abrutschsicherung. Bitumen ist ein thermoplastischer Stoff, d. h., seine Viskosität ist temperaturabhängig mit der Folge, dass ein bituminös verklebter Anschluss im Laufe der Zeit abrutscht. Bei bahnenförmigen Abdichtungen ist daher in jedem Fall eine mechanische Sicherung

Abb. 4.7: Putzschaden im Sockelbereich bei einem Holzrostbelag

des oberen Randes erforderlich. In der Praxis haben sich dafür Klemmprofile und Klemmschienen bewährt. Der Abstand der Befestigungsmittel sollte dabei etwa 200 mm betragen.

Bei Anschlüssen, die auf der Außenseite der Bauteile hochgeführt werden, kann der Schutz vor einem Hinterlaufen mittels eingelassener Überhangstreifen in Verbindung mit einem Abdeckblech als Trittschutz der Abdichtung hergestellt werden.

Die Ausführung der Überhangstreifen oder der Metallprofile am oberen Abschluss der Abdichtung sollte möglichst zweiteilig erfolgen. Einteilige Lösungen mit Dichtstofffase unterscheiden sich in ihrer Sicherheit und Dauerhaftigkeit erheblich von den zweiteiligen Überhangstreifen mit eingelassenen Kappleisten.

Diese Konstruktionsregeln gelten grundsätzlich auch für nachträglich vorgelagerte Balkone. Bei vorgelagerten Balkonen ohne Anschluss der Abdichtung an die aufgehende Wand ist die Spritzwasserzone in ausreichendem Maß mit wasserabweisenden Baustoffen auszubilden.

Aufkantungs- und Spritzwasserbereich

Frei liegende Abdichtungen im Aufkantungsbereich müssen geschützt werden (z. B. durch Bleche oder Platten). Wenn die Bauwerksabdichtung hinter weiteren Fassadenschichten hochgeführt werden soll, müssen feuchtigkeitsempfindliche Bauteile ebenfalls in gleicher Abdichtungshöhe mit einer Bauwerksabdichtung geschützt werden.

Auch wenn Flüssigkunststoffabdichtungen entsprechend der Angaben der Hersteller so schlagzäh sind, dass sie grundsätzlich einen ausreichenden Trittschutz sicherstellen, sollten sie nur dann ohne zusätzlichen Schutz ausgeführt werden, wenn dies mit dem Bauherrn explizit so vereinbart wurde. Die Flachdachrichtlinie (2011) verlangt in genutzten Bereichen diesen Schutz ohne Ausnahme. Sofern die Abdichtung nicht geschützt hinter weiteren Bauteilschichten (z. B. Verkleidungen, weiteren Dämmschichten o. Ä.) liegt, muss für ihren Schutz im direkten Trittbereich gesorgt werden.

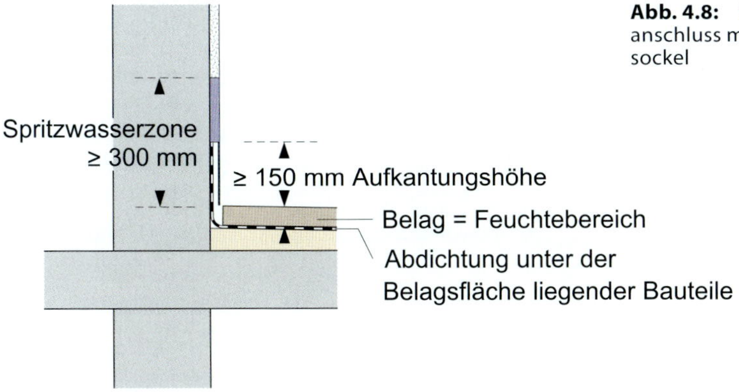

Abb. 4.8: Wandanschluss mit Putzsockel

Im Spritzwasserbereich bis 300 mm Höhe dürfen nur ausreichend wasserabweisende Bauteile verwendet werden.

Feuchtebereich unter der Belagsoberkante

Feuchtigkeitsempfindliche Bauteilschichten (z. B. Putz), die unter die Belagsoberfläche geführt werden, benötigen in jedem Fall eine zusätzliche Abdichtung unterhalb der Belagsoberfläche. Im Spritzsaumbereich sollte diese Abdichtung möglichst 50 mm über die Belagsoberfläche gezogen werden. Eine Putzabdichtung wird auch bei aufgestelzten Belagskonstruktionen benötigt (siehe Abb. 4.7).

Wenn hinter der Putzschicht weitere feuchtigkeitsempfindliche Schichten liegen (z. B. Dämmstoffe aus EPS), benötigt der Sockelbereich eine zusätzliche Abdichtung. Dies gilt insbesondere für Putzsockel, die unter die Belagsoberfläche von Plattenbelägen im Splitt- oder Kiesbett geführt werden. Für diese Bereiche sollten Abdichtungsstoffe gemäß DIN 18195-2, wie z. B. Flüssigkunststoff, verwendet werden. Mineralische Dichtungsschlämmen können dafür nicht empfohlen werden.

4.2.1.1 Wandanschlüsse bei Fassaden mit WDVS

Wandanschluss mit Putzsockel

Konstruktionshinweise (Abb. 4.8):

- Gefälle im Untergrund im Anschlussbereich
- Umlenkung der Abdichtung bei Bahnen im Rückversatz, bei flüssig zu verarbeitenden Abdichtungen mit Verstärkungseinlage
- Abrutschsicherung bei Bahnenabdichtungen
- Abdichtung Sockeldämmplatte und Putz bis 50 mm über Belag, oberhalb wasserabweisender Putz im Spritzbereich bis 300 mm über Belag (auch bei aufgestelzten Konstruktionen, wie Holzrosten oder Stelzlagern)
- bei geschlossenzelliger Dämmung aus extrudiertem Polystyrol (XPS) Putzabstellung ca. 50 mm über der Abdichtung und Abdichtung des Putzes mit mineralischer Dichtungsschlämme bis über den Putzrand möglich

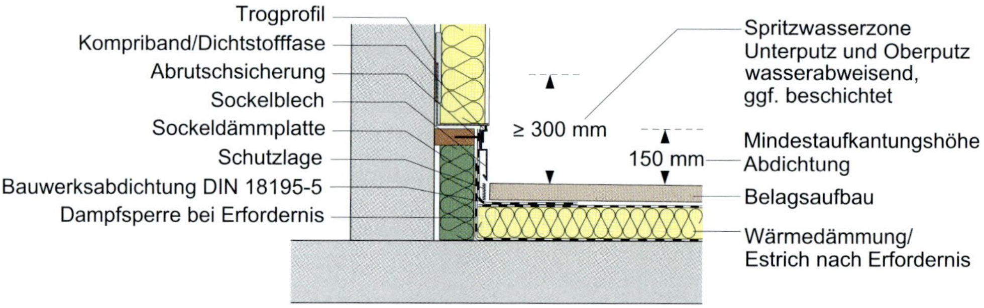

Abb. 4.9: Wandanschluss mit Blechsockel

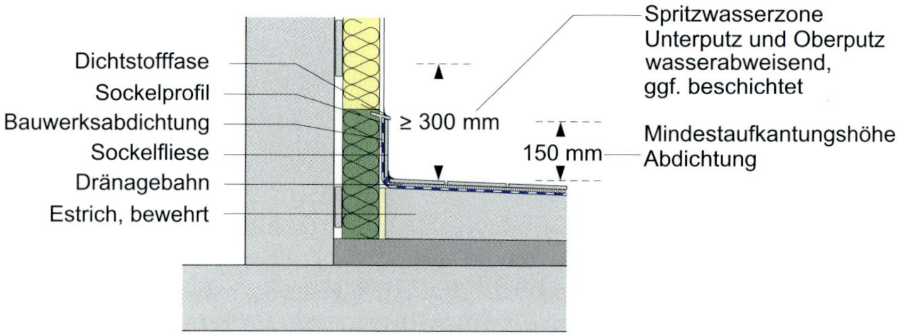

Abb. 4.10: Wandanschluss bei Fliesen auf Dränagebahn

Wandanschluss mit Blechsockel

Konstruktionshinweise (Abb. 4.9):

- Gefälle im Untergrund im Anschlussbereich
- Umlenkung der Abdichtung bei Bahnen im Rückversatz, bei flüssig zu verarbeitenden Abdichtungen mit Verstärkungseinlage
- Abrutschsicherung bei Bahnenabdichtungen in ausreichend tragfähigem Befestigungsuntergrund (ggf. Holzbohle o. Ä.)
- Kompriband und Dichtstofffase zwischen Trogprofil und Sockelblech
- Sockelblech mit Abrutschsicherung für Bahnenabdichtungen
- Dränagebahnstreifen (außer bei aufgestelzten Belägen)
- gefällelose Ausführung bei aufgestelzten Belägen möglich
- gefälleloser Belag bei ausreichend breiten Fugen möglich
- verzinkte Bleche nicht in dauerfeuchte Bereiche führen

Wandanschluss bei Fliesen auf Dränagebahn

Konstruktionshinweise (Abb. 4.10):

- beachten, dass flüssig zu verarbeitende Abdichtungen ggf. nicht der DIN 18195-5 entsprechen
- Gefälle im Untergrund (bei Entwässerung von Rinnen über die Dränagebahn zwingend)
- Umlenkung der Abdichtung bei Bahnen im Rückversatz, bei flüssig zu verarbeitenden Abdichtungen mit Verstärkungseinlage
- Sockelprofil mit Putztrennung und Dichtstofffase

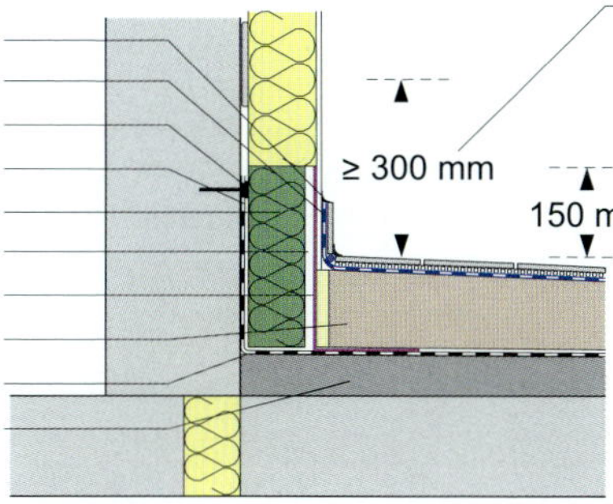

Abb. 4.11: Wandanschluss bei AIV

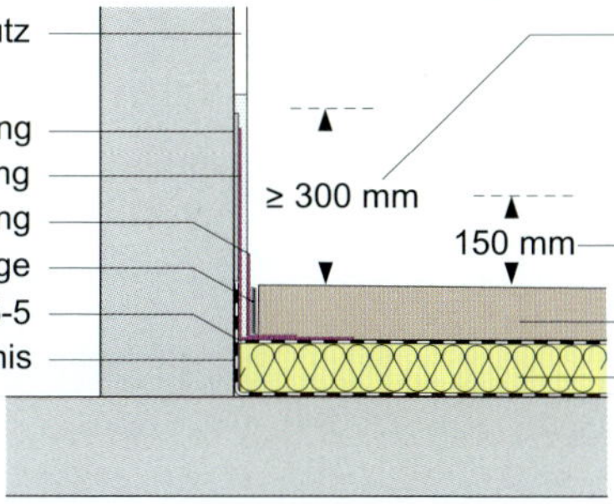

Abb. 4.12: Wandanschluss mit Putzsockel bei losen Belägen

Wandanschluss bei AIV

Konstruktionshinweise (Abb. 4.11):

- beachten, dass AIV nicht der DIN 18195-5 entsprechen (Sonderkonstruktion)
- Gefälle im Untergrund
- Gefälle von 1 bis 2 % in der Belagsebene
- zusätzliche Bauwerksabdichtung nach DIN 18195-5 unter dem Estrich, Entfallen dieser Bauwerksabdichtung bedenklich
- Abrutschsicherung bei Bahnenabdichtungen
- Putzabdichtung mit Flüssigkunststoff bis 150 mm über Belag
- komplexen Arbeitsablauf beachten – erst Flächenabdichtung, dann Sockeldämmung, Abdichtung des Sockels, Herstellung der Fassade ohne Oberputz, Herstellung des Estrichs, Herstellung der Abdichtung auf der Balkon-/Terrassenfläche und des Belags

4.2.1.2 Wandanschlüsse bei monolithischen Fassaden

Wandanschluss mit Putzsockel bei losen Belägen

Konstruktionshinweise (Abb. 4.12):

- Gefälle im Bereich des Abdichtungsanschlusses
- Putzabdichtung bis 50 mm über Belag (Flüssigkunststoff)
- wasserabweisender Putz im Spritzwasserbereich bis mindestens 300 mm über Belag
- Untergrundbehandlung für die Flüssigkunststoffabdichtung

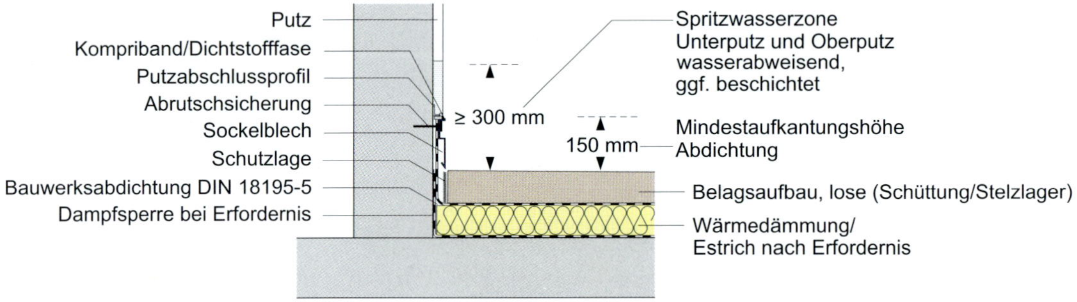

Abb. 4.13: Wandanschluss mit Blechsockel bei losen Belägen

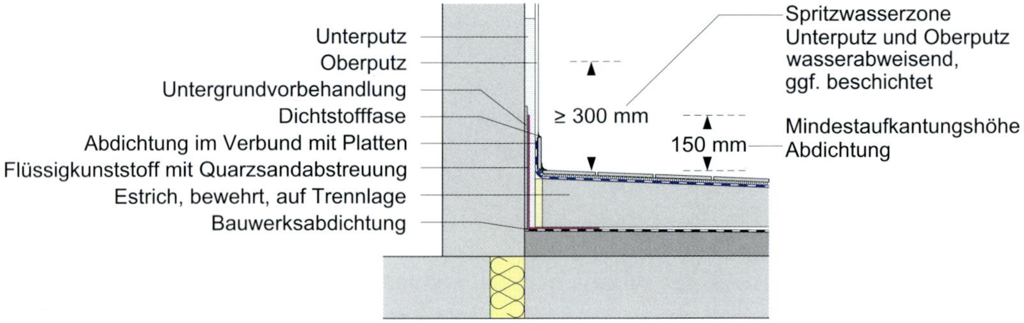

Abb. 4.14: Wandanschluss bei AIV

Wandanschluss mit Blechsockel bei losen Belägen

Konstruktionshinweise (Abb. 4.13):

- Sockelblech auch als Abrutschsicherung für Bahnenabdichtung heranziehbar
- zwischen Putzabschlussprofil und Sockelblech Kompriband mit Dichtstofffase
- wasserabweisender Putz im Spritzwasserbereich bis mindestens 300 mm über Belag
- Schutzstreifen bei geschütteten Bettungen im Aufkantungsbereich

Wandanschluss bei AIV

Konstruktionshinweise (Abb. 4.14):

- unter AIV Bauwerksabdichtung nach DIN 18195-5 erforderlich
- Aufkantungshöhe Bauwerksabdichtung von 150 mm notwendig
- wasserabweisender Putz im Spritzwasserbereich bis 300 mm über Belag
- Oberputz nach der Herstellung des Fliesenbelages aufbringen

Wandanschluss bei Fliesen auf Dränagebahn

Konstruktionshinweise (Abb. 4.15):

- Wandanschluss mit in den Putz eingelassenem Sockelprofil (Schutz vor Hinterlaufen)
- Abdichtung unter Dränagebahn mit Bahnen oder flüssig zu verarbeitenden Abdichtungen

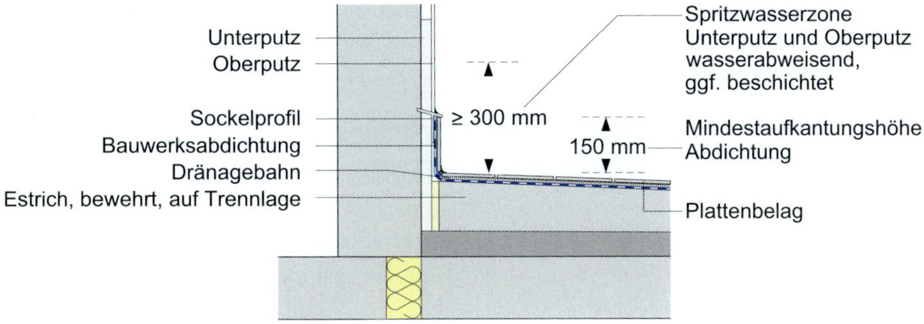

Abb. 4.15: Wandanschluss bei Fliesen auf Dränagebahn

4.2.2 Übergang zwischen Flächenabdichtung und hochgeführter Abdichtung

Flächenabdichtung und hochgeführte Abdichtung sollten möglichst aus dem gleichen Abdichtungsstoff bestehen. In dem direkten Wandanschlussbereich können Bewegungen auftreten, insbesondere bei auskragenden Bauteilen, die von der Abdichtung aufgenommen werden müssen. Gegebenenfalls müssen Schleppstreifen oder Bewegungsfugen vorgesehen werden.

Anschluss bahnenförmiger Abdichtungen

Die Ausführung bahnenförmiger Abdichtungsanschlüsse richtet sich im Wesentlichen nach den Vorgaben der Flachdachrichtlinie (2011):

- Im Wandanschlussbereich ist die Ausführung der Bahnen zweilagig, der Anschluss an die Flächenabdichtung erfolgt im Rückversatz.
- Bei Bitumenschweißbahnen sollte ein Keil zur Umlenkung vorgesehen werden.

Die Anordnung eines Keils führt in Verbindung mit direkt vor der Tür eingebauten Gitterrostrinnen häufig zu Konflikten. Bei der Verwendung der heute üblichen hochflexiblen Bahnen ist ein Keil im Übergangsbereich nicht zwingend.

Wenn Bitumenschweißbahnen im Türanschlussbereich eingesetzt werden, lassen sich Verschmutzungen der Türschwelle meistens nicht vermeiden.

Anschluss flüssig zu verarbeitender Abdichtungen

Bei flüssig zu verarbeitenden Abdichtungen erfolgt der Übergang an den Wandanschluss im Regelfall mit einer Verstärkungseinlage. Wenn eine Bewegungsaufnahme erfolgen muss, ist eine ausreichende Bewegungsmöglichkeit sicherzustellen. Bei flüssig zu verarbeitenden Abdichtungen muss immer die Verträglichkeit mit dem Untergrund geprüft werden. Die meisten flüssig zu verarbeitenden Abdichtungen verfügen nur über eine Zulassung für mineralische Untergründe.

Einkomponentige flüssig zu verarbeitende Abdichtungssysteme (z. B. Flüssigkunststoff PUR 1K) beinhalten Lösungsmittel, die insbesondere bei Instandsetzungen von älteren Balkonen in den Wohnraum gelangen können. Die Verwendung dieser Abdichtungssysteme setzt bestimmte Mindestverarbeitungstemperaturen voraus. Eine Verarbeitung ist in vielen Fällen nur möglich, wenn die Temperaturen auch nachts sicher nicht unter den Gefrierpunkt fallen (Herstellerhinweise beachten).

Kombinationsanschluss bahnenförmiger Abdichtungen mit Flüssigkunststoffabdichtungen

Wenn Kombinationsanschlüsse mit Flüssigkunststoffabdichtungen geplant werden, sollte kein dauerhafter Wasseranstau an dem Abdichtungsübergang vorliegen. Daher sollte ein Gefälle der Abdichtung von 2 % von dem Wandanschluss weg vorgesehen werden.

Die Überlappung auf die Anschlussbahn sollte mindestens 10 cm, besser 15 cm betragen. Eine Grundierung der Bahnenfläche sollte unbedingt entsprechend den Vorgaben der Hersteller vorgenommen werden.

Bei der Systemwahl müssen die zu erwartenden Bauteilbewegungen berücksichtigt werden. Im Wandanschlussbereich ist in jedem Fall eine Vliesverstärkung erforderlich.

4.2.3 Anschluss an Türen

Grundlegende Konstruktionsregeln

Grundsätzlich stehen folgende **konstruktive Möglichkeiten** zur Ausführung der Abdichtung im Türbereich zur Verfügung:

- Abdichtung auf der Außenseite der Tür,
- Hinterfahren der Tür mit der Abdichtung und
- Minderung der Schadenfolgen auf der Innenseite.

Die Abdichtung auf der Außenseite der Tür stellt derzeit den Regelfall für die Abdichtung der Türschwelle dar.

Bei der Planung der **Aufkantungshöhe** sollte beachtet werden, dass Aufkantungshöhen von deutlich mehr als 50 mm nicht mehr zeitgemäß sind (siehe Kapitel 2.4.5.1). Je nach geplanter Nutzung kann auch eine barrierefreie Lösung zwingend sein. Die Planung und Besprechung der Aufkantungshöhe der Türschwelle gehört damit immer zu den erforderlichen Festlegungen mit dem Bauherrn.

Bei Sanierungen kommt es zudem häufig vor, dass sich aufgrund der vorliegenden Rahmenbedingungen nur niedrige oder schwellenlose Türanschlüsse realisieren lassen. Auch in diesen Fällen muss eine sorgfältige Planung vorgenommen werden. Eine Unterschreitung der Aufkantungshöhe von 150 mm ist auch nach den Regelwerken (siehe folgende Übersicht) möglich, wenn an die örtliche Situation angepasste Maßnahmen getroffen werden (siehe Kapitel 2.4.5.3). Durch die Einhaltung der Aufkantungshöhen allein entsteht nicht zwangsläufig ein dichter Anschluss.

Übersicht: Ausführungsmöglichkeiten bei verschiedenen Aufkantungshöhen und Anforderungen an die Ausführungen nach DIN 18195-9 „Bauwerksabdichtungen – Teil 9: Durchdringungen, Übergänge, An- und Abschlüsse“ (2010), DIN 18040-2 „Barrierefreies Bauen – Planungsgrundlagen – Teil 2: Wohnungen“ (2011) und der Flachdachrichtlinie (2011)

Ausführungsmöglichkeit	**Anforderungen an die Ausführung**
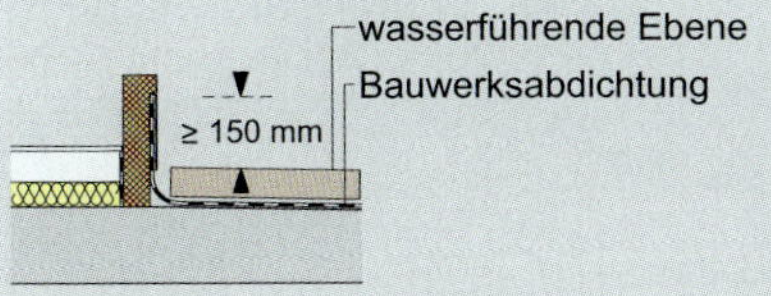 	**DIN 18195-9, Abschnitt 5.4.2:** Die Bauwerksabdichtung an aufgehenden Bauteilen sollte im Regelfall das Maß von 150 mm nicht unterschreiten. **DIN 18195-9, Abschnitt 5.4.3:** Die Abdichtung sollte im Regelfall 150 mm über die Schutzschicht, die Oberfläche des Belages oder die Überschüttung hochgeführt werden, jedenfalls bis deutlich über die ungünstigstenfalls auftretende Wasserbeanspruchung aus Oberflächen-, Spritz- und/oder Sickerwasser.
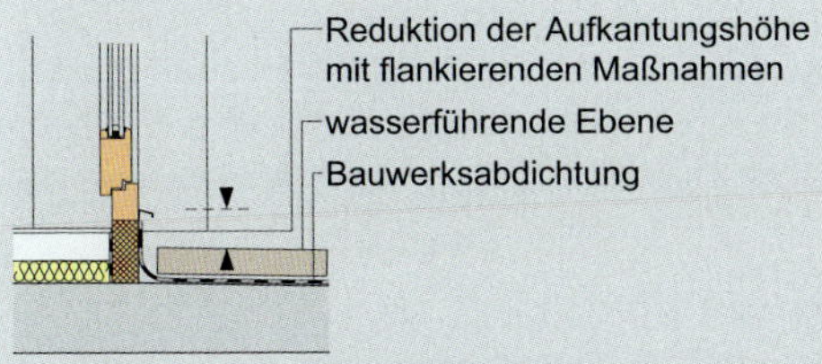 	**DIN 18195-9, Abschnitt 5.4.4:** Wenn die Aufkantungshöhe von 150 mm im Einzelfall nicht herstellbar ist, müssen besondere Maßnahmen gegen das Eindringen von Wasser oder das Hinterlaufen der Abdichtung geplant werden, z. B. Hinterfahren der Türschwellen und Türpfosten von der Abdichtung oder wasserdichter Anschluss der Abdichtung mit Klemmprofilen. Geringere Aufkantungshöhen können z. B. bei behindertengerechten Hauseingängen, Terrassentüren, Balkon- oder Dachterrassentüren herzustellen sein.
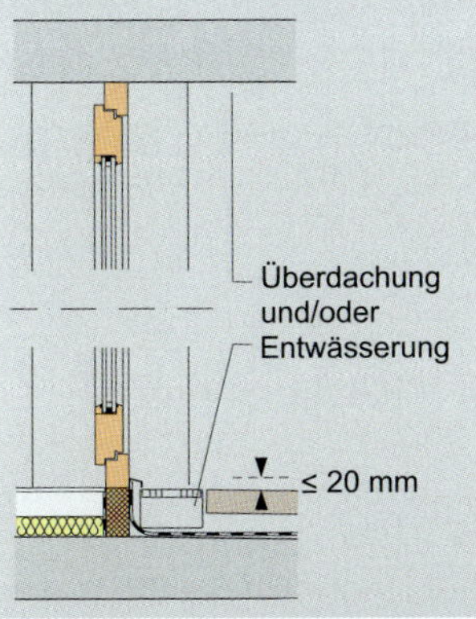 	**DIN 18195-9, Abschnitt 5.4.4:** Vorzusehende Schutzmaßnahmen bei geringen Aufkantungshöhen oder bei Schwellen ohne Aufkantung sind z. B. ausreichend große Vordächer, Fassadenrücksprünge und/oder unmittelbar entwässernde Rinnen mit Gitterrosten. Außerdem sollte das Oberflächengefälle von der Tür weg gerichtet sein. **DIN 18040-2, Abschnitvt 4.3.3:** Bei barrierefreien Türschwellen sind untere Türanschläge und Schwellen nicht zulässig. Technisch unabdingbare Schwellen dürfen nicht höher als 2 cm sein.
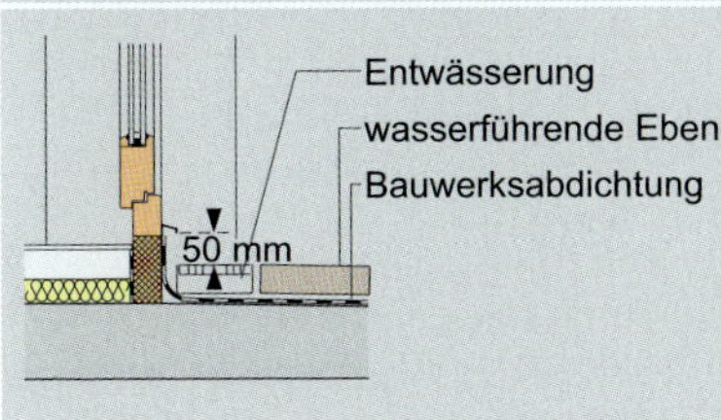 	**Flachdachrichtlinie, Abschnitt 4.4:** Die Anschlusshöhe der Abdichtung sollte 150 mm über der Belagsoberfläche oder Kiesschüttung betragen. Wenn sich im unmittelbaren Türbereich Terrassenabläufe oder andere Entwässerungsmöglichkeiten befinden, ist eine Verringerung der Anschlusshöhe auf bis zu 50 mm möglich. Bei geringeren Anschlusshöhen (barrierefreie Übergänge) werden Sondermaßnahmen erforderlich, die zwischen Planer und Ausführenden abgestimmt werden müssen.

Abb. 4.16: Aufwendige Türaustrittslösung mit unterbautem Riffelblech

Führung der Wärmedämmung

Bei der Konstruktion der Türschwellen müssen auch die Anforderungen, die sich aus der Wärmedämmung ergeben, berücksichtigt werden. Es hat sich z. B. in der Praxis nicht bewährt, Austrittsbleche über einer vor dem Türprofil vorstehenden Dämmung anzubringen. Derartige Austrittsbleche haben den Nachteil, dass sie häufig nicht ausreichend trittfest unterbaut werden können und nachgeben. Von den Nutzern wird häufig beanstandet, dass die Austrittsbleche verkratzen.

Eine technisch einwandfreie Lösung mit Austrittsblechen lässt sich nur mit einem relativ großen Aufwand und unter Verwendung geeigneter Bleche (z. B. Edelstahl-Riffelbleche) realisieren (Abb. 4.16). Ein Hersteller bietet auch eine aufgestellte Verlängerungslösung für ein Austrittsblech an.

Da die Türschwellen bei Türen von Dachterrassen und Balkonen in der Regel thermische Innenecken sind, kann die Wärmebrückenwirkung praktisch vernachlässigt werden (siehe Kapitel 3.1). Im Regelfall kann die Aufkantung der Abdichtung daher technisch sinnvoll und praktikabel mit Rahmenverbreiterungsprofilen der Türelemente hergestellt werden.

Laibungsanschluss

Bei dem Laibungsanschluss hat es sich in der Praxis bewährt, die Abdichtung bis auf die Regelabdichtungshöhe von 150 mm auf dem Rahmen des Türelementes hochzuführen (Abb. 4.17). Auch wenn sich bei gut geschützten Lagen im Einzelfall niedrigere Anschlusshöhen im Laibungsbereich rechtfertigen lassen, vereinfacht dies für die Baubeteiligten die Ausführung insgesamt.

Die Ausführung des Laibungsanschlusses muss bei der Planung der Türelemente mit berücksichtigt werden. Je nach geplantem Anschluss muss eine Anschlussbreite von 20 bis 50 mm vorgesehen werden.

Insbesondere Konflikte mit den Rollladenführungsschienen müssen gelöst werden, indem die Rollladenführungsschienen von der Abdichtung hinterfahren werden oder oberhalb der Abdichtung enden. Weder das Umfahren von Rollladenführungsschienen mit der Abdichtung noch das Verschließen der Rollladenführungsschienen mit elastischen Dichtstoffen ist praxistauglich.

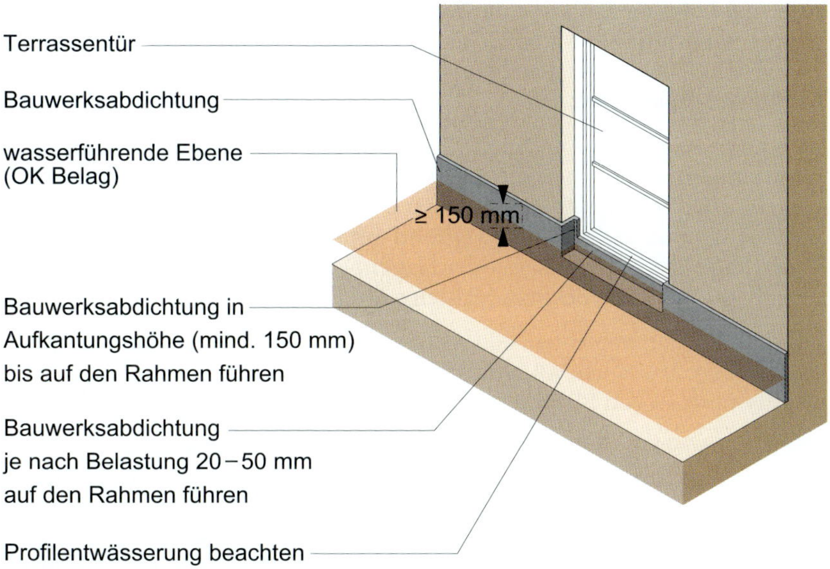

Abb. 4.17: Laibungsanschluss im Türbereich

Praxistipp

In der Praxis hat es sich bewährt, bei den Terrassentüren eine entsprechende Rahmenverbreiterung vorzusehen und die Rollladenführungsschienen nach innen zu rücken. Dadurch kann die Abdichtung mit ausreichender Überlappung auf dem Türrahmen angeschlossen werden. Eine Demontage und Remontage der Rollladenführungsschienen für die Herstellung einer ordnungsgemäßen Abdichtung entfällt in diesem Fall.

Anschlussausführung mit Bahnen

Häufig sind bei Türanschlüssen Versprünge in der Abdichtung zu beachten. Je nach Konstruktion und Lage des Türelementes können sowohl Vor- als auch Rücksprünge entstehen. Von den relativ weichen Kunststoffbahnen können Versprünge in der Regel gut aufgenommen werden. Bitumenbahnen sind demgegenüber relativ starr und lassen sich bei Versprüngen in der Abdichtungsebene nur schwer anpassen.

Praxistipp

Bei Anschlüssen mit bahnenförmigen Abdichtungen sollte das Türschwellenprofil möglichst eine Ebene mit dem Aufkantungsuntergrund für die Abdichtung bilden. Dadurch werden handwerklich schwierige Eckausbildungen im Laibungsbereich vermieden.

Aufgrund der meistens schwierigeren Platzsituation bei schwellenlosen Türanschlüssen ist die Abdichtungsaufkantung mit Bahnen hier meistens nicht oder nur sehr aufwendig herstellbar. Die Abdichtung endet oft einige Zentimeter unter der Oberkante des Gitterrostes und eine Fixierung der Bahnen an dem Blendrahmen im Anschlussbereich ist nur schwer möglich. Ohne zusätzliche Maßnahmen ist eine Ausführung mit Bahnen bei schwellenlosen Türanschlüssen nicht zu empfehlen.

Anschlussausführung mit AIV

Bei Abdichtungen aus Kunststoff-Zement-Mörtel-Kombinationen oder Reaktionsharzen muss beachtet werden, dass diese entsprechend ihrer Prüfzeugnisse häufig nur auf mineralischen Untergründen verwendet werden können. Außerdem sind sie im Verbund mit einem Fliesen- oder Plattenbelag aufzubringen. Der Fliesen- oder Plattenbelag übernimmt hier die Funktion der notwendigen Schutzschicht der Abdichtung.

Einige Hersteller empfehlen, den Anschluss mit einem Aufkantungswinkel auszuführen. Mit einem solchen Aufkantungswinkel kann jedoch kein dichter Anschluss an den Blendrahmen hergestellt werden.

Eher zu empfehlen sind **Anschlussfolien** oder **Dichtbänder,** die in die Abdichtung eingearbeitet werden. An dem Schwellenprofil und in der Laibung werden diese Bänder dann aufgeklebt. Derartige Bänder sind häufig deutlich dünner, als für Kunststoffbahnen in DIN 18195-5 bei mittlerer Wasserbeanspruchung gefordert wird (Mindestdicke: 1,2 mm). Diese Anschlusslösungen entsprechen daher nicht der DIN 18195-5 und sollten mit dem Bauherrn explizit vereinbart werden.

Ein weiteres Problem bei AIV besteht darin, dass Gitterrostrinnen vor Türschwellen im Regelfall von der Abdichtung unterfahren werden. Da die **Rinnenhöhe** zumeist größer ist als der Belagsaufbau bei AIV, entsteht vor der Türschwelle eine Rinnenvertiefung, die zusätzlich entwässert werden muss (siehe Kapitel 2.4.5.3). In der Rinnenvertiefung muss ebenfalls ein Plattenbelag aufgebracht werden, was aufgrund der verwinkelten Situation oft nur schwer möglich ist.

Praxistipp

Eine Abdichtung mit AIV kann nur empfohlen werden, wenn die Anschlusssituation so geschützt ist, dass auf eine Rinne verzichtet werden kann. Alternativ kann eine Fliesenverlegung auf einer ausreichend dimensionierten Dränagebahn über der Abdichtung vorgesehen werden. Die Dränagebahn kann bei einem entsprechenden Gefälle im Untergrund für die Ableitung des in der Rinne anfallenden Wassers herangezogen werden.

4.2.3.1 Hohe Aufkantung (ab 150 mm)

Türanschlüsse mit Aufkantungshöhen ab 150 mm können analog zu den Wandanschlüssen ausgeführt werden (siehe Kapitel 4.2.1). Es ist zu beachten, dass auch diese Anschlüsse abrutschsicher, regensicher und hinterlaufsicher ausgeführt werden müssen.

Diese Aufkantungshöhen sind nicht mehr zeitgemäß und sollten daher nur bei untergeordneten Türschwellen vorgesehen werden, wenn ein geringer konstruktiver Aufwand betrieben werden soll. Es sollte so geplant werden, dass möglichst wenige Versprünge entstehen und dass die Oberkante der Abdichtung von dem Austrittsprofil abgedeckt wird.

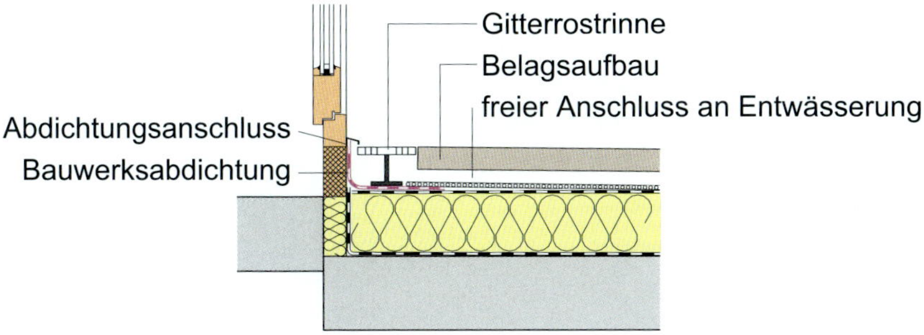

Abb. 4.18: Türanschluss bei niedriger Aufkantung

4.2.3.2 Niedrige Aufkantung (bis 50 mm)

Niedrige Aufkantungen bis 50 mm stellen derzeit den häufigsten Türanschluss dar, wobei eine weitere Zunahme von schwellenlosen Türanschlüssen zu verzeichnen ist. Die Planung der Abdichtungsanschlüsse kann in Abhängigkeit von der erwarteten Wasserbelastung erfolgen.

Konstruktionshinweise (Abb. 4.18):

- direkt entwässernde Gitterrostrinne (Ausnahme: WBK 1, jedoch dann Abweichung von Flachdachrichtlinie [2011]), alternativ sehr gut geschützte Lage
- Gefälle in der Belagsebene oder offene Fugen empfohlen
- Gefälle in der Abdichtungsebene empfohlen
- Höhenversatz für die Decke bei Dämmung erforderlich
- ggf. Wärmebrückendämmung (z. B. mit hochwärmedämmendem Konstruktionswerkstoff als Schwelle unter dem Türelement)

Niedrige Wasserbelastung

Bei niedrigen Aufkantungshöhen in Verbindung mit einer niedrigen Wasserbelastung (WBK 1; siehe Kapitel 2.4.5.2) ist in der Regel keine weitere Maßnahme zum Schutz der Türschwelle erforderlich. Auch Gitterrostrinnen werden in diesem Fall nicht benötigt. Die Flachdachrichtlinie (2011) fordert allerdings pauschal bei einer Unterschreitung der Aufkantungshöhe von 150 mm eine direkt entwässernde Gitterrostrinne. Daher sollte aus formalen Gründen der Verzicht auf diese Rinne mit dem Bauherrn abgeklärt werden.

Bei geschlossenen Belägen (AIV) sollte das Gefälle von der Türschwelle weg gerichtet sein. Werden bahnenförmige Abdichtungen mit einer oberen Randfixierung mittels Klemmleisten oder Klemmschienen eingesetzt, sollte die in der Flachdachrichtlinie (2011) vorgesehene Gitterrostrinne einen direkten Anschluss an die Entwässerung haben.

Mittlere Wasserbelastung

Bei einer mittleren Wasserbelastung (WBK 2; siehe Kapitel 2.4.5.2) sollte mindestens eine zusätzliche Maßnahme zur Sicherung der Türschwelle ausgeführt werden, entweder durch einen wasserdichten Anschluss der Abdichtung an die Tür in Verbindung mit einem von der Tür weg gerichteten

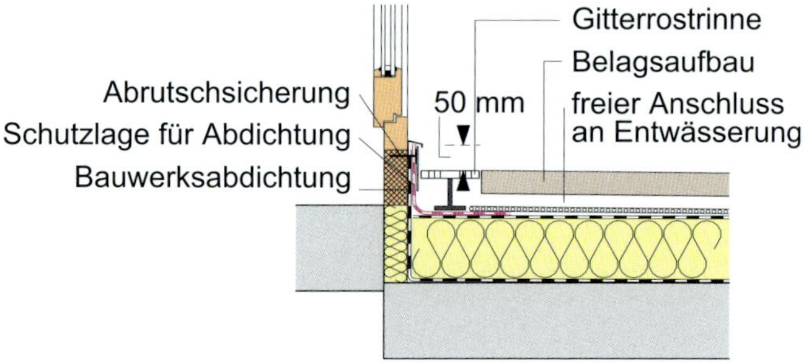

Abb. 4.19: Schwellenloser Türanschluss

Gefälle der Abdichtung und der Belagsoberfläche oder durch eine direkt entwässernde Gitterrostrinne.

Hohe Wasserbelastung

Bei einer hohen Wasserbelastung (WBK 3; siehe Kapitel 2.4.5.2) sollte grundsätzlich mindestens eine direkt entwässernde Gitterrostrinne angeordnet werden. Bei geschlossenen Belägen sollte die Belagsfläche ein Gefälle von der Türschwelle weg aufweisen.

4.2.3.3 Schwellenlose Türanschlüsse (0 bis 20 mm)

Schwellenlose Türanschlüsse bleiben **schadenfrei,** wenn

- sie ausreichend geschützt liegen,
- eine direkte Entwässerung im Bereich der Türschwelle vorhanden ist,
- geringe Schadenfolgen bei einem möglichen Wassereintritt bestehen oder
- eine detaillierte Planung und Überwachung der Abdichtungsmaßnahmen im Bereich der Türschwelle erfolgt (Oswald/Wilmes/Abel, 2010).

Nur bei einer niedrigen Wasserbelastung sind die Anforderungen etwas geringer. Bei einer mittleren oder hohen Wasserbelastung muss immer detailliert geplant und überwacht werden.

Grundsätzlich sollte angestrebt werden, eine Mindestaufkantungshöhe der Abdichtung von 20 mm sicherzustellen. Bei niedrigeren Aufkantungshöhen der Abdichtung werden weitere Maßnahmen erforderlich.

Schwellenlose Türanschlüsse erfordern eine frühzeitige Abstimmung der inneren und der äußeren Belagsaufbauhöhen. Bei der Verwendung von Blendrahmenprofilen im Schwellenbereich muss auf die Entwässerung der Profile geachtet werden.

Konstruktionshinweise (Abb. 4.19):

- Gitterrostrinne mit direkter Entwässerung
- Gefälle im Belag (Ausnahme: ausreichend große Fugen)
- Abdichtung möglichst 20 mm über den Belag hochführen
- wasserdichten Anschluss an den Blendrahmen herstellen
- Abdichtung in der Laibung 150 mm hoch auf den Blendrahmen der Terrassentür führen

Niedrige Wasserbelastung

Bei einer schwellenlosen Ausführung mit niedriger Wasserbelastung (WBK 1; siehe Kapitel 2.4.5.2) sollten folgende **Mindestmaßnahmen** vorgesehen werden:

- direkt entwässernde Gitterrostrinne im Anschlussbereich bei Bahnenabdichtungen,
- Gefälle der Abdichtungsebene vom Anschluss weg,
- bei geschlossenen Belägen Oberflächengefälle vom Anschluss weg und
- Aufkantung der Abdichtung bis zur Oberkante des Belags.

Mittlere Wasserbelastung

Bei einer mittleren Wasserbelastung (WBK 2; siehe Kapitel 2.4.5.2) sollten folgende **Mindestmaßnahmen** vorgesehen werden:

- direkt entwässernde Gitterrostrinne im Anschlussbereich,
- Gefälle vom Anschluss weg bei geschlossenen Belägen,
- Aufkantung der Abdichtung bis zur Oberkante des Belags, hinterlaufsichere Verwahrung, Anschlussbreite von 20 bis 50 mm,
- Aufkantung der Abdichtung in der Laibung von 50 bis 150 mm,
- Sicherung von Bahnen in der Laibung mit Klemmprofilen, alternativ Flüssigkunststoffanschluss,
- Führung bahnenförmiger Abdichtungen mindestens 20 bis 50 mm auf den Blendrahmen und Fixierung sowie
- Führung von Flüssigkunststoffabdichtungen mindestens 20 mm auf den Blendrahmen.

Hohe Wasserbelastung

Bei einer hohen Wasserbelastung (WBK 3; siehe Kapitel 2.4.5.2) sollten folgende **Mindestmaßnahmen** vorgesehen werden:

- direkt entwässernde Gitterrostrinne im Anschlussbereich,
- Gefälle vom Anschluss weg bei geschlossenen Belägen,
- Aufkantung der Abdichtung bis zur Oberkante des Belags, hinterlaufsichere Verwahrung, Anschlussbreite mindestens 50 mm,
- Aufkantung der Abdichtung in der Laibung von 50 bis 150 mm,
- Sicherung von Bahnen in der Laibung mit Klemmprofilen, alternativ Flüssigkunststoffanschluss,
- Führung bahnenförmiger Abdichtungen mindestens 20 bis 50 mm auf den Blendrahmen und Fixierung sowie
- Führung von Flüssigkunststoffabdichtungen mindestens 50 mm auf den Blendrahmen.

Barrierefreie Türschwellen

Dass barrierefreie Türschwellen nach DIN 18040-2 keine unteren Türanschläge und Schwellen besitzen dürfen (nur bei technischer Unabdingbarkeit bis maximal 20 mm Höhe), hat den Hintergrund, dass insbesondere **ältere Menschen** einen schlurfenden Gang entwickeln und die Füße nur

Abb. 4.20: Herstellerlösung für eine barrierefreie Türschwelle (Quelle: Alumat Frey GmbH)

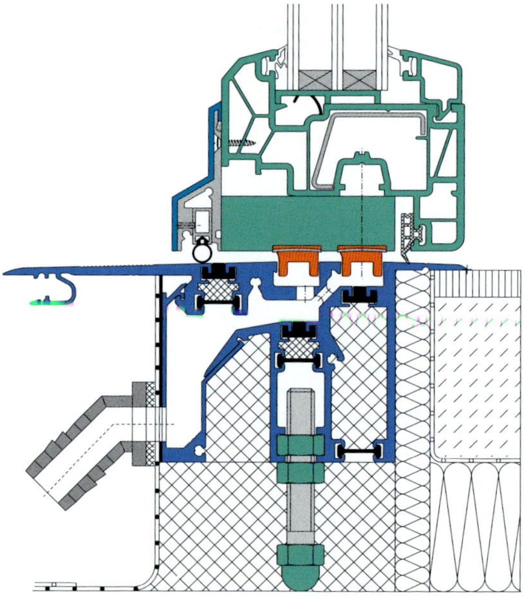

noch wenig über den Boden heben. Bereits geringe Aufkantungshöhen bergen daher für ältere Menschen eine Sturzgefahr. An Demenz erkrankte Menschen können sich an diese Gefahrenstelle nicht erinnern und kommen daher häufiger zu Fall.

Auch Menschen, die für ihre Mobilität auf Rollatoren angewiesen sind, haben Probleme bei Schwellenhöhen von 20 mm. Für Rollstuhlfahrer ist eine Schwellenhöhe von 20 mm wegen der relativ großen Räder des Rollstuhls hingegen unproblematisch.

Praxistipp

Es empfiehlt sich, mit dem Bauherrn abzustimmen, für welche Nutzergruppe die Barrierefreiheit sichergestellt werden soll. Im Wohnungsbau wird im Zweifel immer auf ältere Menschen abzustellen sein, für die eine tatsächliche „Nullschwelle“ realisiert werden muss.

Im Regelfall sind bei barrierefreien Türschwellen nur spezielle Türprofile möglich; die üblichen Fenstertüren mit umlaufenden Blendrahmen sind für diese Ausführung nicht geeignet. Ebenso genügen die meisten von den Herstellern angebotenen Flachschwellen nicht den Anforderungen an eine barrierefreie Schwelle (Abb. 4.20).

Da es für Drehtüren auch Türschwellen ohne Aufkantung (z. B. Türschwellenprofile mit Magnetdoppeldichtung) gibt, ist eine Ausführung ohne Türanschlag und ohne Schwelle bei Drehtüren immer möglich. Bei Schiebetüren ist allerdings die Führungsschiene für die Laufrollen technisch unabdingbar. Bei Dreh- und bei Schiebetüren gelten die gleichen Anforderungen auf der Außenseite wie bei den schwellenlosen Türanschlüssen.

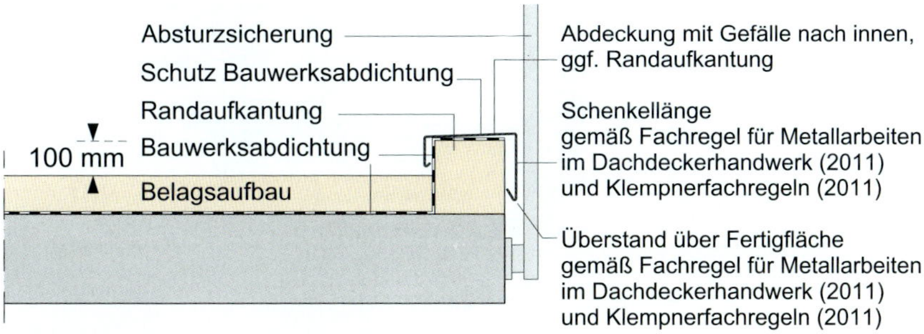

Abb. 4.21: Balkonrand mit Aufkantung

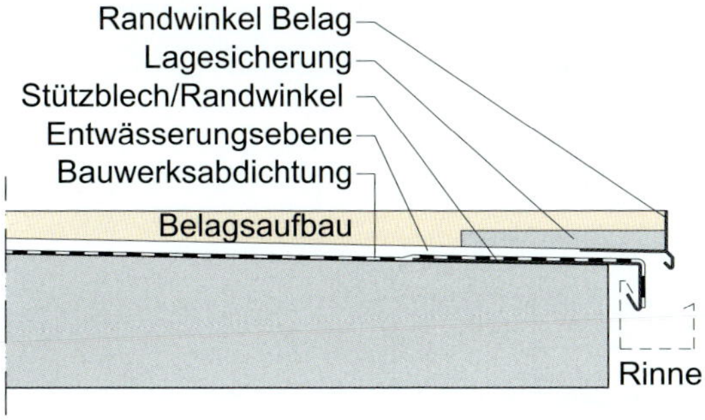

Abb. 4.22: Randausbildung mit Rinne

4.2.4 Randabschlüsse

Randabschlüsse **mit Aufkantung** erfordern – um den Regelwerken zu genügen – eine Aufkantungshöhe von mindestens 100 mm. Die Abdichtung muss bis zur Außenkante der Fassade geführt werden (Abb. 4.21).

Bei Randabschlüssen **ohne Aufkantung** (z. B. bei vorgehängten Rinnen; Abb. 4.22) muss durch eine entsprechende Entwässerungsführung für einen gesicherten Wasserablauf gesorgt werden. Ein Rücktreiben von Wasser in die Konstruktion muss sicher ausgeschlossen werden. Dies kann z. B. durch Ausbildung eines ausreichend dimensionierten Randblechs oder das Abführen des Wassers in eine Dachrinne erfolgen.

Randwinkel und andere Einbauteile am Rand sollten in die Unterlage der Abdichtung eingelassen werden. Ansonsten muss auf andere Art und Weise für einen Höhenausgleich gesorgt werden. Vor dem Übergang der Abdichtung auf einen Randwinkel oder ein Randblech sollte kein Wasseranstau entstehen können.

Randwinkel und Randbleche benötigen analog zu Mauerabdeckungen eine ausreichend hohe Überdeckung über Bauteilfugen und einen ausreichenden Tropfkantenabstand vor der Konstruktion. Bewährt haben sich eine Höhenüberdeckung von mindestens 80 mm und ein Tropfkantenabstand von mindestens 30 mm vor der Bauteiloberfläche.

Die Beläge brauchen an den freien Rändern eine ausreichende Lagesicherung. Blechwinkel mit der Funktion eines Kiesfangs sind dafür nicht geeignet (Abb. 4.23).

Abb. 4.23: Randabschluss mit Blechwinkel: durch die unzureichende Lagesicherung verschobener Belag

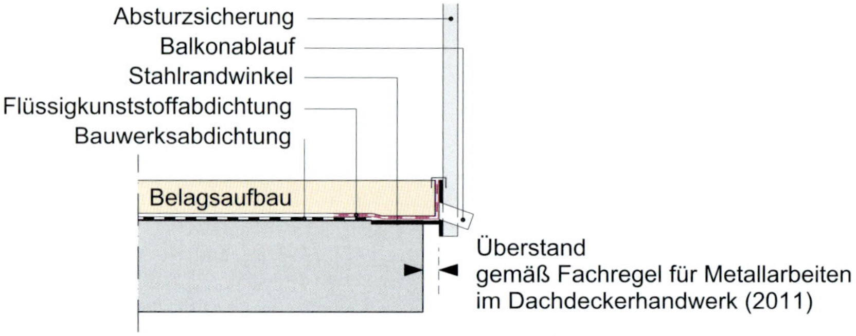

Abb. 4.24: Randabschluss mit Stahlrandwinkel

Abb. 4.25: Stahlrandwinkel nicht in den Untergrund eingelassen, Entwässerungsbohrung zu hoch

Von den Normen und Regelwerken derzeit nicht erfasst sind die häufigen Sonderlösungen mit **Stahlrandwinkeln** (Abb. 4.24). Formal handelt es sich bei diesem Anschluss um eine Aufkantung der Abdichtung, die eine Höhe von 100 mm über dem Belag aufweisen müsste. Bei dieser Ausführung muss beachtet werden, dass die Stahlrandwinkel entweder in die Unterlage eingelassen oder ein Höhenausgleich der Fläche vor den Stahlrandwinkeln vorgenommen wird. Die Entwässerung durch die Abläufe muss so erfolgen, dass kein dauerhafter Wasseranstau auf der Fläche entsteht (Abb. 4.25).

Abb. 4.26: Hinterlaufener Flüssigkunststoffanschluss

Abb. 4.27: Teilweise Ablösung des Abdichtungsanschlusses vom Untergrund

Bei der Anschlussausführung hat es sich bewährt, einen Kombinationsanschluss mit einer Flüssigkunststoffabdichtung herzustellen und die Flüssigkunststoffabdichtung bis zur Oberkante des Stahlrandwinkels hochzuziehen. Die jeweiligen Grundierungsvorgaben der Hersteller für den Untergrund müssen beachtet werden. Planerisch sollte dafür gesorgt werden, dass im Übergangsbereich zwischen der Flüssigkunststoffabdichtung und der Flächenabdichtung kein Wasseranstau entsteht.

Problematisch sind vor allem die Anschlüsse der Stahlrandwinkel an das Gebäude. Hier müssen Materialdehnungen der Stahlrandwinkel beachtet werden. Außerdem ist ein Hinterlaufen im Anschlussbereich an die Fassade zu vermeiden.

4.2.5 Schäden bei nicht fachgerechter Umsetzung von Ausführungsdetails

4.2.5.1 Schäden durch Hinterlaufen der Abdichtung

Auf der Innenseite der Wände einer Wohnung haben sich punktuell Stellen mit erkennbarer aufsteigender Feuchtigkeit gebildet. Vor der Außenwand war ein Balkon angeordnet, der als Belagsaufbau Betonplatten in einer Bettungsschicht aus Kies erhalten hatte.

Die Flächenabdichtung des Balkons wurde mit Bitumenschweißbahnen ausgeführt. Der Wandaufbau des Gebäudes bestand aus Kalksandsteinmauerwerk mit WDVS. An der Außenwand war die Bauwerksabdichtung des Balkons mit einer Flüssigkunststoffabdichtung auf dem Putz bis etwa 150 mm über dem Belag angeschlossen (Abb. 4.26). Der Putzgrund bestand aus einem mineralischen Putzsystem.

Der obere Abschluss der Abdichtung wurde ohne erkennbare zusätzliche Maßnahmen zur Regen- oder Hinterlaufsicherung ausgeführt. Bei näherer Inspektion des Abdichtungsanschlusses wurde erkennbar, dass sich dieser teilweise vom Untergrund gelöst hatte (Abb. 4.27). Ursache der Feuchtigkeitsschäden auf der Innenseite ist somit über die Fassade ablaufendes Wasser, das hinter die von der Putzschicht abgelöste Abdichtung laufen konnte.

Auch bei flüssig zu verarbeitenden Abdichtungen ist ein Schutz gegen Hinterlaufen erforderlich. DIN 18531-3 „Dachabdichtungen – Abdichtungen für nicht genutzte Dächer – Teil 3: Bemessung, Verarbeitung der Stoffe, Ausführung der Dachabdichtungen“ (2010) verlangt für wasserbeanspruchte

Abb. 4.28: Feuchtigkeitsschaden im Untergeschoss

Abb. 4.29: Terrasse vor dem Untergeschoss

Anschlüsse zur Hinterlaufsicherung zusätzlich zu einer mechanischen Befestigung noch einen Überhangstreifen oder eine ausreichend dimensionierte Dichtstofffase. Nur auf tragfähigen und hinterlaufsicheren Unterlagen, wie z. B. aus WU-Beton, kann bei Flüssigkunststoffabdichtungen auf eine zusätzliche Abdichtung des Randes verzichtet werden.

Es wäre hier daher mindestens erforderlich gewesen, einen Putztrennschnitt auszuführen und diesen mit einem Abdichtungsstoff zu füllen.

4.2.5.2 Schäden durch unzureichende Aufkantungshöhe

In einem sehr hochwertigen Wohnhaus waren im gesamten Untergeschoss Feuchtigkeitsschäden an den Innenwänden anzutreffen. Betroffen waren sowohl die Außen- als auch die Innenwände.

Die Feuchtigkeitsschäden lagen nicht dauerhaft vor, sondern traten immer wieder in unregelmäßigen Abständen auf. Eine genauere Dokumentation zu einem zeitlichen Zusammenhang zwischen Regenfällen und dem Auftreten der Feuchtigkeitsschäden lag nicht vor. Es wurde jedoch geschildert, dass die Feuchtigkeitsschäden zunahmen, wenn es einige Tage zuvor massive Regenfälle gegeben hatte (Abb. 4.28).

Aufgrund der großen räumlichen Verteilung der Feuchtigkeitsschäden über das gesamte Untergeschoss bestand zunächst der Verdacht, dass Undichtheiten im Bereich der wasserführenden Installationen vorliegen könnten. In Betracht kam auch das im Untergeschoss befindliche Schwimmbad mit Beckenumlauf und entsprechenden Zuläufen.

Mit einer Mikrowellensondenmessung wurde versucht, die flächige Feuchtigkeitsverteilung in dem Fußbodenaufbau näher einzugrenzen. Es wurde eine Feuchtigkeitszunahme jeweils zu den Raummitten hin festgestellt. Lediglich im Bereich der Terrassentür zu einer Terrasse vor dem Untergeschoss waren am Rand ähnlich hohe Feuchtigkeitswerte vorhanden wie in den Raummitten.

Die Terrasse vor dem Untergeschoss bildete einen Lichthof (Abb. 4.29). Der Anschluss der Terrassentür an den Außenbelag war schwellenlos ausgeführt. Die Orientierung der Gebäudeseite lag in Richtung Westen. Vordächer oder sonstige schützende Bauteile waren nicht vorhanden.

Abb. 4.30: Oberer Abdichtungsrand nur bis zur Unterkante der Türschwelle

Abb. 4.31: Feuchtigkeitsschaden an der Balkonunterseite

Eine nähere Untersuchung der Türschwelle ergab, dass der Blendrahmen der Tür mit einer Flüssigkunststoffabdichtung eingerichtet war. Der obere Rand der Abdichtung war nur bis zur Unterkante der Türschwelle geführt worden. Auf dem seitlichen Blendrahmen ist die Abdichtung nicht hochgeführt worden (Abb. 4.30).

Ungeschützt liegende Türanschlüsse mit einer Orientierung in Richtung Westen gehören grundsätzlich in die WBK 3. In dieser Beanspruchungsklasse ist sowohl durch das Oberflächenwasser als auch durch über die Fassade ablaufendes Wasser mit einem Wasseranstau im Türschwellenbereich zu rechnen. Wenn, wie hier, die Belagsoberfläche zusätzlich oberhalb des Randes der Abdichtung liegt, kann das Oberflächenwasser nahezu ungehindert in das Gebäude eintreten.

Die hier vorliegenden Wassereintritte waren so groß, dass sich das Wasser auf der gesamten Bodenplatte des Untergeschosses verteilen konnte. Begünstigt wurde die Verteilung zusätzlich durch eine sauber aufgebrachte Dampfsperre auf der Bodenplatte.

4.2.5.3 Schäden durch fehlenden Abdichtungsanschluss

Ein Balkon zeigte an seinem freien Rand an der Unterseite deutlich erkennbare Feuchtigkeitsschäden in Form von abplatzender Farbe (Abb. 4.31). Die Feuchtigkeitsschäden zogen sich vom Rand aus etwa 50 cm in die Platte hinein. Als Aufbau war hier ein auskragender Betonbalkon mit einem Estrich und einer darauf aufgebrachten AIV vorhanden. Die Randausbildung bestand aus Winkelfliesen, die in eine umlaufende Rinne entwässerten (Abb. 4.32). Unter den Fliesen war im Randbereich ein Abtropfblech angebracht.

Der Belag wurde von der oberen Seite her geöffnet. Im Bereich des Anschlusses der AIV an das Abtropfblech am Rand war zur Verstärkung lediglich eine Gewebelage eingelegt worden. Zwischen dem Blech und der Abdichtungsfläche selbst hatte sich bereits ein größerer Riss gebildet (Abb. 4.33).

Abb. 4.32: Randausbildung bei AIV mit Winkelfliesen, Rinne und Abtropfblech

Abb. 4.33: Fehlender Abdichtungsanschluss

Abb. 4.34: Schaden am Putzsockel einer Dachterrasse

Abb. 4.35: Freigelegter Sockelanschluss mit anstehendem Wasser

Mit einer bloßen Gewebeverstärkung lässt sich kein dauerhaft dichter Anschluss einer AIV an Randbleche oder ähnliche Einbauteile herstellen. Hier müssen mindestens selbstklebende Anschlussstreifen mit Spachtelanschlüssen eingebaut werden. Es wird wieder einmal deutlich, dass Fliesenbeläge selbst nicht dicht sind. Insbesondere über die Fliesenfugen ist regelmäßig mit einem Wassereintritt zu rechnen.

4.2.5.4 Schäden durch ungeeigneten Schutz des Putzes unter der Belagsoberfläche

Die Dachterrassen eines Hochhauses im 8. und 9. Obergeschoss waren als Warmdach mit EPS in gefälleloser Bauweise ausgeführt. Die Außenwände bestanden aus Kalksandsteinmauerwerk mit einem WDVS mit Mineralwolle. Im Sockelbereich der Wände waren Sockeldämmplatten aus XPS eingebaut. Die Bauwerksabdichtung der Dachterrassen wurde auf dem Kalksandsteinmauerwerk hochgeführt. Die Dämmung ist auf der Außenseite der Wand bis auf die waagerechte Abdichtung geführt und verputzt worden.

Zum Schutz des Putzes im Sockelbereich der Dachterrassen wurde eine Putzabdichtung bis auf die Dachabdichtungsbahn geführt, die aus einer flexiblen Dichtungsschlämme bestand, wie sie regelmäßig bei der Abdichtung von Putzen im erdberührten Sockel zum Einsatz kommt. Trotz dieser

Abb. 4.36: Randausbildung mit Stahlrandwinkel bei einem auskragenden Balkon

Abb. 4.37: Abdichtungsanschluss ohne Untergrundhaftung

Abdichtung kam es zu massiven Feuchtigkeitsschäden entlang sämtlicher Sockel der Dachterrassen (Abb. 4.34).

Bei einem Freidecken der Anschlüsse wurde erkennbar, dass sich die Dichtungsschlämme im Sockelbereich unter der Belagsoberfläche schon fast vollständig aufgelöst hatte. An dem Sockel stand Wasser in einer Höhe von ca. 1 cm an (Abb. 4.35).

Im Bereich von Dachterrassen muss immer mit zeitweise kurzfristig anstauendem Wasser gerechnet werden. In diesem Anschlussbereich müssen daher auch für die Abdichtung von Putzflächen unter der Belagsoberfläche Stoffe eingesetzt werden, die den Anforderungen einer Bauwerksabdichtung genügen.

Praxistipp

Die Wasserbelastung von Wandanschlüssen waagerecht geneigter Flächen unterscheidet sich erheblich von der Feuchtigkeitsbelastung im Sockelbereich von erdberührten Sockelputzen. Bei diesen Wandanschlüssen sollte eine Abdichtung nach DIN 18195-9 auch für die Putzflächen vorgesehen werden.

4.2.5.5 Schäden durch Abdichtungsanschluss ohne Untergrundhaftung

Eine auskragende Balkonkonstruktion wurde mit einem freien Randabschluss mittels Stahlrandwinkel ausgeführt. Die Balkonplatte bestand aus Stahlbeton. Die flächige Abdichtung des Balkons wurde mit Bitumenschweißbahnen hergestellt.

Der Anschluss der Flächenabdichtung erfolgte durch Aufschweißen der Bitumenschweißbahnen auf den Stahlrandwinkel. Die Bitumenschweißbahnen wurden an dem Stahlrandwinkel bis etwa zur Belagsoberfläche aufgekantet (Abb. 4.36).

Bei der näheren Inspektion des Randabschlusses war erkennbar, dass sich die Bahnenabdichtung von dem Stahlrandwinkel gelöst hatte. Der Anschluss war dadurch insgesamt hinterläufig (Abb. 4.37).

Abb. 4.38: Wasserschaden innen

Abb. 4.39: Fehlende Haftung des Kombinationsanschlusses mit Flüssigkunststoff

Die hier vorliegende Randausbildung weicht von den Vorgaben der DIN 18531-3 und der Flachdachrichtlinie (2011) ab. Wenn eine derartige Konstruktion ausgeführt werden soll, muss über den Abdichtungsanschluss sichergestellt sein, dass dieser nicht hinterlaufen werden kann.

Da hier der Stahlrandwinkel gleichzeitig die Notentwässerung des Balkons darstellt, muss sichergestellt sein, dass ein vollflächig haftender Abschluss der Abdichtung vorhanden ist.

Praxistipp

Ein Anschluss von Bauwerksabdichtungen an Stahlprofile lässt sich als Sonderkonstruktion z. B. mit Flüssigkunststoff herstellen. Dabei sollte eine Übergreifungslänge von 50 mm auf dem Stahlbauteil und von 150 mm auf den Bitumenbahnen nicht unterschritten werden.

4.2.5.6 Schäden durch undichten Kombinationsanschluss

Bei einem Neubauvorhaben kam es nach stärkeren Regenfällen immer wieder zu massiven Wassereintritten in das Gebäude. Die Wassereintritte traten überwiegend am Deckenrand unter einer Dachterrasse im Obergeschoss auf (Abb. 4.38).

Die Ausführung der Dachabdichtung erfolgte als Warmdach mit einer EPS-Dämmung und einer Abdichtung aus 2 Lagen Bitumenschweißbahnen. Der Anschluss an die aufgehende Brüstung der Dachterrasse wurde als Kombinationsanschluss mit Flüssigkunststoff hergestellt.

Bei einer näheren Untersuchung des Anschlusses wurde festgestellt, dass der Flüssigkunststoff keine Haftung mit der Bitumenschweißbahn eingegangen war (Abb. 4.39).

Die Dämmung der Dachterrasse war bereits vollständig durchfeuchtet und musste ausgetauscht werden. Nach der Wiederherstellung der Dachterrasse und der Anschlüsse mit einer vorhergehenden Grundierung der beschieferten Bitumenschweißbahnen war der Anschluss dicht. Die Schadenfolgen der Wassereintritte in das Gebäude hätten durch eine Grundierung vermieden werden können.

Praxistipp

Eine Grundierung von beschieferten Bitumenschweißbahnen sollte unbedingt vorgenommen werden. Ebenfalls zu empfehlen ist ein Gefälle des Anschlussbereiches, sodass sich dort kein Wasser stauen kann.

4.3 Entwässerung

Wolfgang Storch

4.3.1 Kontrollierte Ableitung der Wässer

Das auf Balkone, Loggien, Dachterrassen und Terrassen auftreffende Niederschlagswasser soll planmäßig und kontrolliert von deren Flächen abgeleitet werden (siehe Kapitel 2.5.1). Um eine zügige und vollständige Ableitung der Wässer zu gewährleisten, sind die Entwässerungsanlagen (Abläufe und Rinnen) in Abhängigkeit von den baulichen Gegebenheiten und den zu erwartenden Niederschlagsmengen zu bemessen (siehe Kapitel 2.5.2). Balkone, Loggien und Dachterrassen werden in der Regel mittels Freispiegelleitungen entwässert, in denen das Wasser durch die Schwerkraft von einem höher gelegenen Anfangspunkt zu einem tiefer gelegenen Endpunkt gelangt. Der Querschnitt dieser Leitungen wird nicht voll durchflossen, sodass eine freie Flüssigkeitsoberfläche bleibt.

4.3.1.1 Bemessung von Abläufen

Die Bemessung der Größe und der **Anzahl** von Abläufen erfolgt nach DIN 1986-100 „Entwässerungsanlagen für Gebäude und Grundstücke – Teil 100: Bestimmungen in Verbindung mit DIN EN 752 und DIN EN 12056“ (2008) über die folgende Gleichung:

$$n = Q : Q_{DA} \quad (4.1)$$

mit

n Anzahl der Abläufe (wird auf volle Zahlen aufgerundet)
Q Gesamtabflussmenge (Berechnung siehe Kapitel 2.5.2.1) in l/s
Q_{DA} Mindestabfluss des gewählten Ablaufs in l/s

In Tabelle 4.1 werden die Mindestabflüsse und Stauhöhen der Abläufe in Abhängigkeit von der Nennweite der Abläufe nach DIN 1986-100 dargestellt.

Tabelle 4.1: Mindestabflüsse und Stauhöhen von Abläufen nach DIN 1986-100

Nennweite in mm	Mindestabfluss in l/s	Stauhöhe in mm
50	0,9	35
70	1,7	35
100	4,5	35
125	7,0	45
150	8,1	45

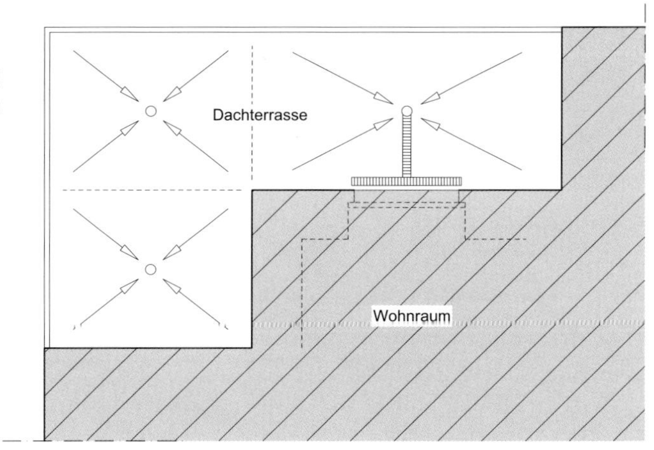

Abb. 4.40: Entwässerung einer Dachterrasse mit drei Teilflächen und drei punktförmigen Abläufen

Bei der Bemessung der Abläufe ist auch die Gebäudegeometrie in Verbindung mit dem geplanten Gefälle zu beachten. Für jeden Tiefpunkt einer zu entwässernden Teilfläche ist ein gesonderter Ablauf erforderlich.

In Abb. 4.40 ist beispielhaft dargestellt, wie die Gefälleausbildung und die Anordnung der Abläufe sowie einer zusätzlichen Entwässerungsrinne vor dem Übergang zum Innenraum bei einer nicht symmetrischen Dachterrasse konstruktiv geplant werden könnten.

4.3.1.2 Bemessung von Rinnen

Rinnen mit Gefälleausbildungen zum Dachrand bzw. zum Balkonrand sind in Abhängigkeit von ihrer Form (Halbrund- oder Kastenrinnen) und ihrer Länge nach DIN EN 12056-3 „Schwerkraftentwässerungsanlagen innerhalb von Gebäuden – Teil 3: Dachentwässerung, Planung und Bemessung“ (2001) zu bemessen. Die **Entwässerungsleistung** einer Rinne errechnet sich aus:

$$Q_L = Q_N \cdot SF \cdot F_R \cdot F_L \text{ in l/s} \quad (4.2)$$

mit

Q_L Entwässerungsleistung in l/s
Q_N Nennabflussmenge in l/s
SF Sicherheitsfaktor 0,9 nach DIN EN 12056-3
F_R Richtungsänderungsfaktor
F_L Dachrinnenabflussbeiwert (siehe Tabelle 4.3)

Der **Richtungsänderungsfaktor F_R** wird bei einer oder mehreren Richtungsänderungen von mehr als 10° mit 0,85 angenommen. Ansonsten wird dafür 1,0 angesetzt.

In den Tabellen 4.2 und 4.3 werden die Nennabflussmengen Q_N und die Entwässerungsleistungen Q_L von vorgehängten Rinnen in Abhängigkeit von der Nenngröße sowie die Abflussbeiwerte F_L für Halbrundrinnen in Abhängigkeit von der Rinnenlänge dargestellt. Bei der Verwendung von Laubfang-

Tabelle 4.2: Nennabflussmengen Q_N und Entwässerungsleistungen Q_L von vorgehängten Rinnen nach DIN EN 12056-3

Form	Nenngröße in mm	Q_N in l/s	Q_L in l/s
Halbrundrinnen	200	0,66	0,59
	250	1,24	1,12
	280	1,89	1,70
	333	2,98	2,68
	400	5,14	4,63
	500	9,62	8,66
Kastenrinnen	200	0,66	0,59
	250	1,18	1,06
	333	2,68	2,41
	400	4,46	4,01
	500	8,21	7,39

Tabelle 4.3: Dachrinnenabflussbeiwerte F_L für Halbrundrinnen

Typ	Länge in m	F_L		
		Gefälle		
		0–3 mm/m	5 mm/m	10 mm/m
halbrund 250	4,0	0,97	1,02	1,09
	6,0	0,97	1,02	1,09
	8,0	0,90	1,05	1,27
	10,0	0,86	1,07	1,37
	12,0	0,83	1,08	1,46
	15,0	0,78	1,24	1,55
halbrund 333	4,0	1,00	1,00	1,00
	6,0	0,97	1,02	1,09
	8,0	0,97	1,02	1,09
	10,0	0,93	1,03	1,18
	12,0	0,90	1,05	1,27
	15,0	0,86	1,07	1,37

Tabelle 4.3 (Fortsetzung): Dachrinnenabflussbeiwerte F_L für Halbrundrinnen

Typ	Länge in m	F_L		
		Gefälle		
		0–3 mm/m	5 mm/m	10 mm/m
halbrund 400	4,0	1,00	1,00	1,00
	6,0	1,00	1,00	1,00
	8,0	0,97	1,02	1,09
	10,0	0,97	1,02	1,09
	12,0	0,93	1,03	1,18
	15,0	0,90	1,05	1,27

Tabelle 4.4: Abflussleistung von Fallrohren nach DIN EN 12056-3

Nenndurchmesser in mm	Abflussleistung in l/s
50	1,7
70	4,1
100	10,7
120	17,4
150	31,6

körben muss die Nennabflussmenge der Rinnen um die Hälfte reduziert werden.

Die Längen in Tabelle 4.3 ergeben sich aus der Fließlänge des Wassers, nicht aus der Einbaulänge der Dachrinne. Das heißt, eine 8 m lange Rinne mit einem Ablauf in der Mitte wird zu zwei Rinnen mit einer Länge von je 4 m; eine 20 m lange Rinne mit zwei Abläufen an den Rinnenenden und einem Ablauf in der Mitte wird zu vier Rinnen mit einer Länge von je 5 m.

4.3.1.3 Bemessung von Fallrohren

Bei kleineren Balkonen, Loggien und Dachterrassen werden die Wässer in der Regel über nur ein eigenes Fallrohr entwässert. Größere Dachterrassen, Balkonanlagen über mehrere Wohnbereiche in einer Ebene und Laubengänge mit mehreren Teilflächen erfordern mehrere eigene Fallrohre, da jede Teilfläche möglichst gesondert zu entwässern ist.

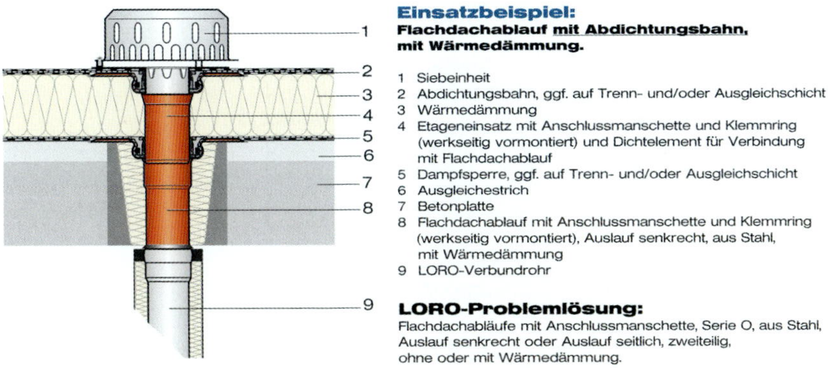

Abb. 4.41: Systemskizze eines Flachdachablaufs mit einem Laubfangkorb zum Schutz gegen Verstopfung (Quelle: Loro-X, Dachentwässerungssysteme, Katalog, S. 70)

Um fachgerechte und sinnvolle Entwässerungslösungen zu erhalten, sind die Teilflächen mit den dazugehörigen Abläufen und Rinnen in Abhängigkeit von der Gebäudegeometrie sorgfältig zu planen.

Die **Abflussleistung** der Fallrohre kann in Abhängigkeit von ihrem Nenndurchmesser nach Tabelle 4.4 bemessen werden.

Bei einem Verzug von Fallrohren mit teilweise flach verlaufenden Teilbereichen sind Korrekturen der Ablaufleistung vorzunehmen. Außerdem ist die Ablaufleistung von Fallrohren von den Übergängen der Rinne zum Fallrohr abhängig. Entsprechende Korrekturfaktoren sind aus DIN 1986-100 zu entnehmen.

4.3.2 Konstruktion von Abläufen

Abläufe werden von verschiedenen Herstellern mit senkrechten Abgängen in den Größen DN 70 bis DN 150 sowie mit seitlichen Abgängen in den Größen DN 70 bis DN 100 angeboten. Für den Einbau innerhalb von Dämmschichten verfügen die Abläufe über Aufstockelemente, die Dämmschichtdicken von 50 bis 250 mm überbrücken können. Außerdem sind die Abläufe mit Los- bzw. Festflanschen zur Anbindung an die Abdichtungsbahnen und an Dampfsperren ausgerüstet.

Im Einzelnen **besteht** ein **Ablauf** hauptsächlich aus

- einem Ablaufgehäuse bzw. Ablaufelement,
- einem Ablaufstutzen, gerade oder abgewinkelt, und
- einem Laubfangkorb (Abb. 4.41).

Für den Einsatz als **Notentwässerung** bei geschlossenen Brüstungen können verschiedene Abläufe mit einem Anstauring versehen werden (Abb. 4.42). Dabei ist zu beachten, dass die Notentwässerung nur bei Starkregenereignissen mit Regenspenden, die über der 5-Jahres-Regenspende liegen, zum Tragen kommt (Näheres siehe Kapitel 2.5.2.2 und 2.5.3.1).

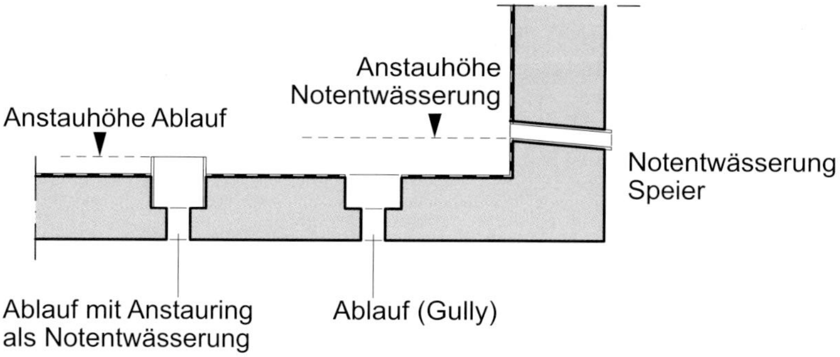

Abb. 4.42: Anstauhöhen für einen Ablauf mit Anstauring als Notentwässerung und eine Notentwässerung über Speier

4.3.3 Konstruktion von Rinnen

Bei Balkonen und Dachterrassen kommen in der Regel außen liegende Entwässerungsrinnen aus Metall oder Kunststoff an den Bauteilrändern zum Einsatz. Es handelt sich dabei um:

- Halbrundrinnen in den Nenngrößen 200 bis 500 mm,
- Kastenrinnen in den Nenngrößen 200 bis 500 mm oder
- Sonderkonstruktionen.

Außen liegende Dachrinnen müssen den Anforderungen der DIN EN 612 „Hängedachrinnen mit Aussteifung der Rinnenvorderseite und Regenrohre aus Metallblech mit Nahtverbindungen" (2005) in Verbindung mit DIN EN 1462 „Rinnenhalter für Hängedachrinnen – Anforderungen und Prüfung" (2004) für die Befestigungselemente entsprechen. Sie werden unterhalb der Abdichtungsschichten auf der Balkonplatte bzw. auf dem Gefälleestrich bei nicht gedämmten Konstruktionen oder auf Randbohlen bei gedämmten Konstruktionen befestigt. Die Hersteller von Balkonentwässerungen bieten in Abhängigkeit von den Belägen Rinnensysteme in Verbindung mit Randprofilen und Befestigungsmitteln an.

4.3.4 Zusätzliche Entwässerungsanlagen und Dränsysteme

Bei schwellenlosen und niedrigen Übergängen von außen nach innen sind zusätzliche Entwässerungsanlagen in Form von Gitterrostrinnen oder gesonderten Abläufen im türnahen Bereich erforderlich. Das anfallende Wasser ist an diesen Übergängen schnell und rückstaufrei abzuführen.

Diese Entwässerungsanlagen beeinflussen nicht die Berechnung der Abflussmengen auf den zu entwässernden Flächen. Sie sind allerdings in das Entwässerungssystem der Balkone, Loggien, Dachterrassen und Terrassen mit einzubinden. Bei der Planung und Ausführung sind die Einbauvorschriften und Hinweise der Hersteller der Entwässerungsanlagen zu beachten.

Gitterrostrinnen werden in verschiedenen Ausführungen in Abhängigkeit von der Art der Beläge angeboten. In Kapitel 4.2.3 sind Ausführungsdetails zur Entwässerung an schwellenlosen und niedrigen Übergängen enthalten.

Von verschiedenen Herstellern von Entwässerungsanlagen werden in Abhängigkeit vom Aufbau und von der Art des Belags sog. **Dränsysteme** angeboten. Diese Systeme bestehen aus Entwässerungsrinnen mit anschließenden, im Fußbodenaufbau verlegten Dränagematten. Für solche Systeme sind die Einbauvorschriften der jeweiligen Hersteller zu beachten.

4.4 Beläge

Michael Silberhorn

4.4.1 Holzbeläge

Abdichtung unter offenen Holzbelägen

Bei Balkonen mit Holzbelägen ist insbesondere zu beachten, dass unterhalb eines offenen Holzbelages eine **Abdichtungsebene** anzuordnen ist. Offene Holzbeläge ohne weitere Abdichtung entsprechen nicht mehr den heutigen Regeln der Technik (DIN 18195-5). In der Fachregel 02 „Balkone und Terrassen“ (2007) wird zwar die Auffassung vertreten, offene Beläge, die durch ihre Fugen Wasser durchlassen, das nicht mehr auf einer darunter liegenden Abdichtungsebene aufgefangen und abgeleitet wird, entsprächen den heutigen Qualitätsstandards. Diese Auffassung wird hier jedoch nicht geteilt.

Solche meist historisch gewachsenen Konstruktionen bedingen, dass sowohl Niederschlagswasser als auch sonstige auf der Balkonfläche auftretende Flüssigkeiten (z. B. durch Verschütten) auf die darunter liegende Fläche laufen. Selbst wenn unter dem Balkon eine Grünfläche angeordnet ist, kann nicht ausgeschlossen werden, dass sich dort Personen aufhalten, die durch die herunterlaufenden Flüssigkeiten beeinträchtigt werden. Nach den geltenden Regeln dürfen jedoch Dritte nicht beeinträchtigt werden.

Insofern kann eine solche Konstruktion ohne weitere Abdichtung allenfalls im Einfamilienhausbau in Betracht kommen. Empfohlen wird jedoch auch hier, eine entsprechende Vereinbarung mit dem Bauherrn unter Hinweis auf die konstruktionsbedingten Nachteile zu treffen.

Im Übrigen stellen Konstruktionen ohne weitere Abdichtung unter einem offenen Holzbelag auch ein Problem für den **Holzschutz** der darunter liegenden Holzkonstruktion dar. Es kann konstruktiv kaum vermieden werden, dass das durchdringende Wasser in Spalten und Bauteilfugen eindringt und dort langfristig und schädigend auf die Konstruktion einwirkt.

Einbaurichtung der Bretter

Holzbeläge sollten mit der **rechten Seite** (Kernseite) **nach oben** eingebaut werden. Beim Schwinden verwölben sich die Bretter dann konvex nach außen und die Kanten ziehen sich nach unten. Werden die Bretter mit der linken Seite nach oben eingebaut, verwölben sie sich konkav und die Kanten gehen nach oben. Dadurch können Stolperstellen entstehen und Wasser kann auf den Belagsbrettern stehen bleiben.

Diese grundsätzlich richtige Regel wird allerdings in der Fachwelt nur selten angewendet. Insbesondere die Lieferfirmen von Bretterbelägen nehmen darauf ohne besondere Anweisung kaum Rücksicht. So ist es in der Praxis üblich geworden, dass entweder das Brett mit der „schöneren“ Seite nach oben verlegt wird oder dass eine etwaige einseitige Profilierung des Brettes ohnehin die Verlegerichtung bestimmt.

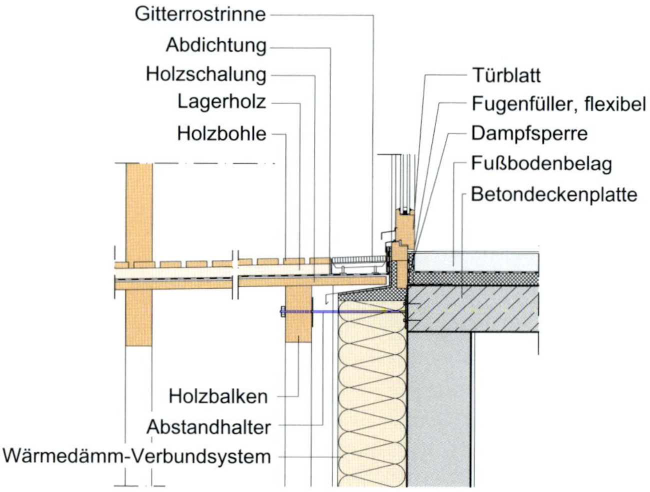

Abb. 4.43:
Frei stehender Holzbalkon

In diesem Zusammenhang ist es auch bedauerlich, dass die Fachregel 02 „Balkone und Terrassen“ (2007) ausdrücklich zulässt, dass die Einbaurichtung nicht berücksichtigt werden muss. Kommt es zu einer konkaven Verformung einzelner Bretter mit der Folge von **Stolperstellen** oder gar einer **Verletzungsgefahr** im Barfußbereich, ist das fertige Werk meist als mangelhaft zu bewerten. Der Zimmermann, der ein für den vorgesehenen oder üblichen Verwendungszweck geeignetes Werk schuldet, kann sich dann nicht auf die Fachregel 02 „Balkone und Terrassen“ (2007) berufen, wenn der geschuldete Erfolg tatsächlich nicht herbeigeführt wurde. Insofern ist diese Problematik genauer zu beleuchten.

Frei stehender Holzbalkon

Abb. 4.43 zeigt beispielhaft einen frei stehenden Holzbalkon mit Holzbelag.

4.4.2 Keramische Beläge

Dränageschicht

Bei keramischen Belägen im Mörtelbett ist es äußerst wichtig, oberhalb der Abdichtung eine dauerhaft funktionsfähige Dränageschicht anzuordnen. Wird diese weggelassen oder versagt sie (z. B. durch Zusetzen mit Feinteilen), kann es zu schweren Bauschäden kommen.

Im Gegensatz zum keramischen Belagsstoff selbst ist der Belag insgesamt **nicht wasserdicht.** Auch bei einer sehr sorgfältigen Verfugung und der Auswahl hochwertiger Fugenmörtel sind Abrisse zwischen dem Fugenmörtel und dem keramischen Belagsstoff unvermeidlich. Hierdurch gelangt Niederschlagswasser in den Belagsaufbau.

Verstärkt wird die Gefahr von stehendem Wasser durch die nutzungsbedingt üblicherweise nur geringen Gefälleausbildungen bei Balkonen und Terrassen. Wenn sich Wasser aufgrund einer fehlenden Dränageschicht im Belagsaufbau anstaut, kommt es zu Ausblühungen aus dem Verlege- und Fugenmörtel sowie in den Wintermonaten zu Frostschäden.

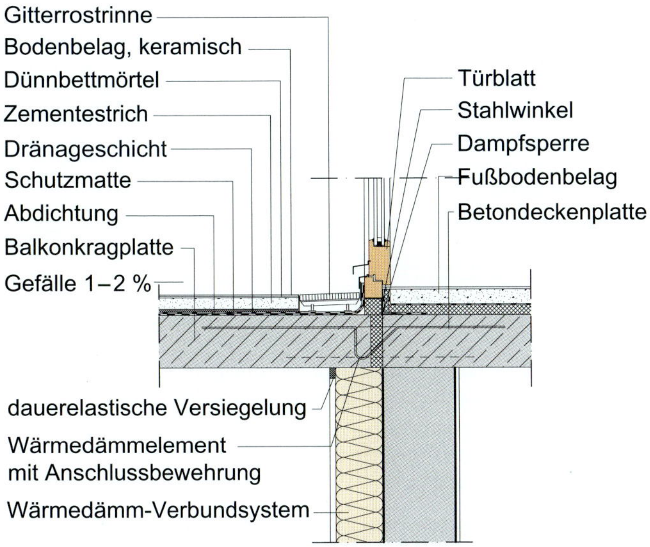

Abb. 4.44: Massive Balkonkonstruktion mit keramischem Belag im Mörtelbett

Massive Balkonkonstruktion mit keramischem Belag im Mörtelbett

Abb. 4.44 zeigt beispielhaft eine massive Balkonkonstruktion mit einem keramischen Belag im Mörtelbett und einer Entwässerungsrinne im unmittelbaren Anschlussbereich des Balkons an die Fenstertür. Derartige Konstruktionen sind für witterungsbeanspruchte Balkonanschlüsse geeignet, wenn die Entwässerungsrinne unmittelbar an eine Entwässerungsleitung angeschlossen ist (nicht an die Dachentwässerung) und eine Aufkantungshöhe der Abdichtung von 50 mm verbleibt.

4.4.3 Beläge im Splitt- oder Kiesbett

Abfluss eindringenden Wassers

Beläge im Splitt- oder Kiesbett stellen die heute überwiegend verwendeten Balkon- und Terrassenbeläge dar. Auch bei diesen Belägen ist es erforderlich, für einen wirksamen Abfluss des in den Belagsaufbau eindringenden Wassers zu sorgen. Dazu ist entweder eine gesonderte **Dränageschicht** oder eine **dränagefähige** Ausbildung des **Belagsaufbaus** bzw. des Untergrundes herzustellen. Ansonsten kommt es zu stehendem Wasser im Belagsaufbau mit der Folge von möglichen Frostschäden, einem verstärkten Bewuchs und Geruchsbelästigungen. Aufgrund der Geruchsbelästigungen wird auch davon abgeraten, die Abdichtungsebene ohne Gefälle auszubilden, auch wenn dies nach den abdichtungstechnischen Fachregeln möglich ist.

Massive Balkonkonstruktion mit Plattenbelag im Kiesbett

Abb. 4.45 zeigt beispielhaft einen Plattenbelag im Kiesbett mit einem barrierefreien Anschluss an die Tür. Zu den erforderlichen Sondermaßnahmen wird auf Kapitel 2.4 und 4.2 verwiesen. Zusätzlich zu der hier dargestellten Entwässerungsrinne sind ggf. weitere Maßnahmen zur Vermeidung einer Spritzwasserbelastung notwendig (z. B. ein Vordach).

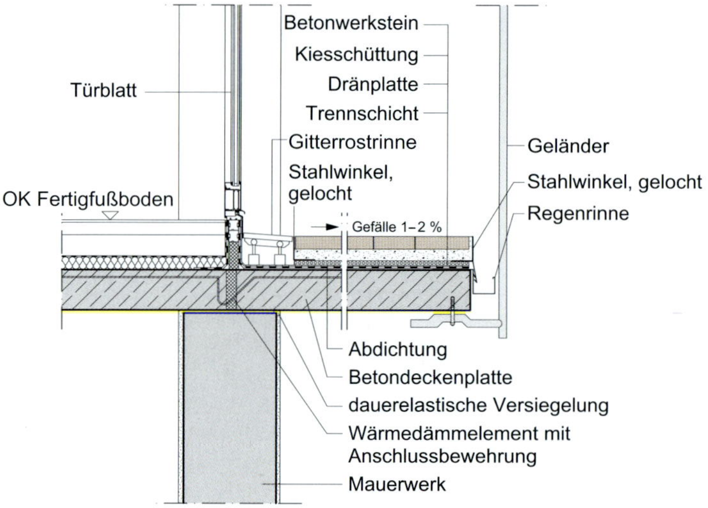

Abb. 4.45: Massive Balkonkonstruktion mit Plattenbelag im Kiesbett

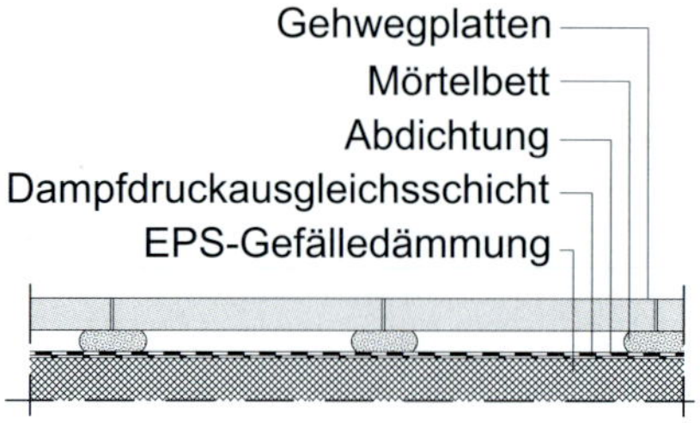

Abb. 4.46: Plattenbelag auf punktförmigem Mörtelbett (Mörtelbatzen)

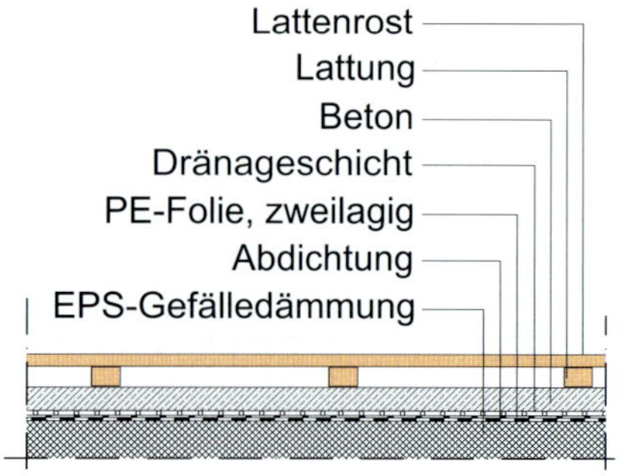

Abb. 4.47: Holzbelag auf linienförmiger Lattung

4.4.4 Beläge auf Stelz- oder Linienlager

Lasten

Ausreichend tragfähige Belagsmaterialien können auch auf Stelz- oder Linienlagern punkt- oder linienförmig aufgelegt werden. Die auftretenden Lasten werden dann vom Balkonbelag aufgenommen, übertragen und in die Lager eingetragen. Stelz- oder Linienlager können durch entsprechende Systembauteile oder handwerklich mit Mörtelbatzen oder Lattungen errichtet werden (Abb. 4.46 und 4.47).

Zu beachten ist, dass durch die punkt- oder linienförmige Auflagerung die Eigen- und Verkehrslasten auf einer **kleineren Fläche** in den Untergrund eingeleitet werden als bei nicht aufgestelzten Belägen und es somit zu höheren Pressungen am Auflager kommt. Der Untergrund, beispielsweise die Wärmedämmung, muss für die Aufnahme dieser Lasten ausreichend tragfähig sein und ist entsprechend zu bemessen. Gegebenenfalls können lastverteilende Hartgummi- oder Kunststoffplatten (z. B. unter Mörtelbatzen) angeordnet werden.

Gefälle

Der Vorteil dieser Belagskonstruktion liegt darin, dass keine dränagefähige Bettung benötigt wird. Bei einer entsprechend feuchtigkeitsbeständigen Ausführung und der Lösung möglicher Geruchsprobleme kann somit auch eine gefällelose Abdichtung nach der Flachdachrichtlinie (2011) realisiert werden.

Praxistipp

Die Ausführung einer gefällelosen Konstruktion sollte aus technischer Sicht möglichst nicht vorgenommen werden. Eine geregelte Wasserableitung mit Gefälleausbildung ist zu bevorzugen, da Schäden und Beeinträchtigungen (z. B. Geruchsprobleme) durch stehendes Wasser so von vornherein vermieden werden.

4.4.5 Schäden bei nicht fachgerechter Umsetzung von Ausführungsdetails

4.4.5.1 Schäden an Holzbelägen

Schäden durch stehendes Wasser

Bei der Entwässerung von Terrassenbelägen stoßen zwei grundsätzlich unterschiedliche Anforderungen aufeinander: Zum einen ist es im Hinblick auf die Nutzung gewünscht, einen möglichst waagerechten Belag zu erhalten, sodass die darauf aufgestellten Möbel nicht schief stehen. Zum anderen ist jedoch, je nach Belagsart, ein ausreichendes Gefälle zur Entwässerung der Belagsoberfläche erforderlich.

Bei Terrassenbelägen aus Holz führt eine lang anhaltende Feuchtebeanspruchung zu einer vorzeitigen Alterung, zu Holzfäule und zu einem unschönen Aufwuchs. Oberster Grundsatz des sog. konstruktiven Holzschutzes ist es daher, dafür zu sorgen, dass auf die Holzoberfläche auftreffendes Wasser zügig und möglichst rückstandsfrei ablaufen kann. Werden Holzoberflächen nun waagerecht konstruiert und wird gleichzeitig die Einbaurichtung des Holzes nicht beachtet (siehe Kapitel 4.4.1), kann es zu längerfristig stehendem Wasser auf den Holzbauteilen mit den genannten negativen Folgen kommen (Abb. 4.48).

Um stehendes Wasser auf Holzbauteilen zu vermeiden, ist außer der Wasserführung des Holzbelages auch der zügige Wasserablauf im Bereich der gesamten Tragkonstruktion zu berücksichtigen. Insbesondere die Bereiche unterhalb des Belages (tragende Holzbalken), der waagerechten Holzkonstruktion sowie von Nischen und Fugen sind dabei zu beachten. Meist ist ein nicht ausreichend berücksichtigter kontruktiver Holzschutz die Ursache einer vorzeitigen Alterung bzw. eines vorzeitigen Versagens der Konstruktion (Abb. 4.49).

Abb. 4.48: Vorzeitige Alterung in Bereichen länger anhaltender Feuchtigkeit (stehendes Wasser)

Abb. 4.49: Schäden an Holzbauteilen durch unkontrollierte Entwässerung

Abb. 4.50: Ungeplante Wasserführung in Verbindung mit insgesamt fehlender Dränung des Belagsaufbaus; Bildung von Calciumcarbonat an der Oberfläche der Stützen

Schäden durch fehlerhafte Wasserführung

Die Ableitung des auf die Beläge auftreffenden Wassers muss so geplant werden, z. B. durch ausreichende Tropfkanten, dass das ablaufende Wasser nicht zu Verschmutzungen, Ausblühungen oder einem biologischen Bewuchs auf den angrenzenden Bauteilen führt. Dies trifft selbstverständlich gleichermaßen für alle Belagskonstruktionen zu.

Die oft als „ehrwürdige Patina“ missgedeutete vorschnelle Alterung der Bauteile ist nicht selten die Folge einer nicht ausreichend bedachten Wasserführung (Abb. 4.50).

Schäden durch Verwendung ungeeigneter Holzarten

Holz ist als Baustoff grundsätzlich feuchtigkeitsempfindlich. Durch einwirkende Feuchtigkeit und Austrocknung entstehen in Holzbauteilen erhebliche hygrische Verformungen, die zu Schäden an angrenzenden Bauteilen führen können.

Außerdem ist eine ausreichende Feuchtigkeit grundlegende Voraussetzung für die Bildung von holzzerstörenden Pilzen sowie für den Befall mit holzzerstörenden Schädlingen. Da im Außenbereich immer mit einer Feuchtebeanspruchung zu rechnen ist, kommt der Auswahl geeigneter und ausreichend widerstandsfähiger Holzsorten eine besondere Bedeutung zu.

Abb. 4.51: Ablösung des Plattenbelags im Mörtelbett durch Frosteinwirkungen aufgrund fehlender Dränageschicht

Abb. 4.52: Ausblühungen durch fehlende Dränageschicht (Quelle: Bau-Institut Bringe)

Unter den einheimischen Nadelhölzern eignen sich beispielsweise gut Douglasie und Lärche, unter den Laubhölzern Robinie. Verwendung findet seit einigen Jahren auch immer häufiger sibirische Lärche. Außerdem kommt eine große Anzahl tropischer Hölzer, wie z. B. Bangkirai und Bongossi, im Hinblick auf die Widerstandsfähigkeit in Betracht. Nicht geeignet für Terrassenbeläge sind dagegen Kiefer, Fichte und Rotbuche. Diese Hölzer sind wegen ihrer geringen Dauerhaftigkeit für horizontale Holzbeläge nicht verwendbar.

4.4.5.2 Schäden an keramischen Belägen und Kunststeinbelägen

Schäden durch fehlende Dränageschicht bei Belägen im Mörtelbett

Durch eine fehlende oder unzureichende Dränageschicht bei Belagsaufbauten im Mörtelbett kann es zu Frostschäden und Ausblühungen kommen. Frostschäden können als Frostaufbrüche entstehen, wenn Wasser im Belagsaufbau verbleibt und dort gefriert. Durch die dabei entstehende Volumenvergrößerung kommt es zu einem Ablösen oder Abheben der darüber befindlichen Beläge (Abb. 4.51).

Ausblühungen können bei einer übermäßigen Feuchtebeanspruchung durch Lösung von freiem Calciumhydroxid aus dem Mörtel oder Beton des Belags oder Belagsaufbaus oder durch Bildung von Calciumcarbonat (über Calciumbicarbonat aus dem bereits carbonatisierten Beton) entstehen (Abb. 4.52). Im Belagsaufbau stehendes Wasser, z. B. bei gefällelosen Abdichtungen, in das die mineralischen Schichten (Belagsplatten, Mörtelbettungen) eintauchen, kann zu solchen Ausblühungen führen.

Schäden durch unzureichende Dränagefähigkeit des Belagsaufbaus

Auch bei Plattenbelägen im Splittbett kann eine unzureichende Dränagefähigkeit der Bettung zu Schäden führen. Oft herrscht der Glaube, dass ein Plattenbelag im Splittbett grundsätzlich und automatisch ausreichend dränagefähig ist. Dies trifft jedoch nicht zu. Auch bei Plattenbelägen im Splittbett ist es erforderlich, einen ausreichenden Wasserabfluss sicherzustellen.

Abb. 4.53: Frostabsprengungen der oberen Belagsschicht bei nicht frostbeständigem Plattenmaterial durch über Fehlstellen (Rissbildungen) eingedrungene Feuchtigkeit

Abb. 4.54: Ausplatzungen der oberen Belagsschicht bei einem nicht frostbeständigen keramischen Belag (Quelle: Bau-Institut Bringe)

Sofern die Splittbettung selbst keinen ausreichend zügigen Wasserabfluss sicherstellen kann, muss unter dieser eine Dränageschicht angeordnet werden. Andernfalls kommt es zu stehendem Wasser im Splittbett, das zu einem übermäßigen Bewuchs im Bereich der Pflasterfugen sowie zu Ausblühungen des Belagsmaterials führen kann.

Schäden durch Verwendung nicht geeigneter Bettungsmörtel

Auch die Beschaffenheit des Mörtelbetts oder des Estrichs selbst kann Ursache für Ausblühungen sein. Ein hoher Gehalt an ausblühfähigen Stoffen ist daher zu vermeiden. Calciumcarbonat kann durch CO_2-haltigen Regen in Calciumbicarbonat umgewandelt und gelöst werden. An der Oberfläche entstehen dann schwer lösbare Ausblühungen, indem das Calciumbicarbonat mit dem Luftsauerstoff wieder zu schwer lösbarem Calciumcarbonat reagiert. Daher ist darauf zu achten, dass die verwendeten Bettungsmörtel für die Verlegung von Belägen im Außenbereich geeignet und vom Hersteller zugelassen sind.

Schäden durch Verwendung nicht frostbeständiger Plattenbeläge

Nicht alle keramischen Plattenbeläge sind frostbeständig. Werden nicht frostbeständige Plattenbeläge im Außenbereich verwendet, besteht – insbesondere im Zusammenhang mit einer nicht ausreichenden Oberflächenentwässerung – die Gefahr von Frostschäden (Abb. 4.53 und 4.54). Diese Schäden zeigen sich meist als Ausplatzungen der oberen Belagsschichten, oft in Form kalottenförmiger Abscherbelungen. Die Frostbeständigkeit der verwendeten Plattenmaterialien ist durch den Hersteller zu bestätigen und durch geeignete Prüfverfahren nachzuweisen.

4.4.5.3 Schäden an Natursteinbelägen

Schäden durch Verwendung nicht geeigneter Natursteine

Für Natursteinbelägen trifft das in Kapitel 4.4.5.2 zu keramischen Belägen Ausgeführte gleichermaßen zu. Nicht alle Natursteinbeläge sind automatisch frostbeständig. Ist ihre Wasseraufnahme zu hoch und gleichzeitig das ver-

Abb. 4.55: Verfärbungen in einem Granitbelag durch einen ungeeigneten Fugendichtstoff (Quelle: Bau-Institut Bringe)

Abb. 4.56: Kalkausblühungen in einem Granitbelag durch fehlende Dränageschicht (Quelle: Bau-Institut Bringe)

bleibende Porenvolumen nicht in der Lage, den Kristallisationsdruck beim Gefrieren des Wassers aufzunehmen, kommt es zu Frostaufbrüchen.

Natursteinbeläge müssen daher auf ihre Frostbeständigkeit geprüft werden. Einige Sorten (z. B. Granit) gelten grundsätzlich als frostbeständig, während andere Natursteine je nach Abbauort in ihrer Frostbeständigkeit variieren können (z. B. Sandsteine).

Nicht alle Natursteine eignen sich zudem aufgrund ihrer Zusammensetzung für die Verwendung im Außenbereich. Hohe Eisengehalte im Naturstein führen beispielsweise zu rotbraunen Verfärbungen bei Wasserbeanspruchung durch die Umwandlung (Oxidation, Korrosion) zu Eisenoxid. Andere Natursteinsorten sind wiederum nicht ausreichend feuchtigkeitsbeständig, sodass sich ihr Einsatz für den Außenbereich verbietet.

Schäden durch Verwendung nicht geeigneter Verlegematerialien

Auch bei Natursteinbelägen ist auf die Auswahl eines geeigneten Bettungsmörtels zu achten. Zusätzlich zu den bereits in Kapitel 4.4.5.2 beschriebenen Anforderungen ist bei Natursteinbelägen auch darauf zu achten, dass die Bestandteile des Mörtels nicht zu Wechselwirkungen mit den Natursteinen führen. Für die Verlegung von Natursteinen im Außenbereich sind daher stets besonders ausgewiesene Verlegemörtel zu verwenden.

Dies gilt auch für alle anderen zusammen mit den Natursteinen verarbeiteten Materialien, wie z. B. Fugendichtstoffe (Abb. 4.55). Diese müssen für die Verwendung mit Natursteinen geeignet sein.

Schäden durch fehlende Dränageschicht bei Natursteinplatten im Mörtelbett

Für im Mörtelbett verlegte Natursteinplatten gilt im Hinblick auf die Dränageschicht das bereits in Kapitel 4.4.5.2 für keramische Beläge Ausgeführte. Auch hier ist eine Dränageschicht zur Vermeidung von Frostschäden und Ausblühungen erforderlich (Abb. 4.56).

Abb. 4.57: Natursteinbelag ohne ausreichendes Gefälle mit optisch unschönem Aufwuchs (Quelle: Bau-Institut Bringe)

Schäden durch unzureichendes Gefälle

Auch bei Natursteinbelägen ist die Gefällesituation und damit die zügige Abführung von auftreffendem Niederschlagswasser zu beachten. Gerade bei Natursteinbelägen kommt es in Bereichen mit hoher und lang anhaltender Feuchtebeanspruchung häufig zu einem optisch unschönen Aufwuchs, der das Aussehen nachhaltig negativ beeinflusst (Abb. 4.57).

5 Bewirtschaftung

Michael Siegwart

Dieses Kapitel beschäftigt sich mit den Erfordernissen der Bewirtschaftung, um Balkone, Loggien, Dachterrassen und Terrassen schadenfrei zu halten oder um erkannte Schäden instand zu setzen.

5.1 Anforderungen aus Bauordnungen, Normen und Regelwerken

Es gibt keine expliziten Anforderungen, die sich auf die Bewirtschaftung von Balkonen, Loggien, Dachterrassen und Terrassen beziehen. Implizit ergeben sich jedoch Anforderungen aus den Landesbauordnungen bzw. aus der diesen Bauordnungen zugrunde liegenden **Musterbauordnung:**

„§ 3 Allgemeine Anforderungen

(1) Anlagen sind so anzuordnen, zu errichten, zu ändern und instand zu halten, dass die öffentliche Sicherheit und Ordnung, insbesondere Leben, Gesundheit und die natürlichen Lebensgrundlagen, nicht gefährdet werden.

(2) Bauprodukte und Bauarten dürfen nur verwendet werden, wenn bei ihrer Verwendung die baulichen Anlagen bei ordnungsgemäßer Instandhaltung während einer dem Zweck entsprechenden angemessenen Zeitdauer die Anforderungen dieses Gesetzes oder aufgrund dieses Gesetzes erfüllen und gebrauchstauglich sind.

(3) Die von der obersten Bauaufsichtsbehörde durch öffentliche Bekanntmachung als Technische Baubestimmungen eingeführten technischen Regeln sind zu beachten. Bei der Bekanntmachung kann hinsichtlich ihres Inhalts auf die Fundstelle verwiesen werden. Von den Technischen Baubestimmungen kann abgewichen werden, wenn mit einer anderen Lösung in gleichem Maße die allgemeinen Anforderungen des Absatzes 1 erfüllt werden. [...]“

Die Entwässerung von Balkonen, Loggien, Dachterrassen und Terrassen kann kritisch sein. Wenn sie aufgrund einer mangelnden Instandhaltung nicht funktioniert, entstehen oft hohe Schäden. Deshalb gibt es auch eine Norm, die sich mit dem Betrieb und der Wartung von Entwässerungsanlagen beschäftigt: **DIN 1986-3** „Entwässerungsanlagen für Gebäude und Grundstücke – Teil 3: Regeln für Betrieb und Wartung“ (2004). In DIN 1986-3 heißt es wörtlich (DIN 1986-3, Abschnitt 4.1): *„Die ordnungsgemäße Ableitung von Schmutz- und Regenwasser (Niederschlagswasser) ist im Interesse des Gesundheitsschutzes und der öffentlichen Sicherheit und Ordnung erforderlich. Hierfür müssen die Entwässerungsanlagen stets funktions- und betriebsbereit sein. [...] Dazu sind die Entwässerungsanlagen neben ihrem bestimmungsgemäßen Betrieb durch regelmäßige Kontrollen auf sichere Funktion und Mängelfreiheit zu überprüfen und, soweit erforderlich, durch ausreichende Instandhaltungsmaßnahmen in betriebssicherem Zustand zu erhalten.“* In DIN 1986-3 werden auch Hinweise gegeben, wann welche Bestandteile der Entwässerung wie zu warten sind (siehe Kapitel 5.3.2).

Da es im Gegensatz zur technischen Gebäudeausrüstung für die Revisionierbarkeit technischer Anlagen noch keine Richtlinie von Fachverbänden gibt, hat der Bundesverband der öffentlich bestellten und vereidigten Sachverständigen (BVS) die **Richtlinie „Dokumentation und Revisionierbarkeit“** (2011) herausgegeben. Werden Dokumentation und Revisionierbarkeit nicht berücksichtigt, führt dies oft dazu, dass bei Gebäuden nach einigen Jahren Standzeit (oder auch schon vorher) nicht mehr bekannt ist, welche Produkte wo und wie verbaut wurden. Dies kann aber im Zuge von Instandhaltungs- bzw. Wartungsarbeiten wichtig sein, wenn es auf Produktverträglichkeiten ankommt. Gemäß der Flachdachrichtlinie (2011), Abschnitt 5, werden Inspektionen bei Flachdächern alle 3 bis 4 Jahre und bei älteren Dächern in kürzeren Abständen empfohlen. Dabei sollte ein Protokoll angefertigt werden mit Art und Umfang der festgestellten Schäden und Dringlichkeit der Reparatur. Die Wartung sollte gemäß den genannten Fachregeln ein- bis zweimal jährlich erfolgen. Bei der Wartung sollten die Abläufe gereinigt, Bewuchs und Schmutz entfernt und Kiesverwehungen ausgeglichen werden. Es sollte ein Wartungsvertrag über Art und Umfang der Wartung abgeschlossen werden.

5.2 Revisionierbarkeit und Betrieb

Unter **Revisionierbarkeit** wird die Möglichkeit zur Überprüfung einer technischen Anlage verstanden. Hierzu gehören die Zugänglichkeit der relevanten Bauteile sowie eine Dokumentation der Bauteile, z. B. wo welche Abflüsse verbaut wurden.

In DIN 1986-3 wird zur **Zugänglichkeit** von Anlagenteilen gesagt, dass alle Anlagenteile, die selbst der regelmäßigen Wartung bedürfen (z. B. Rückstauverschlüsse, Abwasserhebeanlagen, Abscheider) oder für eine Wartung erforderlich sind (z. B. Schächte, Reinigungsverschlüsse) sowie alle Bedienungselemente (z. B. Schieber) jederzeit sicher zugänglich und ohne Schwierigkeiten zu betätigen sein müssen. Die Anlagenteile dürfen nicht durch Lagergut, Möbel, Verkleidungen o. Ä. versperrt oder überbaut werden.

Beispiele

Oftmals sind auf Balkonen mit einem Plattenbelag im Splittbett die **Abläufe** nicht markiert und unter einer Platte versteckt. Diese Ausführung ist in zweifacher Hinsicht nicht geeignet: Zum einen können die Platten meist nicht von Laien abgenommen werden, da sie zu schwer sind. Und zum anderen ist gar nicht erkennbar, welche Platte abgenommen werden muss, damit der Ablauf zugänglich ist. Weiterhin kann der Nutzer nicht erkennen, wenn der Abfluss verstopft ist.

Werden **Gitterrostrinnen**, wie in DIN 18195-9 „Bauwerksabdichtungen – Teil 9: Durchdringungen, Übergänge, An- und Abschlüsse“ (2010) gefordert, direkt entwässert, so muss der Zugang zu dieser direkten Entwässerung erkennbar sein, wenn der Gitterrost der Rinne und der Gitterrost oder die Abdeckung des Ablaufs abgenommen wird.

Die Instandhaltung von Balkonen, Loggien, Dachterrassen und Terrassen ist jedoch nicht auf die Entwässerungsanlagen beschränkt. So kann es z. B.

erforderlich sein, dass die Fassade partiell überarbeitet wird. In diesem Fall ist eine **Dokumentation** der Bauteile gefragt. Es wäre hilfreich, wenn genau bekannt wäre, mit welchem Aufbau die Fassade erstellt wurde und welche Produkte verwendet wurden.

Auch wie welche Oberflächen gereinigt oder behandelt werden können, hängt von den verbauten Produkten ab, die daher bekannt sein sollten. Zum Beispiel ist es für die Behandlung von Terrassenbelägen mit biologischen Wirkstoffen wichtig zu wissen, welche Produkte verarbeitet wurden. Denn diese Mittel enthalten Essig oder sonstige Fruchtsäuren und können Plattenbeläge mit hydraulischen Bindemitteln angreifen.

Die benötigte Dokumentation liegt aber nur dann vor, wenn mit dem Gebäude ein vollständig gefüllter Revisionsordner übergeben wird. In der Vergangenheit sind diese Ordner sowohl bei Gebäuden der öffentlichen Hand als auch bei privaten Bauherren meist lückenhaft gewesen. Es bleibt abzuwarten, wie sich in dieser Hinsicht die Einführung des Building Information Modeling (BIM) auswirken wird, einer softwarebasierten Methode der optimierten Planung, Ausführung und Bewirtschaftung von Gebäuden, bei der alle relevanten Gebäudedaten digital erfasst, kombiniert und vernetzt werden.

In DIN 1986-3 ist für den **Betrieb** von Entwässerungsanlagen Folgendes geregelt:

- Verantwortlich für den Betrieb, die Inspektion und die Wartung sind der Eigentümer und der Betreiber.
- Dem Betreiber sind die Bedienungs- und Wartungsanleitungen zu übergeben.
- Außerdem muss der Betreiber von dem Hersteller in die Bedienung der Anlage eingewiesen und mit ihrer Betriebsweise vertraut gemacht werden.
- Der Betreiber ist auf regelmäßige Inspektionen bzw. Wartungen hinzuweisen, die für eine dauerhafte Funktion der Anlage Voraussetzung sind.

Beim Betrieb der Entwässerungsanlagen sind nach DIN 1986-3 folgende **Regelungen** zu beachten:

- DIN EN 12056-5 „Schwerkraftentwässerungsanlagen innerhalb von Gebäuden – Teil 5: Installation und Prüfung, Anleitung für Betrieb, Wartung und Gebrauch" (2001),
- DIN EN 752 „Entwässerungssysteme außerhalb von Gebäuden" (2008),
- die kommunalen Abwassersatzungen,
- die wasserrechtlichen Vorschriften,
- die allgemeinen bauaufsichtlichen Zulassungen und
- die Unfallverhütungsvorschriften.

5.3 Instandhaltung

Mit der Instandhaltung ist die Reparatur einzelner Bauteile und Baugruppen von Balkonen, Loggien, Dachterrassen und Terrassen gemeint. Dies kann z. B. das Erneuern oder Ausbessern eines Anstrichs oder der Tausch von Dichtungen bei Abläufen sein. Es gibt zwei **Instandhaltungsstrategien**:

- Im Rahmen der präventiven Instandhaltung werden Bauteile wie Abdichtungen planmäßig erneuert, bevor es zum Schaden kommt.
- Bei der bedarfsgesteuerten Instandhaltung wird mit der Erneuerung gewartet, bis es zum Schaden kommt.

Welche die wirtschaftlich sinnvollere Strategie ist, hängt u. a. von dem möglichen Schadenausmaß, aber auch von der Nutzung von Synergieeffekten ab. So sind 20 Balkone günstiger zu sanieren als ein einzelner Balkon einer Wohnanlage. Mit der Sanierung kann dann u. U. gewartet werden, bis erste Schäden auftreten.

5.3.1 Präventive Instandhaltung

Die präventive Instandhaltung umfasst nach DIN 31051 „Grundlagen der Instandhaltung" (2012) die

- Wartung,
- Inspektion,
- Instandsetzung und
- Verbesserung.

Maßnahmen zur **Wartung** von Entwässerungsanlagen und deren Teilen dienen der Verzögerung des Abbaus des vorhandenen Abnutzungsvorrats. Das bedeutet, mit einer regelmäßig durchgeführten Wartung kann die Lebensdauer von Anlagen verlängert werden. Damit eine Wartung durchgeführt werden kann, müssen Anlagenteile zugänglich sein.

Die **Inspektion** der Anlagen dient der Feststellung und Beurteilung des Ist-Zustandes sowie der Bestimmung der Ursachen von Abnutzungen. Gegebenenfalls sind Handlungsempfehlungen zur Verbesserung für eine künftige Nutzung zu geben.

Die **Instandsetzung** ist die Folge der Prüfergebnisse aus Wartung und Inspektion und stellt den funktionsfähigen Zustand der Anlage wieder her. Eine Instandsetzung ist jedoch in der Regel keine Verbesserung.

Eine **Verbesserung,** die z. B. aufgrund unerwartet hoher Beanspruchungen erforderlich werden könnte, um die Lebensdauer eines Bauteils und/oder dessen Instandhaltungsintervall auf ein übliches Maß zu erhöhen, ist eine Sanierungsmaßnahme.

5.3.2 Wartung und Inspektion

In DIN 1986-3, Tabelle 1, sind für die Wartung und Inspektion der bei Balkonen, Loggien, Dachterrassen und Terrassen maßgeblichen Bauteile

- Abläufe (Zeile 6),
- Dachabläufe und Notüberläufe (Zeile 7) sowie
- Dachrinnen und Regenwasserfallleitungen (Zeile 8)

die jeweilige Maßnahme, die Art der Durchführung und das Intervall aufgeführt. Es wird eine halbjährliche Inspektion der Bauteile empfohlen, insbesondere im Herbst. Dabei sind die Teile zu reinigen, auf Funktion zu prüfen

Abb. 5.1: Fehlende Wartung von Platten im Splittbett: komplett zugesetzte Fugen, Gefahr der Abdichtungsschädigung durch Pflanzenwurzeln

und defekte Teile zu reparieren. Bis auf die Reparatur deckt sich dies mit den Anforderungen der Flachdachrichtlinie (2011). Reparaturen werden dort je nach Ergebnis der Inspektion vergeben.

Zur Wartung von Balkonen, Loggien, Dachterrassen und Terrassen als Gesamtbauteile gibt es keine Regelungen, nur Empfehlungen in der Flachdachrichtlinie (2011). Aus der Praxis heraus haben sich auch in der Wohnungswirtschaft **Handlungsempfehlungen** entwickelt, wie z. B. die folgenden („Pflege/Wartung Terrassen + Balkone", www.gwg-tuebingen.de):

- *„Die Entwässerungsrinnen vor Fenster und Attika von Laub freihalten.*
- *Entfernen von Keimlingen aus den Entwässerungsrinnen sowie Fugen der Plattenbeläge und Holzroste. Die Fugen müssen immer frei sein.*
- *Es empfiehlt sich, einmal jährlich (am besten im Frühjahr) die Terrassenbeläge mit im Handel erhältlichen und zugelassenen biologisch abbaubaren Mitteln nach Herstellervorschrift zu bewässern. Damit wird das Wachstum von Unkraut gehemmt.*
- *Überprüfung der Dachterrassenflächen in Abhängigkeit von Laub und Sameneintrag zwei- bis dreimal jährlich, entfernen des Laubes und der Blätter.*
- *Alle Entwässerungsrinnen sind im Winter insbesondere von Schnee freizuhalten."*

Beispiel

Die Entwässerung über die im Splittbett verlegten Betonplatten in Abb. 5.1 kann nicht mehr funktionieren. Über die Jahre haben sich aufgrund fehlender Wartung die Fugen komplett zugesetzt. Darüber hinaus können die Wurzeln der bereits hoch stehenden Pflanzen zur Beschädigung der darunter liegenden Abdichtung führen.

Gerade bei Mehrfamilienhäusern und Wohnungseigentümergemeinschaften ist es empfehlenswert, die Wartung von Balkonen, Loggien, Dachterrassen und Terrassen jährlich durch eine **Fachfirma** oder durch den **Hausmeister** vornehmen zu lassen. Zumindest sollten sie jährlich inspiziert werden. Nicht allen Eigentümern ist es bewusst, dass sie ihre Balkone, Loggien, Dachterrassen und Terrassen pflegen müssen, um die Dauerhaftigkeit der Bauteile zu sichern. Bei vermieteten Objekten fehlt diese Einsicht oft gänzlich. Teure Instandhaltungsmaßnahmen können die Folge sein.

6 Normen, Rechtsvorschriften und Literatur

6.1 Normen

DIN 1045-1:2008-08 Tragwerke aus Beton, Stahlbeton und Spannbeton – Teil 1: Bemessung und Konstruktion [Dokument zurückgezogen]

DIN 1045-2:2008-08 Tragwerke aus Beton, Stahlbeton und Spannbeton – Teil 2: Beton – Festlegung, Eigenschaften, Herstellung und Konformität – Anwendungsregeln zu DIN EN 206-1

DIN 1045-3:2012-03 Tragwerke aus Beton, Stahlbeton und Spannbeton – Teil 3: Bauausführung – Anwendungsregeln zu DIN EN 13670

DIN 1045-4:2012-02 Tragwerke aus Beton, Stahlbeton und Spannbeton – Teil 4: Ergänzende Regeln für die Herstellung und die Konformität von Fertigteilen

DIN 1045-100:2011-12 Bemessung und Konstruktion von Stahlbeton- und Spannbetontragwerken – Teil 100: Ziegeldecken

DIN 1052-10:2012-05 Herstellung und Ausführung von Holzbauwerken – Teil 10: Ergänzende Bestimmungen

DIN 1053-1:1996-11 Mauerwerk – Teil 1: Berechnung und Ausführung [Dokument zurückgezogen]

DIN 1053-4:2013-04 Mauerwerk – Teil 4: Fertigbauteile

DIN 1164-10:2013-03 Zement mit besonderen Eigenschaften – Teil 10: Zusammensetzung, Anforderungen und Übereinstimmungsnachweis von Zement mit niedrigem wirksamen Alkaligehalt

DIN 1986-3:2004-11 Entwässerungsanlagen für Gebäude und Grundstücke – Teil 3: Regeln für Betrieb und Wartung

DIN 1986-4:2011-12 Entwässerungsanlagen für Gebäude und Grundstücke – Teil 4: Verwendungsbereiche von Abwasserrohren und -formstücken verschiedener Werkstoffe

DIN 1986-100:2008-05 Entwässerungsanlagen für Gebäude und Grundstücke – Teil 100: Bestimmungen in Verbindung mit DIN EN 752 und DIN EN 12056

DIN 4074-1:2012-06 Sortierung von Holz nach der Tragfähigkeit – Teil 1: Nadelschnittholz

DIN 4074-5:2008-12 Sortierung von Holz nach der Tragfähigkeit – Teil 5: Laubschnittholz

DIN 4102-4:1994-03 Brandverhalten von Baustoffen und Bauteilen – Teil 4: Zusammenstellung und Anwendung klassifizierter Baustoffe, Bauteile und Sonderbauteile

DIN 4102-22:2004-11 Brandverhalten von Baustoffen und Bauteilen – Teil 22: Anwendungsnorm zu DIN 4102-4 auf der Bemessungsbasis von Teilsicherheitsbeiwerten

DIN 4108-2:2013-02 Wärmeschutz und Energie-Einsparung in Gebäuden – Teil 2: Mindestanforderungen an den Wärmeschutz

DIN 4108-3:2014-11 Wärmeschutz und Energie-Einsparung in Gebäuden – Teil 3: Klimabedingter Feuchteschutz – Anforderungen, Berechnungsverfahren und Hinweise für Planung und Ausführung

DIN 4108 Beiblatt 2:2006-03 Wärmeschutz und Energie-Einsparung in Gebäuden – Wärmebrücken – Planungs- und Ausführungsbeispiele

DIN 4109:1989-11 Schallschutz im Hochbau; Anforderungen und Nachweise

DIN 4109 Beiblatt 1:1989-11 Schallschutz im Hochbau; Ausführungsbeispiele und Rechenverfahren

DIN 4109 Beiblatt 2:1989-11 Schallschutz im Hochbau; Hinweise für Planung und Ausführung; Vorschläge für einen erhöhten Schallschutz; Empfehlungen für den Schallschutz im eigenen Wohn- oder Arbeitsbereich

DIN 4223-2:2003-12 Vorgefertigte bewehrte Bauteile aus dampfgehärtetem Porenbeton – Teil 2: Bauteile mit statisch anrechenbarer Bewehrung; Entwurf und Bemessung [Dokument zurückgezogen]

DIN 4223-3:2003-12 Vorgefertigte bewehrte Bauteile aus dampfgehärtetem Porenbeton – Teil 3: Wände aus Bauteilen mit statisch nicht anrechenbarer Bewehrung; Entwurf und Bemessung [Dokument zurückgezogen]

DIN 4223-4:2003-12 Vorgefertigte bewehrte Bauteile aus dampfgehärtetem Porenbeton – Teil 4: Bauteile mit statisch anrechenbarer Bewehrung; Anwendung in Bauwerken [Dokument zurückgezogen]

DIN 4223-5:2003-12 Vorgefertigte bewehrte Bauteile aus dampfgehärtetem Porenbeton – Teil 5: Sicherheitskonzept [Dokument zurückgezogen]

DIN 18008-1:2010-12 Glas im Bauwesen – Bemessungs- und Konstruktionsregeln – Teil 1: Begriffe und allgemeine Grundlagen

DIN 18008-2:2010-12 Glas im Bauwesen – Bemessungs- und Konstruktionsregeln – Teil 2: Linienförmig gelagerte Verglasungen

DIN 18008-3:2013-07 Glas im Bauwesen – Bemessungs- und Konstruktionsregeln – Teil 3: Punktförmig gelagerte Verglasungen

DIN 18008-4:2013-07 Glas im Bauwesen – Bemessungs- und Konstruktionsregeln – Teil 4: Zusatzanforderungen an absturzsichernde Verglasungen

DIN 18008-5:2013-07 Glas im Bauwesen – Bemessungs- und Konstruktionsregeln – Teil 5: Zusatzanforderungen an begehbare Verglasungen

DIN 18040-2:2011-09 Barrierefreies Bauen – Planungsgrundlagen – Teil 2: Wohnungen

DIN 18065:2015-03 Gebäudetreppen – Begriffe, Messregeln, Hauptmaße

DIN 18157-1:1979-07 Ausführung keramischer Bekleidungen im Dünnbettverfahren; Hydraulisch erhärtende Dünnbettmörtel

DIN 18157-2:1982-10 Ausführung keramischer Bekleidungen im Dünnbettverfahren; Dispersionsklebstoffe

DIN 18157-3:1986-04 Ausführung keramischer Bekleidungen im Dünnbettverfahren; Epoxidharzklebstoffe

DIN 18158:1986-09 Bodenklinkerplatten

DIN 18195-1:2011-12 Bauwerksabdichtungen – Teil 1: Grundsätze, Definitionen, Zuordnung der Abdichtungsarten

DIN 18195-2:2009-04 Bauwerksabdichtungen – Teil 2: Stoffe

DIN 18195-3:2011-12 Bauwerksabdichtungen – Teil 3: Anforderungen an den Untergrund und Verarbeitung der Stoffe

DIN 18195-4:2011-12 Bauwerksabdichtungen – Teil 4: Abdichtung gegen Bodenfeuchte (Kapillarwasser, Haftwasser) und nichtstauendes Sickerwasser an Bodenplatten und Wänden, Bemessung und Ausführung

DIN 18195-5:2011-12 Bauwerksabdichtungen – Teil 5: Abdichtungen gegen nichtdrückendes Wasser auf Deckenflächen und in Nassräumen, Bemessung und Ausführung

DIN 18195-6:2011-12 Bauwerksabdichtungen – Teil 6: Abdichtungen gegen von außen drückendes Wasser und aufstauendes Sickerwasser, Bemessung und Ausführung

DIN 18195-7:2009-07 Bauwerksabdichtungen – Teil 7: Abdichtungen gegen von innen drückendes Wasser, Bemessung und Ausführung

DIN 18195-8:2011-12 Bauwerksabdichtungen – Teil 8: Abdichtungen über Bewegungsfugen

DIN 18195-9:2010-05 Bauwerksabdichtungen – Teil 9: Durchdringungen, Übergänge, An- und Abschlüsse

DIN 18195-10:2011-12 Bauwerksabdichtungen – Teil 10: Schutzschichten und Schutzmaßnahmen

DIN 18195 Beiblatt 1:2011-03 Bauwerksabdichtungen – Beiblatt 1: Beispiele für die Anordnung der Abdichtung

DIN 18202:2013-04 Toleranzen im Hochbau – Bauwerke

DIN 18203-3:2008-08 Toleranzen im Hochbau – Teil 3: Bauteile aus Holz und Holzwerkstoffen

DIN V 18500:2006-12 Betonwerkstein – Begriffe, Anforderungen, Prüfung, Überwachung

DIN 18531-1:2010-05 Dachabdichtungen – Abdichtungen für nicht genutzte Dächer – Teil 1: Begriffe, Anforderungen, Planungsgrundsätze

DIN 18531-3:2010-05 Dachabdichtungen – Abdichtungen für nicht genutzte Dächer – Teil 3: Bemessung, Verarbeitung der Stoffe, Ausführung der Dachabdichtungen

DIN 18560-1:2015-11 Estriche im Bauwesen – Teil 1: Allgemeine Anforderungen, Prüfung und Ausführung

DIN 18560-2:2009-09 Estriche im Bauwesen – Teil 2: Estriche und Heizestriche auf Dämmschichten (schwimmende Estriche)

DIN 18560-3:2006-03 Estriche im Bauwesen – Teil 3: Verbundestriche

DIN 18807-3:1987-06 Trapezprofile im Hochbau; Stahltrapezprofile; Festigkeitsnachweis und konstruktive Ausbildung

DIN 18807-3/A1:2001-05 Trapezprofile im Hochbau; Stahltrapezprofile; Festigkeitsnachweis und konstruktive Ausbildung; Änderung A1

DIN 18807-9:1998-06 Trapezprofile im Hochbau – Teil 9: Aluminium-Trapezprofile und ihre Verbindungen; Anwendung und Konstruktion

DIN 18915:2002-08 Vegetationstechnik im Landschaftsbau – Bodenarbeiten

DIN 31051:2012-09 Grundlagen der Instandhaltung

DIN 55699:2005-02 Verarbeitung von Wärmedämm-Verbundsystemen

DIN 55928:1979-10 Korrosionsschutz durch Beschichtungen und Überzüge [Dokument zurückgezogen]

DIN 68365:2008-12 Schnittholz für Zimmererarbeiten – Sortierung nach dem Aussehen – Nadelholz

DIN 68800-1:2011-10 Holzschutz – Teil 1: Allgemeines

DIN 68800-2:2012-02 Holzschutz – Teil 2: Vorbeugende bauliche Maßnahmen im Hochbau

DIN 68800-3:2012-02 Holzschutz – Teil 3: Vorbeugender Schutz von Holz mit Holzschutzmitteln

DIN 68800-4:2012-02 Holzschutz – Teil 4: Bekämpfungs- und Sanierungsmaßnahmen gegen Holz zerstörende Pilze und Insekten

DIN EN 197-1:2011-11 Zement – Teil 1: Zusammensetzung, Anforderungen und Konformitätskriterien von Normalzement

DIN EN 206:2014-07 Beton – Festlegung, Eigenschaften, Herstellung und Konformität

DIN EN 206-9:2010-09 Beton – Teil 9: Ergänzende Regeln für selbstverdichtenden Beton (SVB) [Dokument zurückgezogen]

DIN EN 612:2005-04 Hängedachrinnen mit Aussteifung der Rinnenvorderseite und Regenrohre aus Metallblech mit Nahtverbindungen

DIN EN 752:2008-04 Entwässerungssysteme außerhalb von Gebäuden

DIN EN 927-1:2013-05 Beschichtungsstoffe – Beschichtungsstoffe und Beschichtungssysteme für Holz im Außenbereich – Teil 1: Einteilung und Auswahl

DIN EN 1090-1:2012-02 Ausführung von Stahltragwerken und Aluminiumtragwerken – Teil 1: Konformitätsnachweisverfahren für tragende Bauteile

DIN EN 1090-2:2011-10 Ausführung von Stahltragwerken und Aluminiumtragwerken – Teil 2: Technische Regeln für die Ausführung von Stahltragwerken

DIN EN 1090-3:2008-09 Ausführung von Stahltragwerken und Aluminiumtragwerken – Teil 3: Technische Regeln für die Ausführung von Aluminiumtragwerken

DIN EN 1253-2:2015-03 Abläufe für Gebäude – Teil 2: Dachabläufe und Bodenabläufe ohne Geruchverschluss

DIN EN 1462:2004-12 Rinnenhalter für Hängedachrinnen – Anforderungen und Prüfung

DIN EN 1990:2010-12 Eurocode: Grundlagen der Tragwerksplanung

Normenreihe DIN EN 1991 Eurocode 1: Einwirkungen auf Tragwerke: siehe Kapitel 2.2, Tabelle 2.2

Normenreihe DIN EN 1992 Eurocode 2: Bemessung und Konstruktion von Stahlbeton- und Spannbetontragwerken: siehe Kapitel 2.2, Tabelle 2.2

Normenreihe DIN EN 1993 Eurocode 3: Bemessung und Konstruktion von Stahlbauten: siehe Kapitel 2.2, Tabelle 2.2

Normenreihe DIN EN 1994 Eurocode 4: Bemessung und Konstruktion von Verbundtragwerken aus Stahl und Beton: siehe Kapitel 2.2, Tabelle 2.2

Normenreihe DIN EN 1995 Eurocode 5: Bemessung und Konstruktion von Holzbauten: siehe Kapitel 2.2, Tabelle 2.2

Normenreihe DIN EN 1996 Eurocode 6: Bemessung und Konstruktion von Mauerwerksbauten: siehe Kapitel 2.2, Tabelle 2.2

Normenreihe DIN EN 1999 Eurocode 9: Bemessung und Konstruktion von Aluminiumtragwerken: siehe Kapitel 2.2, Tabelle 2.2

DIN EN 12056-1:2001-01 Schwerkraftentwässerungsanlagen innerhalb von Gebäuden – Teil 1: Allgemeine und Ausführungsanforderungen

DIN EN 12056-3:2001-01 Schwerkraftentwässerungsanlagen innerhalb von Gebäuden – Teil 3: Dachentwässerung, Planung und Bemessung

DIN EN 12056-5:2001-01 Schwerkraftentwässerungsanlagen innerhalb von Gebäuden – Teil 5: Installation und Prüfung, Anleitung für Betrieb, Wartung und Gebrauch

DIN EN 12057:2015-05 Natursteinprodukte – Fliesen – Anforderungen

DIN EN 12058:2015-05 Natursteinprodukte – Bodenplatten und Stufenbeläge – Anforderungen

DIN EN 13967:2007-03 Abdichtungsbahnen – Kunststoff- und Elastomerbahnen für die Bauwerksabdichtung gegen Bodenfeuchte und Wasser – Definitionen und Eigenschaften

DIN EN 13969:2007-03 Abdichtungsbahnen – Bitumenbahnen für die Bauwerksabdichtung gegen Bodenfeuchte und Wasser – Definitionen und Eigenschaften

DIN EN 14411:2012-12 Keramische Fliesen und Platten – Definitionen, Klassifizierung, Eigenschaften, Konformitätsbewertung und Kennzeichnung

DIN EN ISO 717-2:2013-06 Akustik – Bewertung der Schalldämmung in Gebäuden und von Bauteilen – Teil 2: Trittschalldämmung

DIN EN ISO 1461:2009-05 Durch Feuerverzinken auf Stahl aufgebrachte Zinküberzüge (Stückverzinken) – Anforderungen und Prüfungen

DIN EN ISO 8044:2015-12 Korrosion von Metallen und Legierungen – Grundbegriffe

DIN EN ISO 10211:2008-04 Wärmebrücken im Hochbau – Wärmeströme und Oberflächentemperaturen – Detaillierte Berechnungen

DIN EN ISO 12944-2:1998-07 Beschichtungsstoffe – Korrosionsschutz von Stahlbauten durch Beschichtungssysteme – Teil 2: Einteilung der Umgebungsbedingungen

DIN EN ISO 12944-3:1998-07 Beschichtungsstoffe – Korrosionsschutz von Stahlbauten durch Beschichtungssysteme – Teil 3: Grundregeln zur Gestaltung

DIN EN ISO 14122-3:2002-01 Sicherheit von Maschinen – Ortsfeste Zugänge zu maschinellen Anlagen – Teil 3: Treppen, Treppenleitern und Geländer

DIN EN ISO 14713-1:2010-05 Zinküberzüge – Leitfäden und Empfehlungen zum Schutz von Eisen- und Stahlkonstruktionen vor Korrosion – Teil 1: Allgemeine Konstruktionsgrundsätze und Korrosionsbeständigkeit

DIN EN ISO 17660-1:2006-12 Schweißen – Schweißen von Betonstahl – Teil 1: Tragende Schweißverbindungen

DIN EN ISO 17660-2:2006-12 Schweißen – Schweißen von Betonstahl – Teil 2: Nichttragende Schweißverbindungen

VOB/C ATV DIN 18318:2015-08 Verkehrswegebauarbeiten – Pflasterdecken und Plattenbeläge in ungebundener Ausführung, Einfassungen

VOB/C ATV DIN 18332:2012-09 Naturwerksteinarbeiten

VOB/C ATV DIN 18333:2012-09 Betonwerksteinarbeiten

VOB/C ATV DIN 18334:2012-09 Zimmer- und Holzbauarbeiten

VOB/C ATV DIN 18352:2012-09 Fliesen- und Plattenarbeiten

VOB/C ATV DIN 18355:2012-09 Tischlerarbeiten

6.2 Rechtsvorschriften

Arbeitsstättenverordnung: Verordnung über Arbeitsstätten (Arbeitsstättenverordnung – ArbStättV) vom 12.08.2004, zuletzt geändert am 31.08.2015

[Bauproduktenverordnung]: Verordnung (EU) Nr. 305/2011 des Europäischen Parlaments und des Rates vom 09.03.2011 zur Festlegung harmonisierter Bedingungen für die Vermarktung von Bauprodukten und zur Aufhebung der Richtlinie 89/106/EWG des Rates

Bürgerliches Gesetzbuch (BGB) in der Fassung der Bekanntmachung vom 02.01.2002, zuletzt geändert am 11.03.2016

[EnEV 2014]: Verordnung über energiesparenden Wärmeschutz und energiesparende Anlagentechnik bei Gebäuden (Energieeinsparverordnung – EnEV) vom 24.07.2007, zuletzt geändert am 18.11.2013, in Kraft getreten am 01.05.2014

Landesbauordnungen: siehe Kapitel 2.7, Tabelle 2.15

Musterbauordnung (MBO) in der Fassung vom 01.11.2002, zuletzt geändert am 21.09.2012

Wohnflächenverordnung: Verordnung zur Berechnung der Wohnfläche (Wohnflächenverordnung – WoFlV) vom 25.11.2003

6.3 Literatur

[ABC der Bitumenbahnen]: Technische Regeln für die Planung und Ausführung von Abdichtungen mit Polymerbitumen- und Bitumenbahnen – ABC der Bitumenbahnen. Ausgabe: Juli 2012. Frankfurt am Main: vdd Industrieverband Bitumen-Dach- und Dichtungsbahnen e. V., 2012

Anforderungen an Umwehrungen und Brüstungen. Hamburg: Bauprüfdienst (BPD) der Stadt Hamburg, 2013

ASR A1.5/1,2 Fußböden. Technische Regeln für Arbeitsstätten. Ausgabe: Februar 2013. Dresden: Bundesanstalt für Arbeitsschutz und Arbeitsmedizin, Ausschuss für Arbeitsstätten, 2013

ASR A1.8 Verkehrswege. Technische Regeln für Arbeitsstätten. Ausgabe: November 2012. Dresden: Bundesanstalt für Arbeitsschutz und Arbeitsmedizin, Ausschuss für Arbeitsstätten, 2012

ASR A2.1 Schutz vor Absturz und herabfallenden Gegenständen, Betreten von Gefahrenbereichen. Technische Regeln für Arbeitsstätten. Ausgabe: November 2012. Dresden: Bundesanstalt für Arbeitsschutz und Arbeitsmedizin, Ausschuss für Arbeitsstätten, 2012

Bauregelliste A, Bauregelliste B und Liste C, Stand: Februar 2014. Berlin: Deutsches Institut für Bautechnik, 2014 (DIBt-Mitteilungen)

Bautechnische Information Naturwerkstein 1.2 Umrahmungen für Fenster und Türen, außen. Würzburg: Deutscher Naturwerkstein-Verband e. V., 1995

Bautechnische Information Naturwerkstein 1.3 Massivstufen und Treppenbeläge, außen. Würzburg: Deutscher Naturwerkstein-Verband e. V., 2001

Bautechnische Information Naturwerkstein 1.4 Bodenbeläge, außen. Würzburg: Deutscher Naturwerkstein-Verband e. V., 2008

Bautechnische Information Naturwerkstein 1.6 Mörtel für Außenarbeiten. Würzburg: Deutscher Naturwerkstein-Verband e. V., 1996

Bayerlein, Walter: Praxishandbuch Sachverständigenrecht. 4. Aufl. München: Verlag C.H. Beck, 2008

BEB-Merkblatt 5.3 Hinweise für Estriche im Freien, Zement-Estriche auf Balkonen und Terrassen. Troisdorf-Oberlar: Bundesverband Estrich und Belag e. V., 1999

Beinhauer, Peter: Standard-Detail-Sammlung Neubau. 4., aktual. und erw. Aufl. Köln: Verlagsgesellschaft Rudolf Müller, 2014

BGV C 22 Unfallverhütungsvorschrift Bauarbeiten. Berlin: Berufsgenossenschaft der Bauwirtschaft, 2010

BTE-Arbeitsblatt Lebensdauer von Bauteilen und Bauteilschichten. Essen: Arbeitsgruppe Lebensdauern von Bauteilen, Zeitwerten, Bund Technischer Experten e. V., o. J.

DAfStb-Heft 600 Erläuterungen zu DIN EN 1992-1-1 und DIN EN 1992-1-1/NA (Eurocode 2). Ausgabe: September 2012. Berlin: Deutscher Ausschuss für Stahlbeton e. V., 2012

DAfStb-Richtlinie für Schutz und Instandsetzung von Betonbauteilen (Instandsetzungsrichtlinie). Ausgabe: Oktober 2001. Berlin: Deutscher Ausschuss für Stahlbeton e. V., 2001

DAfStb-Richtlinie Wasserundurchlässige Bauwerke aus Beton (WU-Richtlinie). Ausgabe: November 2003. Berlin: Deutscher Ausschuss für Stahlbeton e. V., 2003

Deutsches Dachdeckerhandwerk – Regeln für Metallarbeiten im Dachdeckerhandwerk. Hrsg.: Zentralverband des Deutschen Dachdeckerhandwerks e. V. Köln: Verlagsgesellschaft Rudolf Müller, 2011

DGUV Regel 102-002 Kindertageseinrichtungen. Stand: April 2009. Berlin: Deutsche gesetzliche Unfallversicherung e. V., 2009

Entscheidungshilfen der Berliner Bauaufsicht. Stand: April 2016. Berlin: Senatsverwaltung für Stadtentwicklung und Umwelt, 2016

ETB Richtlinie Bauteile, die gegen Absturz sichern. Stand: Juni 1985. Berlin: Deutsches Institut für Bautechnik, 1985

Fachbroschüre Geländer und Brüstungen. Artikelnummer 2.003. Bern: Schweizerische Beratungsstelle für Unfallverhütung, 2012

Fachinformation Bemessung von vorgehängten und innenliegenden Rinnen. Sankt Augustin: ZVSHK Zentralverband Sanitär Heizung Klima, 2001

Fachregel 02 Balkone und Terrassen. Ausgabe: Dezember 2007. Fachregeln des Zimmererhandwerks. Berlin: Holzbau Deutschland – Bund Deutscher Zimmermeister im Zentralverband des Deutschen Baugewerbes e. V., 2007

Fachregel 02 Balkone und Terrassen. Entwurf, Fassung: Juni 2014. Fachregeln des Zimmererhandwerks. Berlin: Holzbau Deutschland – Bund Deutscher Zimmermeister im Zentralverband des Deutschen Baugewerbes e. V., 2014

Fachregel für Metallarbeiten im Dachdeckerhandwerk. Stand: März 2011. Hrsg.: Zentralverband des Deutschen Dachdeckerhandwerks e. V. Köln: Verlagsgesellschaft Rudolf Müller, 2011

Fachregelwerk Metallbauerhandwerk – Konstruktionstechnik, Grundlagen 1 und 2. Stand: September 2015. Hrsg.: Bundesverband Metall – Vereinigung deutscher Metallhandwerke. Köln: Charles Coleman Verlag, Rudolf Müller Mediengruppe, 2015

Fachregelwerk Metallbauerhandwerk – Konstruktionstechnik, Metallbauarbeiten 1 und 2. Stand: September 2015. Hrsg.: Bundesverband Metall – Vereinigung deutscher Metallhandwerke. Köln: Charles Coleman Verlag, Rudolf Müller Mediengruppe, 2015

Flachdachrichtlinie: Fachregel für Abdichtungen – Flachdachrichtlinie. In: Deutsches Dachdeckerhandwerk – Regeln für Abdichtungen. Hrsg: Zentralverband des Deutschen Dachdeckerhandwerks e. V. – Fachverband Dach-, Wand- und Abdichtungstechnik. Stand: Dezember 2011. Köln: Verlagsgesellschaft Rudolf Müller, 2012

[FLL-Richtlinie Verkehrsflächen auf Bauwerken]: FLL-Richtlinie Empfehlungen zu Planung und Bau von Verkehrsflächen auf Bauwerken. Ausgabe: August 2005. Bonn: Forschungsgesellschaft Landschaftsentwicklung Landschaftsbau e. V., 2005

Handbuch Dübeltechnik. Hrsg.: Adolf Würth GmbH & Co. KG. Künzelsau: Swiridoff Verlag, 2013

IFBS 8.01 Richtlinie für die Planung und Ausführung von Dach-, Wand- und Deckenkonstruktionen aus Metallprofiltafeln. Krefeld: Internationaler Verband für den Metallleichtbau, 2009

Infoblatt Nr. 4.2 Lebensdauer von Bauteilen und Bauteilschichten. Stand: Dezember 2006. Bonn: Kompetenzzentrum Kostengünstig qualitätsbewusst bauen, Bundesamt für Bauwesen und Raumordnung, 2006

Kalksandstein Planungshandbuch. Planung, Konstruktion, Ausführung. Hannover: Bundesverband der Kalksandsteinindustrie e. V., 2012

Kampen, Rolf; Peck, Martin; Pickhardt, Roland; Richter, Thomas: Bauteilkatalog. Planungshilfe für dauerhafte Betonbauteile. 7., überarb. Aufl. Hrsg: BetonMarketing Deutschland GmbH. Düsseldorf: Verlag Bau+Technik, 2011

Klempnerfachregeln: Richtlinien für die Ausführung von Klempnerarbeiten an Dach und Fassade. Sankt Augustin: ZVSHK Zentralverband Sanitär Heizung Klima, 2016

KOSTRA-DWD-2000 Starkniederschlagshöhen für Deutschland (1951–2000). Fortschreibungsbericht. Stand: September 2005. Offenbach: Deutscher Wetterdienst, 2005

Kuhlmann, Ulrike; Feldmann, Markus; Lindner, Joachim; Müller, Christian; Stroetmann, Richard: Kommentar Eurocode 3, Bemessung und Konstruktion von Stahlbauten. Bd. 1 Allgemeine Regeln und Hochbau. Berlin: Beuth Verlag, 2014

Leitfaden zur Planung und Ausführung der Montage von Fenstern und Haustüren für Neubau und Renovierung. Ausgabe: März 2014. Frankfurt am Main: RAL-Gütegemeinschaft Fenster und Haustüren e. V., 2014

Lohmeyer, Gottfried; Ebeling, Karsten: Weiße Wannen – einfach und sicher: Konstruktion und Ausführung wasserundurchlässiger Bauwerke aus Beton. 10., überarb. Aufl. Düsseldorf: Verlag Bau + Technik, 2013

Nutzungsdauerkatalog baulicher Anlagen und Anlagenteile. 3. Aufl. Graz: LV Steiermark und Kärnten, Hauptverband der allgemein beeideten und gerichtlich zertifizierten Sachverständigen Österreichs, 2006

Oswald, Rainer; Wilmes, Klaus; Abel, Ruth: Schadensfreie niveaugleiche Türschwellen. Forschungsbericht. Aachen: Aachener Institut für Bauschadensforschung und angewandte Bauphysik gGmbH, 2010

Oswald, Rainer; Zöller, Matthias; Abel, Ruth; Oswald, Martin; Wilmes, Klaus: Dauerhaftigkeit von Übergängen zwischen flüssigen und bahnenförmigen Abdichtungen am Beispiel genutzter und nicht genutzter Flachdächer. Forschungsbericht. Aachen: Aachener Institut für Bauschadensforschung und angewandte Bauphysik gGmbH, 2015

Pfeiffer, Martin; Arlt, Joachim: Lebensdauer der Bauteile und Baustoffe zur Harmonisierung der wirtschaftlichen Nutzungsdauern im Wohnungsbau. Bau und Wohnforschung, Bd. F2464. Stuttgart: Fraunhofer IRB Verlag, 2005

Pflege/Wartung Terrassen + Balkone [online]. Tübingen: GWG – Gesellschaft für Wohnungs- und Gewerbebau Tübingen mbH. Internet: www.gwg-tuebingen.de [Navigation: Kundenservice -> Ratgeber -> Terrassen und Balkone] [Zugriff: 15.06.2016]

Richtlinie Anschlüsse an Fenster und Rollläden bei Putz, Wärmedämm-Verbundsystem und Trockenbau. 2. Aufl. Stuttgart/Karlsruhe/Bonn: Fachverband der Stuckateure für Ausbau und Fassade Baden-Württemberg/Fachverband Glas – Fenster – Fassade Baden-Württemberg/Bundesverband Rollladen + Sonnenschutz e. V., 2010

Richtlinie Dokumentation und Revisionierbarkeit. Stand: Februar 2011. Berlin: Bundesverband öffentlich bestellter und vereidigter sowie qualifizierter Sachverständiger e. V., 2011

Richtlinie Fassadensockelputz/Außenanlagen. 3., überarb. Aufl. Stuttgart/Leinfelden-Echterdingen: Fachverband der Stuckateure für Ausbau und Fassade Baden-Württemberg/Verband Garten-, Landschafts- und Sportplatzbau Baden-Württemberg e. V., 2013

Richtlinie für die Planung und Ausführung von Abdichtungen von Bauteilen mit mineralischen Dichtungsschlämmen. Frankfurt am Main/Köln: Deutsche Bauchemie e. V./Deutscher Holz- und Bautenschutzverband e. V., 2002

Ritter, Frank: Lebensdauer von Bauteilen und Bauelementen, Modulierung und praxisnahe Prognose. Darmstadt: Technische Universität, Institut für Massivbau, Lebensdauer von Bauteilen und Bauteilelementen, Diss., 2011

Schlotterbeck, Karlheinz; Busch, Manfred; Hager, Gerd; Gammerl, Bernd: Landesbauordnung für Baden-Württemberg (LBO) und LBOAVO. Kommentar. 6. Aufl. Stuttgart: Richard Boorberg Verlag, 2011

Silberhorn, Michael; Holler, Michael: Dreidimensionale Wärmebrücken – mächtiger als erwartet. In: Der Bausachverständige (2016), Nr. 1, S. 29–32

Stahlbau-Kalender 2010. Berlin: Verlag Ernst & Sohn, 2010

Standpunkt Brüstungs- und Geländerhöhen. Stand: August 2015. Berlin: Bundesverband öffentlich bestellter und vereidigter sowie qualifizierter Sachverständiger e. V., 2010

Standpunkt Metallbalkone. Stand: Juli 2012. Berlin: Bundesverband öffentlich bestellter und vereidigter sowie qualifizierter Sachverständiger e. V., 2012

Stein, Wolfgang: Ausführungsverordnung zur Landesbauordnung Baden-Württemberg (LBOAVO). Kommentare. 4., neu bearb. Aufl. Stuttgart: Verlag Kohlhammer, 2012

Technische Baubestimmungen Teil I: Muster-Liste der Technischen Baubestimmungen. Stand: Juni 2015. Berlin: Deutsches Institut für Bautechnik, 2015

Technische Baubestimmungen Teil II der Liste der Technischen Baubestimmungen. Amtliche Mitteilungen Nr. 4/13.11.2014. Berlin: Deutsches Institut für Bautechnik, 2014 (DIBt-Mitteilungen)

Technische Baubestimmungen Teil III der Liste der Technischen Baubestimmungen. Amtliche Mitteilungen Nr. 4/13.11.2014. Berlin: Deutsches Institut für Bautechnik, 2014 (DIBt-Mitteilungen)

VDI 4100:2012-10 Schallschutz im Hochbau – Wohnungen – Beurteilung und Vorschläge für erhöhten Schallschutz. Düsseldorf: VDI Verein Deutscher Ingenieure e. V., 2012

Voigt, Jana: Sicherheit von Bauwerken, Differenzierung und Überwachung der Tragwerkssicherheit [online]. Siegen: Universität Siegen LS Massivbau, 2016. Internet: https://www.uni-siegen.de/fokos/organisation/images/goris_voigt_sicherheit_von_bauwerken.pdf [Zugriff: 09.06.2016]

ZDB-Merkblatt Außenbeläge – Belagskonstruktionen mit Fliesen und Platten außerhalb von Gebäuden. Berlin: Fachverband Fliesen und Naturstein im Zentralverband Deutsches Baugewerbe e. V., 2008

ZDB-Merkblatt Verbundabdichtungen – Hinweise für die Ausführung von flüssig zu verarbeitenden Verbundabdichtungen mit Bekleidungen und Belägen aus Fliesen und Platten für den Innen- und Außenbereich. Berlin: Fachverband Fliesen und Naturstein im Zentralverband Deutsches Baugewerbe e. V., 2012

Stichwortverzeichnis

Z